国家科学技术学术著作出版基金资助出版

复杂混沌系统同步及其应用

张　昊　王兴元　著

科学出版社

北京

内 容 简 介

本书结合分数微分学、Lyapunov 稳定性理论和 LMI 理论等内容,按照不同耦合方式对系统进行分类,并分析了多重复杂性条件下的系统动力学性质和同步. 其中,混沌映射分析包含对经典混沌映射和类分数阶混沌映射的动力学分析与控制. 连续混沌系统研究包含了对 Lorenz 系统等经典混沌系统和复数域下扩展混沌系统的同步分析. 基于分数微分系统和复数系统,通过规则耦合的方式,构造了分数阶时空耦合格子系统,并分析了系统在多重复杂性条件下的动力学行为. 通过随机耦合的方式,进一步构造了多种具有实数状态的神经网络和具有逻辑状态的布尔网络模型,并给出了网络同步判据.

本书可作为广大理工科高校教师、相关专业研究生和专业工程领域研究人员的参考读物.

图书在版编目(CIP)数据

复杂混沌系统同步及其应用/张昊,王兴元著. —北京:科学出版社,2021.9
ISBN 978-7-03-069733-2

Ⅰ.①复⋯ Ⅱ.①张⋯ ②王⋯ Ⅲ.①系统科学-研究 Ⅳ.①N94

中国版本图书馆 CIP 数据核字(2021)第 184417 号

责任编辑:王丽平 李香叶 / 责任校对:彭珍珍
责任印制:吴兆东 / 封面设计:无极书装

科 学 出 版 社 出版
北京东黄城根北街 16 号
邮政编码:100717
http://www.sciencep.com

北京虎彩文化传播有限公司 印刷
科学出版社发行 各地新华书店经销
*
2021 年 9 月第 一 版 开本:720×1000 1/16
2022 年 1 月第二次印刷 印张:12 3/4
字数:260 000
定价:118.00 元
(如有印装质量问题,我社负责调换)

前　　言

　　复杂性科学是系统科学的重要内容, 它不是一门具体的学科, 而是分散在政治、经济、工程等许多学科当中的内容. 经过科学工作者近 30 年的努力, 复杂性科学的研究虽然取得了一些重要进展, 但相比于传统科学, 复杂系统及其理论还处于蓬勃发展的阶段, 方兴未艾. 研究复杂性的表现形式 (如分岔、混沌等), 找到驾驭复杂性的方法和探索其在物理、生物、医学等众多领域的应用, 将有助于进一步揭示客观规律, 增进人们对客观世界的认识. 近年来, 一些介绍和探讨复杂系统的著作得以出版, 然而相比于复杂性科学这样庞大的学科体系, 现有研究的内容却难以覆盖到复杂系统同步中的所有知识点. 特别是针对复杂系统中的耦合关系多变、复杂性问题多样的特点, 目前还没有按照复杂系统耦合关系和复杂性条件进行归纳与整理的复杂系统同步著作出版. 为此, 我们还是决定把近年来的工作加以整理, 归纳为本书. 本书针对复杂非线性学科中的多种问题进行了研究, 对在不同复杂性条件下的混沌系统和非线性系统进行了系统建模、动力学分析和同步研究. 全书主要包括混沌系统的发展及其定义介绍、耦合格子模型及其应用、连续混沌系统及其控制、耦合时空混沌系统的同步控制、混沌神经网络及神经网络同步分析、半张量积和布尔网络同步分析等内容. 上述内容的材料来源, 主要是以近年来作者在 *Nature* 子刊、*IEEE Trans. NNLS*、*IEEE/ACM Trans.CBB*、*IEEE Trans. SMC* 等期刊上发表的 50 余篇论文为基础, 同时结合了国内外研究人员在复杂系统及系统同步领域的最新进展. 本书内容翔实, 文献引用丰富, 图文并茂, 论点充分, 可作为广大理工科高等院校教师, 相关专业研究生和专业工程领域研究人员的参考读物. 本书的主要内容安排如下:

　　第 1 章给出了混沌系统及复杂系统的研究背景的发展历程, 介绍了复杂混沌系统模型和系统同步. 第 2 章对混沌映射的概念和模型进行了介绍, 给出了混沌映射控制案例, 并提出了一类分数阶混沌映射系统及控制. 第 3 章介绍了几类具有耦合关系的混沌映射, 并将耦合格子混沌映射应用于保密通信和图像加密中. 第 4 章介绍了状态连续的混沌系统并对其进行了同步控制. 针对变量为复数的永磁同步电机系统和超混沌系统, 研究了系统的延时同步和投影同步. 第 5 章提出了具有耦合关系的连续时空混沌系统, 对系统阶数为分数及系统状态不确定的时空混沌系统进行了同步控制. 第 6 章介绍了混沌神经网络的概念, 并研究了神经网络的同步, 探究了分数阶神经网络的同步控制. 第 7 章对状态变量为复数的神经网络进行了研究, 探讨了网络的同步、滑模控制同步和延时模相同步. 第 8 章介绍了半张量积工具和布尔网络模型, 提出并研究了布尔网络的内部同步、外部同步和聚类同步. 第 9 章介绍并研究了异步更新机制下的布尔网络同步和概率同步. 第 10 章对全书内容进行了总结和展望. 本书内容包含了作者近年来发表的部分科研成果及国内外的一些相关研究. 在此, 感谢国家自然科学基金 (No: 61702356, 61672124, 61503375)、辽宁省重点研发计划项目 (No: 2019JH2/10300057) 和辽宁省 "兴辽英才计划" 科技创新领军人才项目 (No: XLYC1802013) 的资助.

由于学识和水平有限, 不当和不足之处在所难免, 敬请同行专家批评指正.

张 昊 王兴元

2021 年 8 月

目　　录

前言
第 1 章　混沌系统同步控制概述 ···1
　　1.1　混沌简史 ··1
　　1.2　混沌的定义和性质 ··3
　　1.3　混沌和复杂系统的发展现状及同步概述 ·······························5
　　参考文献 ···8
第 2 章　混沌映射及控制 ··12
　　2.1　引言 ··12
　　2.2　混沌映射系统分析 ···12
　　2.3　混沌映射控制案例 ···17
　　2.4　类分数阶混沌映射系统及控制 ···19
　　2.5　本章小结 ···28
　　参考文献 ··28
第 3 章　耦合格子混沌映射及其密码学应用 ·······································31
　　3.1　引言 ··31
　　3.2　耦合映射同步及保密通信 ···31
　　3.3　耦合类分数阶耦合混沌映射 ···38
　　3.4　耦合类分数阶映射的图像加密应用 ···43
　　3.5　本章小结 ···49
　　参考文献 ··49
第 4 章　混沌系统及其同步控制 ···52
　　4.1　引言 ··52
　　4.2　经典混沌系统介绍 ···52
　　4.3　混沌系统的控制与同步 ··55
　　4.4　复永磁同步电机系统延时同步 ···59
　　4.5　复超混沌系统修正模相投影同步 ···67
　　4.6　本章小结 ···74
　　参考文献 ··75
第 5 章　耦合时空混沌系统的同步控制 ···78
　　5.1　引言 ··78

5.2　分数阶时空耦合 Lorenz 系统的同步 ································· 78
5.3　带有参数辨识的不同耦合时空混沌系统组合同步 ············· 86
5.4　本章小结 ··· 95
参考文献 ··· 96
第 6 章　混沌神经网络及神经网络同步 ································· 98
6.1　引言 ·· 98
6.2　神经网络系统介绍 ··· 98
6.3　混沌神经网络反同步控制示例 ································· 101
6.4　分数阶神经网络系统同步 ·· 102
6.5　本章小结 ··· 114
参考文献 ·· 114
第 7 章　系统复杂性及复数神经网络同步 ···························· 116
7.1　引言 ··· 116
7.2　复数神经网络滑模控制同步 ···································· 116
7.3　复数神经网络延时模相同步 ···································· 128
7.4　离散延时复数神经网络同步 ···································· 139
7.5　本章小结 ··· 150
参考文献 ·· 150
第 8 章　半张量积工具和布尔网络同步 ······························· 153
8.1　引言 ··· 153
8.2　半张量积和布尔网络介绍 ·· 153
8.3　布尔网络的内部同步和外部同步 ································ 156
8.4　布尔网络的聚类同步 ·· 162
8.5　本章小结 ··· 164
参考文献 ·· 165
第 9 章　异步布尔网络同步 ··· 167
9.1　引言 ··· 167
9.2　异步布尔网络内部同步和外部同步 ····························· 167
9.3　异步布尔网络聚类同步 ··· 171
9.4　异步切换布尔网络同步 ··· 177
9.5　异步布尔网络概率同步 ··· 187
9.6　本章小结 ··· 196
参考文献 ·· 196
第 10 章　结语 ·· 198

第 1 章　混沌系统同步控制概述

近年来, 随着科学技术的不断发展, 人们对自然的认知范围越来越宽, 也越来越深入, 以前静态的、线性的、确定的认知映像逐步被动态的、非线性的、未知的认知所取代. 而作为研究非线性现象的非线性科学, 正是在这种大背景下应运而生, 并发展起来的.

在非线性学科当中, 目前研究最广, 也最具代表性的理论是以混沌理论为代表的复杂系统理论. 复杂性科学研究源于 1928 年, Bertalanffy 提出了一个反还原论的复杂性范式, 这标志着复杂性科学研究的开始[1]. 在 1986 年, Nicolis 和 Prigogine 出版了《探索复杂性》一书, 正式提出了 "科学正在经历理论变革, 要积极探索复杂性"[2] 的口号. 到了 20 世纪 80 年代, 以 Cowan 为代表的一大批科学家成立了著名的圣菲研究所, 致力于对复杂系统科学的研究, 并确立了复杂性科学的研究对象是复杂系统. 在我国, 著名科学家钱学森曾在自然杂志发表过文章《一个科学新领域: 开放的复杂巨系统及其方法论》, 文中指出对复杂系统的研究要把多种学科结合起来[3]. 复杂性科学是非线性科学的重要内容, 它不只是一门具体的学科, 而是分散在政治、经济、工程等许多学科当中[4]. 相比于传统科学, 复杂系统及其理论还处于蓬勃发展的阶段, 研究复杂性的表现形式 (如 Lyapunov 指数、熵值、相图、分岔、混沌等), 找到控制和利用复杂性的方法是目前非线性学科的一个新的课题, 也是非线性科学领域从业者所面临的巨大挑战.

本章将重点介绍混沌及复杂系统的几方面内容, 包括混沌简史、混沌的定义和性质、混沌和复杂系统的发展现状及同步概述.

1.1　混沌简史

混沌源于确定系统中表现出的不确定行为, 是自然界中有序与无序、确定与随机的统一. 混沌理论的研究起源于 19 世纪末, 法国著名数学和物理学家 Poincaré 在研究三体问题时, 发现了三体运动中的混沌行为, 首次对混沌的初值敏感性和伪随机性进行了描述[5]. 极限环、奇异点和分岔等概念及 Poincaré 截面等方法的提出为之后的混沌研究奠定了坚实的理论基础. 经典科学让人们认识了系统的平衡态和周期态, 而混沌理论则打破了人们长久以来的固有认知, 确认了确定性系统中可能存在内在随机性. 关于混沌系统最为著名的就是气象学家 Lorenz 提出

的 "蝴蝶效应". 一只南美洲亚马孙河流域热带雨林中的蝴蝶, 偶尔扇动几下翅膀, 可以在两周以后引起美国得克萨斯州的一场龙卷风.

混沌理论正式形成于 20 世纪 60 年代. 1961 年, 美国气象学家 Lorenz 在计算大气仿真模型的过程中发现舍入误差的微小变化会导致两次计算结果的完全不同, 并将这种大气运动中的混沌现象命名为 "蝴蝶效应". 1963 年, 通过反复的实验和观察思考, Lorenz 在其论文 *Deterministic non-Periodic flow* 中提出了著名的 Lorenz 混沌模型, 首次在耗散系统中发现了混沌运动[6].

在 20 世纪 70 年代, 混沌理论得到了进一步的发展. 1971 年, 由法国学者 Ruelle 和荷兰数学家 Takens 共同撰写的论文 *On the nature of turbulence* 在《数学物理学通讯》杂志上发表, 该论文首次采用混沌来描述湍流的形成, 指出动力系统中存在的 "奇怪吸引子" 和第一条 "通向混沌的道路"[7]. 1975 年, 美国数学家 Yorke 和美国华裔学者李天岩发表著名论文 *Period three implies chaos*, 首次提出 "混沌" (chaos) 一词并给出了闭区间上连续自映射的混沌定义[8]. 1976 年, 美国生物学家 May 在《自然》杂志发表文章指出, 简单的一维迭代映射 (Logistic 模型) 也能产生复杂的倍周期分岔和混沌行为[9]. 1977 年夏, 关于混沌的第一次国际会议在意大利召开. 1978 年, 学者 Feigenbaum 通过手摇计算机, 发现在混沌倍周期分岔的过程中存在普适常数——Feigenbaum 常数[10].

20 世纪 80 年代, 计算机科学的兴起为混沌理论的发展提供了新的方法与途径. 1980 年, 意大利学者 Ranceschini 用计算机研究从平流到湍流的过渡, 发现了这一过程中的周期倍化并验证了 Feigenbaum 常数. 同年, 美国数学家 Mandelbrot 研究了混沌中的分形现象, 用计算机绘制了第一张 Mandelbrot 集的混沌图像[11]. 1981 年, 麻省理工学院的 Linsay 首次用变容二极管组成的 RLC 电路进行实验, 验证了 Feigenbaum 常数[12]. 1985 年, Wolf 等针对时间序列提出了最大 Lyapunov 指数方法, 成为判断系统是否处于混沌状态的重要方法[13]. 1989 年, 美苏混沌讨论会召开.

1990 年, 美国马里兰大学物理学家 Ott, Grebogi 和 Yorke 通过 OGY 方法成功地控制了混沌[14]. 之后, Pecora 和 Carroll 又提出了混沌同步 PC 方法, 并通过电路实验加以验证[15]. 自此, 混沌系统的控制与同步得以蓬勃发展, 成为混沌研究领域的一个新的热点. 近年来, 混沌科学与其他科学相互融合, 在生物学、医学、物理学、化学、数学、计算机科学、天文学、气象学和经济学等领域都得到了广泛的应用. 混沌科学的创立被认为是 20 世纪物理学三大成就之一, 它架起了确定论与概率论之间的桥梁, 为人类认识和了解自然界提供了新的视角与方向.

1.2 混沌的定义和性质

混沌科学是一门新兴的交叉科学, 由于人们尚未完全了解混沌系统的奇异与复杂, 学术界至今仍未给出关于混沌的统一定义. 目前, 现有的混沌定义也只是从不同的侧面对混沌运动加以描述. 其中影响较大并被人们广泛接受的是 Yorke 和李天岩于 1975 年所提出的离散动力系统 Li-Yorke 混沌定义.

Li-Yorke 定义: 设 $f(x)$ 是区间 I 到自身的连续映射, 如果满足如下条件, 则该映射是混沌的[8]:

(1) f 的周期点的周期无上界 (或者表述为 "存在一切周期的周期点");

(2) 可以找到区间 I 上的不可数子集 S, 若 S 不含有周期点, 有

$$\lim_{n\to\infty} \sup |f^n(x) - f^n(x)| > 0, \quad \forall x, y \in S, x \neq y,$$

$$\lim_{n\to\infty} \inf |f^n(x) - f^n(x)| = 0, \quad \forall x, y \in S,$$

对于 $\forall x \in S$ 及周期点 $p \in I$, 则有 $\lim_{n\to\infty} \sup |f^n(x) - f^n(p)| > 0$.

不同于上述定义, Devaney 从拓扑学角度出发, 给出了以下混沌定义.

Devaney 定义: 设 X 是一度量空间, 连续映射 $f: X \to X$, 如果满足如下条件, 则该映射 f 是混沌的[16].

(1) f 敏感依赖于初值, 即存在 $\delta > 0$, 对于 $\forall x \in X$ 及 x 的邻域 $N(x)$, 存在 $y \in N(x)$ 和 $n \geqslant 0$, 满足 $d(f^n(x), f^n(y)) > \delta$;

(2) 拓扑传递性, 即对 X 上的任意开集 U 和 V, 存在正整数 k, 使得 $f^k(U) \cap V \neq \varnothing$;

(3) f 的周期点集在 X 中稠密.

混沌是非线性动力系统中所特有的一种运动形态. 与其他复杂系统相比, 混沌系统的行为具有如下的复杂性质.

1) 内在随机性

混沌系统的动力学方程是确定的, 但是由该确定方程产生的非周期解信号 "貌似无序". 这种 "貌似无序" 的 "内在随机性" 与随机信号表现出的 "外在随机性" 具有本质上的不同. 随机系统产生的信号完全无序, 没有任何规律, 而混沌信号却存在普适常数等规律性.

2) 初值敏感性

对于一般的确定性系统, 如果初值的改变足够小, 那么两条轨道的偏离量也不会太大. 而对于混沌系统而言, 却恰恰相反. 从微小不同的初值出发的两条轨道经过较长时间的演化后会呈现明显差异, 最终变得完全不相关.

3) 正的 Lyapunov 指数

Lyapunov 指数 (LE) 用于表征相空间中邻近轨道的收敛和发散的速度快慢,是引起混沌吸引子不稳定的原因. 对于 n 维相空间中的连续动力系统, 在考察 n 维球面的长时间演化时, 由于流的局部变形性, 球面将变为 n 维椭球面. 设第 i 位的椭球主轴长度为 $p_i(t)$, 其 Lyapunov 指数可定义为

$$\mathrm{LE}_i = \lim_{t \to \infty} \frac{1}{t} \ln \frac{p_i(t)}{p_i(0)}.$$

以三维自治混沌系统为例, 其运动与 Lyapunov 指数对应如下:

(i) 当 Lyapunov 指数表现为 $(-, -, 0)$ 时, 对应于该三维系统的周期运动或者是极限环.

(ii) 当 Lyapunov 指数表现为 $(+, 0, -)$ 时, 该三维系统处于混沌状态.

4) 有界性

混沌系统局部是不稳定的, 但从整体上看该系统又是稳定的, 故而其轨迹始终局限在一个区域内, 称之为混沌吸引子. 混沌吸引子表明了混沌具有有界性.

5) 遍历性

混沌系统的运动轨迹在其吸引域内不会重复, 随着时间的增加, 混沌轨道将经过混沌区域内的每一个点.

6) 分维性

在有限的吸引域内, 混沌系统的轨迹经过了无数次的拉伸和折叠, 形成了无限层次的自相似结构. 混沌运动的这种拉伸与折叠可以用分维来加以刻画.

7) 普适性

混沌系统的运动有规律可循, 不同的系统可以具有共同的特征. 这些共性一般用普适常数来描述, 如 Feigenbaum 常数.

自混沌理论建立以来, 对于混沌系统的研究取得了长足的发展. 混沌研究涉及的内容十分广泛, 主要集中在以下几个方面[17]:

1) 混沌机理研究

采用严格的数学方法证明混沌系统中存在混沌, 或利用数值仿真和定性分析的方法 (如计算系统的 Lyapunov 指数、绘制系统的分岔图和 Poincaré 截面等) 研究系统的非线性性质. 目前, 关于混沌系统的研究大多采用数值仿真及定性分析的方法[18-20], 真正采用严格数学手段得到证明的混沌系统并不多[21,22].

2) 混沌系统的建模

为了探究混沌系统产生混沌的机理, 可以通过改变系统耦合项等方法构造新的混沌系统. 新的混沌系统的建模和分析是目前混沌研究中的热点, 主要分为

构建离散混沌映射系统和连续混沌系统两类. 近年来, 已有许多新的混沌系统被提出[23-25].

3) 混沌系统的离散化

在混沌系统数值仿真的过程中, 将连续的混沌系统采用数学方法离散化近似表示是一种必要手段, 更利于探究系统的非线性性质. 目前, 关于混沌系统离散化的方法主要有 Euler 方法、改进 Euler 方法、Runge-Kutta 法和改进 Runge-Kutta 法等[26,27].

4) 混沌系统同步及其应用

混沌的非周期性、连续宽带谱和类噪声性, 使得混沌及其同步在保密通信、信号处理和生命科学等方面有十分广泛的应用前景与巨大的市场价值, 成为人们研究的热点. 通常的混沌保密通信方法有混沌掩盖、混沌调制和混沌键控[28,29] 等.

1.3　混沌和复杂系统的发展现状及同步概述

以混沌系统为代表的复杂系统使人类对自然世界有了新的理解与认识, 关于混沌系统的研究也取得了许多重要的进展. 目前, 典型的混沌系统可以按照系统状态是否连续分为两类, 即离散混沌映射系统和连续混沌系统. 其中离散混沌映射系统以 Logistic 映射和 Hénon 最具代表性, 而经典的连续混沌系统则有 Lorenz 系统和 Chen 系统等, 具体的混沌及复杂系统将在后面几章进行详细介绍.

目前, 关于经典混沌映射和混沌系统的研究成果很多, 基于其性质的应用研究也取得了相当大的进展和突破. 但是, 在混沌系统研究的过程中也发现了一些问题, 如随着混沌系统研究的深入, 低维混沌系统的性质已经被研究者所熟知, 其在保密通信和图像加密等领域的应用也受到了限制. 为了进一步研究并利用混沌系统的复杂性, 科学工作者的视线逐步转向性质更为复杂的高维混沌系统[30-32].

时空混沌系统是一类复杂的高维混沌系统, 是混沌系统在高维情形下的推广, 系统的状态不仅随时间发生变化, 同时也随空间发生变化. 该系统不仅具有一般混沌系统的初值敏感性, 且对子系统间边界条件同样敏感. 由于时空混沌系统可以产生多个性质复杂但又互不相关的伪随机序列, 故相比于低维混沌系统, 系统安全性有了显著提升, 信号也更加适合作为伪随机序列应用于保密通信等方面[33-35]. 目前, 应用较为广泛的时空混沌系统是由 Kaneko 提出的耦合格子混沌系统[36], 该系统按照空间划分为大量网格, 每个格子内放置有一个非线性系统, 格子之间具有耦合关系. 格子间的耦合方式较为普遍的是邻接耦合, 模型可以用如下方程加以描述:

$$\dot{\boldsymbol{x}}(i) = (1-\varepsilon)\,\boldsymbol{f}\,(\boldsymbol{x}\,(i)) + \frac{1}{2}\varepsilon \boldsymbol{f}\,(\boldsymbol{x}\,(i+1)) + \frac{1}{2}\varepsilon \boldsymbol{f}\,(\boldsymbol{x}\,(i-1)), \qquad (1.1)$$

其中, $\boldsymbol{x}(i)$ 是第 i 个格子的状态向量, ε 是格子间耦合强度, $i\,(i=1,2,\cdots,L)$ 是格点坐标, L 是格点数, $\boldsymbol{f}$ 是局部耦合函数. 通常, 局部耦合函数可以是前面提到的离散混沌映射, 也可以是连续混沌系统, 还可以是其他非线性系统. 不失一般性, 边界取周期边界条件:

$$
\begin{cases}
\dot{\boldsymbol{x}}(1) = (1-\varepsilon)\boldsymbol{f}(\boldsymbol{x}(1)) + \dfrac{1}{2}\varepsilon\boldsymbol{f}(\boldsymbol{x}(2)) + \dfrac{1}{2}\varepsilon\boldsymbol{f}(\boldsymbol{x}(L)), \\
\dot{\boldsymbol{x}}(L) = (1-\varepsilon)\boldsymbol{f}(\boldsymbol{x}(L)) + \dfrac{1}{2}\varepsilon\boldsymbol{f}(\boldsymbol{x}(1)) + \dfrac{1}{2}\varepsilon\boldsymbol{f}(\boldsymbol{x}(L-1)),
\end{cases}
\tag{1.2}
$$

因为邻接耦合格子是一个规则互连的网络, 故该系统可以看作是一个基于网络结构的复杂系统, 已经具备了复杂网络的一些性质. 无论是单个混沌系统所表现出的内在复杂性, 还是由多个系统相互耦合而产生的新的复杂性行为, 都是复杂性科学的研究范畴. 混沌研究不仅有助于人们认识和了解复杂性世界, 还提供了定性定量研究复杂系统, 进而有效驾驭和利用系统复杂性的可能.

同步 (synchronization) 是物理学及控制论中的经典问题, 涵盖了自然科学、社会科学和工程问题等诸多方面. 同步现象最早可以追溯到 1673 年, Huygens 通过观察发现墙上的两个钟摆会在摆动一段时间后趋于同步[37]. 1680 年, Kempfer 在游览泰国湄南河时发现萤火虫群的发光在经历了开始的杂乱无章后, 会同时发光, 并同时熄灭. 1729 年, 法国天文学家 Mairan 指出扁豆的叶子会随着昼夜更替而发生同步移动. 1945 年, Rayleigh 在其专著中对声学中的同步现象进行了描述[38]. 1990 年, Pecora 和 Carroll 在电路实验中实现了两个耦合混沌系统的同步, 开创了混沌系统同步及其应用研究的新时代[15]. 如今, 人们已经发现了自然界中存在着许许多多的同步现象, 如池塘里青蛙的齐鸣、队列中一致的步伐、剧场中整齐的鼓掌、心肌细胞和大脑神经网络的同步现象等. 作为极其重要的一类非线性现象, 同步广泛存在于自然界的复杂系统中. 因而, 复杂系统的同步研究也成为新时期研究者们关注的热点问题. 但由于复杂系统本身存在着不同程度的复杂性, 要了解复杂系统如何从不同步转变为同步是非常困难的, 故对复杂系统同步还需进行更为深入的研究. 复杂系统同步的研究涵盖多个学科和领域, 目前受到关注较多的有混沌系统同步[39-45]、神经网络同步[46-48]和复杂网络同步[49-51] 等.

随着复杂系统同步研究的开展, 许多不同类型的同步现象被提了出来. 以混沌系统同步为例, 研究较多的有完全同步[39] (complete synchronization)、广义同步[40,41] (general synchronization)、延迟同步[42,43] (lag synchronization) 和投影同步[44,45] (projective synchronization) 等. 而在基于网络结构的复杂系统中, 除了包含如上同步之外, 又可将网络同步划分为内部同步 (inner synchronization)[46,47,50,51] 和外部同步 (outer synchronization)[48,49]. 关于复杂系统的同步定义可按照单系统和网络式耦合系统分别给出. 以混沌系统为例, Brown 和 Kocarev 在 2000 年曾试图给出几类主要的混沌系统同步统一定义[52,53].

假设一个确定性的动力系统包含如下两个子系统:

$$\begin{cases} \dot{\boldsymbol{x}} = \boldsymbol{f}_1(\boldsymbol{x}, \boldsymbol{y}, t), \\ \dot{\boldsymbol{y}} = \boldsymbol{f}_2(\boldsymbol{x}, \boldsymbol{y}, t), \end{cases} \tag{1.3}$$

其中, $\boldsymbol{x} \in \mathbf{R}^m, \boldsymbol{y} \in \mathbf{R}^n$. 令 $\boldsymbol{z} = (\boldsymbol{x}, \boldsymbol{y})^{\mathrm{T}}$, 如果存在与时间无关的映射 $\boldsymbol{g} : \mathbf{R}^m \times \mathbf{R}^n \to \mathbf{R}^{m+n}$ 使得性质 $\boldsymbol{h_x}$ 和 $\boldsymbol{h_y}$ 满足 $\lim\limits_{t\to\infty} \|\boldsymbol{g}(\boldsymbol{h_x}, \boldsymbol{h_y})\| = 0$, 则称系统 (1.3) 的轨道 $\boldsymbol{\phi}(\boldsymbol{z}, t)$ 关于 $\boldsymbol{h_x}$ 和 $\boldsymbol{h_y}$ 同步.

(1) 若 $m = n$, 且 $\lim\limits_{t\to\infty} \|\boldsymbol{x}(t) - \boldsymbol{y}(t)\| = 0$, 则称 (1.3) 中的两个子系统达到完全同步.

(2) 若 $m = n$, 且 $\lim\limits_{t\to\infty} \|\boldsymbol{x}(t) - \boldsymbol{y}(t - \tau)\| = 0$, 其中 τ 表示固定时延, 则称系统 (1.3) 中的两个子系统达到了延时同步.

(3) 设式 (1.3) 的解 $\boldsymbol{x}(t)$ 和 $\boldsymbol{y}(t)$ 是振荡性的, 且分别具有相位 ϕ_1 和 ϕ_2. 若存在正整数 l_1 和 l_2, 使得 $\lim\limits_{t\to\infty} \|l_1\phi_1 - l_2\phi_2\| = 0$, 则称系统 (1.3) 中的两个子系统达到了相同步.

(4) 若存在连续映射 $\boldsymbol{g} : \mathbf{R}^m \to \mathbf{R}^n$, 使得 $\lim\limits_{t\to\infty} \|\boldsymbol{g}(\boldsymbol{x}(t)) - \boldsymbol{y}(t)\| = 0$, 则称系统 (1.3) 中的两个子系统达到了关于映射 $\boldsymbol{g}$ 的广义同步.

由于完全同步、反同步和投影同步等都可以归结为投影因子不同的广义同步, 故以上混沌定义涵盖了大多数的混沌同步行为.

混沌系统的同步是非线性领域的热点和难点, 在理论研究和实际应用方面都有着许多的问题亟待研究和解决, 有必要进行进一步的分析与探讨. 对于混沌系统同步, 研究者们更关注于其表现出的自组织和自相似等复杂特性, 并利用其同步实现诸如图像加密、保密通信等应用[54-56].

需要注意的是, 混沌系统仍是一类复杂单系统, 当多个系统间存在耦合甚至推广到性质更为复杂的复杂网络系统时, 就需要给出更为一般的网络式复杂系统同步定义. 如 Pecora 和 Carroll 于 1998 年提出的连续复杂网络系统[57]为

$$\dot{\boldsymbol{x}}_i(t) = \boldsymbol{F}(\boldsymbol{x}_i(t)) + \sigma \sum_{j=1}^{N} g_{ij} \boldsymbol{H}(\boldsymbol{x}_j(t)), \quad i = 1, 2, \cdots, N, \tag{1.4}$$

其中, $\boldsymbol{x}_i$ 为第 i 个节点的状态向量, $\boldsymbol{F}$ 为节点状态方程, $\boldsymbol{H}$ 为内部连接矩阵, σ 是外部耦合强度, $\boldsymbol{G} = (g_{ij})_{N \times N}$ 是节点耦合矩阵. 当 $t \to \infty$ 时, 若满足

$$\boldsymbol{x}_1(t) = \boldsymbol{x}_2(t) = \cdots = \boldsymbol{x}_N(t) = \boldsymbol{s}(t), \tag{1.5}$$

称复杂网络 (1.4) 实现了完全同步. 其中 $s(t)$ 是单个孤立节点的解. 同理, 对于离散型复杂网络, 可以得出类似的同步定义.

因为以上同步定义只是针对同一复杂网络内部的节点, 故称其为复杂网络内部同步. 2007 年, Li 等研究了两个耦合复杂网络的外部同步行为[58]. 2008 年, Tang 等给出了复杂网络的外部同步定义[59].

设驱动复杂网络为

$$\dot{\boldsymbol{x}}_i(t) = \boldsymbol{f}(\boldsymbol{x}_i(t)) + \sum_{j=1}^{N} c_{ij}\boldsymbol{A}\boldsymbol{x}_j(t), \quad i = 1, 2, \cdots, N. \tag{1.6}$$

建立受控的响应复杂网络为

$$\dot{\boldsymbol{y}}_i(t) = \boldsymbol{f}(\boldsymbol{y}_i(t)) + \sum_{j=1}^{N} d_{ij}\boldsymbol{A}\boldsymbol{y}_j(t) + \boldsymbol{u}_i, \quad i = 1, 2, \cdots, N, \tag{1.7}$$

其中, $\boldsymbol{x}_i(t) = (x_{i1}(t), x_{i2}(t), \cdots, x_{in}(t))^{\mathrm{T}}$ 和 $\boldsymbol{y}_i(t) = (y_{i1}(t), y_{i2}(t), \cdots, y_{in}(t))^{\mathrm{T}}$ 是对应网络中第 i 个节点状态向量, $\boldsymbol{f} : \mathbf{R}^n \to \mathbf{R}^n$ 为一光滑向量函数, $\boldsymbol{A}$ 是内部耦合矩阵, $\boldsymbol{C} = (c_{ij})_{N \times N}$ 和 $\boldsymbol{D} = (d_{ij})_{N \times N}$ 为对应网络的外部耦合矩阵, 代表复杂网络的拓扑结构和节点连接强度. $\boldsymbol{u}_i$ 代表对响应网络中第 i 个节点所施加的控制向量. 对于给定初值 $\boldsymbol{x}^0 = (x_1^0, x_2^0, \cdots, x_N^0)$ 和 $\boldsymbol{y}^0 = (y_1^0, y_2^0, \cdots, y_N^0)$, 若式 (1.6) 和式 (1.7) 的解满足

$$\lim_{t \to \infty} \left\| \boldsymbol{y}_i(t, \boldsymbol{y}^0, \boldsymbol{u}_i) - \boldsymbol{x}_i(t, \boldsymbol{x}^0) \right\| = 0, \quad i = 1, 2, \cdots, N, \tag{1.8}$$

则称复杂网络 (1.6) 与 (1.7) 达到了外部同步.

参 考 文 献

[1] 冯·贝塔朗菲. 一般系统论——基础、发展和应用 [M]. 林康义, 魏宏森译. 北京: 清华大学出版社, 1987.

[2] 尼科里斯, 普利高津. 探索复杂性 [M]. 3 版. 罗久里, 陈奎宁译. 成都: 四川教育出版社, 2010.

[3] 钱学森, 于景元, 戴汝为. 一个科学新领域: 开放的复杂巨系统及其方法论 [J]. 自然杂志, 1990, (1): 3-10, 64.

[4] 李润珍. 探索复杂性的启示 [M]. 北京: 中国科学技术出版社, 2010.

[5] 郝柏林. 从抛物线谈起——混沌动力学引论 [M]. 上海: 上海科技教育出版社, 1993.

[6] Lorenz E N. Deterministic non-periodic flow [J]. Journal of the Atmospheric Sciences, 1963, 20(2): 130-141.

[7] Ruelle D, Takens F. On the nature of turbulence [J]. Communications in Mathematical Physics, 1971, 20(3): 167-192.

[8] Li T Y, Yorke J. Period three implies chaos [J]. The American Mathematical Monthly, 1975, 82(10): 985-992.

[9] May R M. Simple mathematical models with very complicated dynamics [J]. Nature, 1976, 261: 459-467.

[10] Feigenbaum M J. Quantitative universality for a class of nonlinear transformations [J]. Journal of Statistical Physics, 1978, 19(1): 25-52.

[11] 刘秉正, 彭建华. 非线性动力学 [M]. 北京: 高等教育出版社, 2004.

[12] Linsay P S. Period doubling and chaotic behavior in a driven anharmonic oscillator [J]. Physical Review Letters, 1981, 47(19): 1349-1352.

[13] Wolf A, Swift J B, Swinney H L, et al. Determining Lyapunov exponents from a time series [J]. Physica D, 1985, 16(3): 285-317.

[14] Ott E, Grebogi C, Yorke J A. Controlling chaos [J]. Physical Review Letters, 1990, 64(11): 1196-1199.

[15] Pecora L M, Carroll T L. Synchronization in chaotic systems [J]. Physical Review Letters, 1990, 64(8): 821-824.

[16] Devaney R L. An Introduction to Chaotic Dynamical Systems [M]. New York: Addison-Wesley, 1989.

[17] 禹思敏. 混沌系统与混沌电路——原理、设计及其在通信中的应用 [M]. 西安: 西安电子科技大学出版社, 2011.

[18] Faieghi M, Mashhadi S K, Baleanu D. Sampled-Data nonlinear observer design for chaos synchronization: a Lyapunov-Based approach [J]. Communications in Nonlinear Science and Numerical Simulation, 2014, 19(7): 2444-2453.

[19] Yuan S L, Jing Z J. Bifurcations of periodic solutions and chaos in Josephson system with parametric excitation [J]. Acta Mathematicae Applicatae Sinica-English Series, 2015, 31(2): 335-368.

[20] Boev Y I, Vadivasova T E, Anishchenko V S. Poincaré recurrence statistics as an indicator of chaos synchronization [J]. Chaos, 2014, 24(2): 023110.

[21] Chua L O, Komuro M, Matsumoto T. The double scroll family [J]. IEEE Transactions on Circuits and Systems, 1986, 33(11): 1072-1118.

[22] Stewart I. The Lorenz attractor exists [J]. Nature, 2000, 37(4): 341-347.

[23] 王兴元, 王明军. 超混沌 Lorenz 系统 [J]. 物理学报, 2007, 56(9): 5136-5141.

[24] Wu X J, Li S Z. Dynamics analysis and hybrid function projective synchronization of a new chaotic system [J]. Nonlinear Dynamics, 2012, 69(4): 1979-1994.

[25] Akgul A, Hussain S, Pehlivan I. A new three-dimensional chaotic system without equilibrium points, its dynamical analyses and electronic circuit application [J]. Tehnicki Vjesnik-Technical Gazette, 2016, 23(1): 209-214.

[26] Whalen P, Brio M, Moloney J V. Exponential time-differencing with embedded Runge-Kutta adaptive step control [J]. Journal of Computational Physics, 2015, 280: 579-601.

[27] He X, Li C D, Huang T W, Yu J Z. Bifurcation behaviors of an Euler discretized inertial delayed neuron model [J]. Science China-Technological Sciences, 2016, 59(3): 418-427.

[28] Dedieu H, Kennedy M P, Hasler M. Chaos shift keying-modulation and demodulation of a chaotic carrier using self-Synchronizing Chua's circuits [J]. IEEE Transactions on Circuits and Systems II, 1993, 40(10): 634-642.

[29] Ohtsubo J. Chaos synchronization and chaotic signal masking in semiconductor Lasers with optical feedback [J]. IEEE Journal of Quantum Electronics, 2002, 38(9): 1141-1154.

[30] Harrison M A, Lai Y C. Bifurcation to high-dimensional chaos [J]. International Journal of Bifurcation and Chaos, 2000, 10(6): 1471-1483.

[31] Li Q D, Tang S, Yang X S. Hyperchaotic set in continuous chaos-hyperchaos transition [J]. Communications in Nonlinear Science and Numerical Simulation, 2014, 19(10): 3718-3734.

[32] Sui L S, Liu B Q, Wang Q, et al. Double-Image encryption based on Yang-Gu mixture amplitude-Phase retrieval algorithm and high dimension chaotic system in gyrator domain [J]. Optics Communications, 2015, 354: 184-196.

[33] Yu L C, Zhang G Y, Ma J, Chen Y. Control of spiral waves and spatiotemporal chaos with periodical subthreshold ordered wave perturbations [J]. International Journal of Modern Physics C, 2009, 20(1): 85-96.

[34] Ren H P, Bai C. Secure communication based on spatiotemporal chaos [J]. Chinese Physics B, 2015, 24(8): 080503.

[35] Ghorai S, Poria S. Pattern formation and control of spatiotemporal chaos in a reaction diffusion prey-Predator system supplying additional food [J]. Chaos Solitons & Fractals, 2016, 85: 57-67.

[36] Kaneko K. Pattern dynamics in spatiotemporal chaos-pattern selection, diffusion of defect and pattern competition intermettency [J]. Physica D, 1989, 34(1-2): 1-41.

[37] Huygens C. Horoloqium Oscilatorium [M]. Pairs: Rarisiis, 1673.

[38] Rayleigh J. The Theory of Sound [M]. New York: Dover Publisher, 1945.

[39] Liu Y J, Lee S M. Synchronization criteria of chaotic Lur'E systems with delayed feedback PD control [J]. Neurocomputing, 2016, 189: 66-71.

[40] Stankovski T, McClintock P V E, Stefanovska A. Dynamical inference: Where phase synchronization and generalized synchronization meet [J]. Physical Review E, 2014, 89(6): 062909.

[41] Makarenko A V. Analysis of phase synchronization of chaotic oscillations in terms of symbolic Ctq-analysis [J]. Technical Physics, 2016, 61(2): 265-273.

[42] Meng H, Wang Y Y, Zhang J H, Li Y. Lag synchronisation of chaotic systems using sliding mode control [J]. International Journal of Modelling, Identification and Control, 2014, 22(3): 218-224.

[43] Chen Y, Wu X F, Lin Q. Global lagged finite-Time synchronization of two chaotic Lur'E systems subject to time delay [J]. International Journal of Bifurcation and Chaos, 2015, 25(12): 1550161.

[44] Abdurahman A, Jiang H J, Rahman K. Function projective synchronization of memristor-based Cohen-Grossberg neural networks with time-Varying delays [J]. Cognitive Neurodynamics, 2015, 9(6): 603-613.

[45] Min F H, Luo A J C. Complex dynamics of projective synchronization of Chua circuits with different scrolls [J]. International Journal of Bifurcation and Chaos, 2015, 25(5): 1530016.

[46] Liu X W, Chen T P. Synchronization of nonlinear coupled networks via aperiodically intermittent pinning control [J]. IEEE Transactions on Neural Networks and Learning Systems, 2015, 26(1): 113-126.

[47] Li N, Cao J D. Lag synchronization of memristor-Based coupled neural networks via Omega-measure [J]. IEEE Transactions on Neural Networks and Learning Systems, 2016, 27(3): 686-697.

[48] Lu W L, Zheng R, Chen T P. Centralized and decentralized global outer-Synchronization of asymmetric recurrent time-Varying neural network by data-sampling [J]. Neural Networks, 2016, 75: 22-31.

[49] He P, Ma S H, Fan T. Finite-Time mixed outer synchronization of complex networks with coupling time-varying delay [J]. Chaos, 2012, 22(4): 043151.

[50] Dörfler F, Bullo F. Synchronization in complex networks of phase oscillators: A survey [J]. Automatica, 2014, 50(6): 1539-1564.

[51] Zhou L L, Wang C H, Zhou L. Cluster synchronization on multiple Sub-Networks of complex networks with nonidentical nodes via pinning control [J]. Nonlinear Dynamics, 2016, 83(1-2): 1079-1100.

[52] Brown R, Kocarev L. A unifying definition of synchronization for dynamical systems[J]. Chaos, 2000, 10(2): 344-349.

[53] 徐振源, 过榴晓, 张荣, 等. 复杂系统中的广义同步 [M]. 北京: 北京师范大学出版社, 2012.

[54] Volos C K, Kyprianidis I M, Stouboulos I N. Image encryption process based on chaotic synchronization phenomena [J]. Signal Processing, 2013, 93(5): 1328-1340.

[55] Li Z B, Tang J S. Chaotic synchronization with parameter perturbation and its secure communication scheme [J]. Control Theory & Applications, 2014, 31(5): 592-600.

[56] Senouci A, Boukabou A, Busawon K, et al. Robust chaotic communication based on indirect coupling synchronization [J]. Circuits Systems and Signal Processing, 2015, 34(2): 393-418.

[57] Pecora L M, Carroll T L. Master stability functions for synchronized coupled systems [J]. Physical Review Letters, 1998, 80(10): 2109-2112.

[58] Li C P, Sun W G, Kurths J. Synchronization between two coupled complex networks [J]. Physical Review E, 2007, 76(4): 046204.

[59] Tang H W, Chen L, Lu J A, Tse C K. Adaptive synchronization between two complex networks with nonidentical topological structures [J]. Physica A, 2008, 387(22): 5623-5630.

第 2 章　混沌映射及控制

2.1　引　　言

以混沌系统为代表的复杂系统使人类对自然世界有了新的理解与认识, 关于混沌系统的研究也取得了许多重要的进展. 目前, 典型的混沌系统可以按照系统状态是否连续分为两类, 即离散混沌映射[1-20]和连续混沌系统. 离散混沌映射所研究的系统状态随着系统迭代的次数而依次发生改变, 具有与连续混沌系统不一样的特点和性质. 目前, 人们所熟知的离散混沌映射包括 Logistic 映射[1-8]、Hénon 映射[9-13] 和 Tent 映射[14-20] 等等, 系统具有建模简单、混沌信号离散和适用于数字信号处理等特点.

对于离散混沌映射, 为了探究其动力学性质, 可以通过重构系统相图[21-23], 刻画系统 Lyapunov 指数[24-26]、描绘系统分插图[27-30] 等方法来加以分析. 此外, 对于系统的控制和同步, 需要依据离散非线性系统的稳定性判据, 通过构造混沌控制器来实现控制混沌的目的. 由于离散混沌系统的特点, 其在图像处理、数字通信和信息安全等领域具有广泛的应用前景[31-36].

本章, 我们将对几类经典的混沌映射系统加以介绍, 对其动力学性质进行分析, 并在此基础上, 讨论混沌映射的同步. 此外, 基于类分数阶理论, 探讨一类类分数阶系统.

2.2　混沌映射系统分析

目前, 被人们所熟知的混沌映射系统有很多, 且不断有新的混沌映射系统被提出, 不失一般性, 本节将选取几类具有代表性的离散混沌映射加以介绍.

1. Logistic 映射

Logistic 映射是 1976 年美国生物学家 May 在《自然》期刊上发表文章所提出的简单的一维迭代映射模型. 该映射表明一维的混沌映射也能产生复杂的倍周期分岔和混沌行为[37], 其数学模型可以用如下公式加以表示:

$$x_{n+1} = \mu x_n \left(1 - x_n\right), \tag{2.1}$$

其中, $\mu \in (0,4]$ 表示系统参数, 当 $\mu \in (3.569, 4]$ 时, 系统具有正的 Lyapunov 指数, 动力学行为表现为混沌态. 当取 $\mu = 3.99$ 时, Logistic 映射的连续迭代如图 2.1 所示.

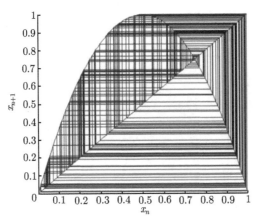

图 2.1　Logistic 映射的连续迭代图

从图 2.1 可以看出, Logistic 映射在 $\mu = 3.99$ 时, 系统状态在 $(0,1)$ 内进行变化, 系统动力学行为丰富且类似无规则随机运动, 处于混沌状态. 通过构造如图 2.2 的系统分岔图像, 可以发现在系统参数范围内变化时, 系统逐步从周期态向混沌态的转变过程, 其中在 $\mu = 3.8$ 和 $\mu = 3.9$ 之间, 可以发现明显的周期窗口.

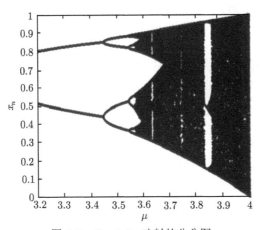

图 2.2　Logistic 映射的分岔图

对应于如图 2.2 所示的分岔图为了刻画其混沌性质, 本节将进一步描绘其 Lyapunov 指数图像. 需要注意的是, 无论是状态连续变化的连续系统, 还是随迭代次数离散变化的离散系统, 只要系统处于混沌状态, 即可用 Lyapunov 指数加以刻画和表征. 这是因为混沌系统具有对初值的敏感性, 两个初始状态相差无几的混沌系统, 其状态将随着时间或迭代而出现指数分离, 而这种分离即可用 Lyapunov 指数来定量描述. Lyapunov 指数反映了相邻轨道在相空间中的收敛或发散的平均指数率, 对于一个处于混沌状态的系统, 必然存在一个值为正的 Lyapunov. 故而可以得到 Logistic 映射的 Lyapunov 指数图像如图 2.3 所示.

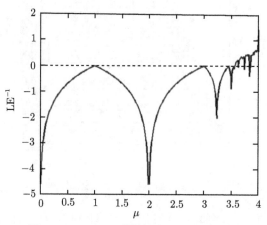

图 2.3　Logistic 映射的 Lyapunov 指数图

从图 2.3 可以看出, 当 Logistic 映射为周期分岔时, 对应的 Lyapunov 指数为负值; 当 $\mu \in (3.569, 4]$ 时, 系统开始进入混沌带, 且出现了正的 Lyapunov 指数; 当进入周期窗口时, 对应的 Lyapunov 指数变为负值.

2. Hénon 映射

不同于 Logistic 映射只具有一个维度, 由法国天文学家列侬于 1964 年提出的 Hénon 映射可以离散地表示为

$$\begin{cases} x_{n+1} = 1 - ax_n^2 + y_n, \\ y_{n+1} = bx_n, \end{cases} \tag{2.2}$$

其中, a 和 b 表示系统参数. 通常, 取 $a = 1.4$ 和 $b = 0.3$ 时, 系统的二维空间相图如图 2.4 所示.

类似于一维 Logistic 映射, 通过固定系统参数 $b = 0.3$, 观察随着参数 a 变化时如图 2.5 所示的系统分岔图像, 可以得到该系统从周期态向混沌态的转变过程.

对应于如上分岔图, Hénon 映射的 Lyapunov 指数图像如图 2.6 所示, 该 Lyapunov 指数图像具有和一维 Logistic 映射类似的性质. 当 Hénon 映射为周期分岔时, 对应的 Lyapunov 指数为负值; 当分岔图像进入混沌带时, 出现了正的 Lyapunov 指数; 当进入周期窗口时, 对应的 Lyapunov 指数变为负值.

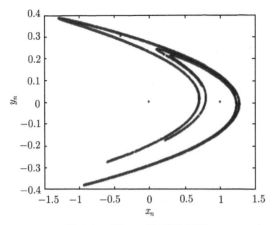

图 2.4 Hénon 映射的相图

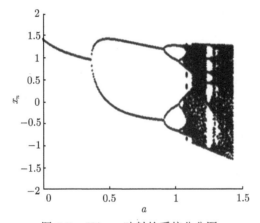

图 2.5 Hénon 映射的系统分岔图

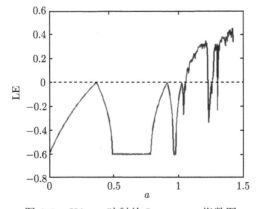

图 2.6 Hénon 映射的 Lyapunov 指数图

3. Lozi 映射

类似于 Hénon 映射, Lozi 映射是一类典型的二维离散混沌映射系统, 可以离散地表示为

$$
\begin{cases}
x_{n+1} = -a\,|x_n| + y_n + 1, \\
y_{n+1} = bx_n,
\end{cases}
\tag{2.3}
$$

其中, a 和 b 表示系统参数. 通常, 取 $a = 1.8$ 和 $b = 0.4$ 时, 系统的二维空间相图如图 2.7 所示.

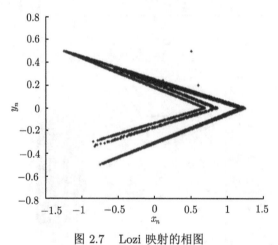

图 2.7   Lozi 映射的相图

类似于 Hénon 映射, 通过固定系统参数 $b = 0.5$, 观察随着参数 a 变化时如图 2.8 所示的系统分岔图像, 可以得到该系统从周期态向混沌态的转变过程.

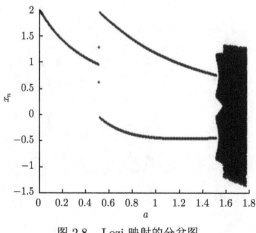

图 2.8   Lozi 映射的分岔图

对应于如上分岔图, Lozi 映射的 Lyapunov 指数图像如图 2.9 所示. 当 Lozi 映射为周期分岔时, 对应的 Lyapunov 指数为负值; 当分岔图像进入混沌带时, 出现了正的 Lyapunov 指数; 当进入周期窗口时, 对应的 Lyapunov 指数变为负值.

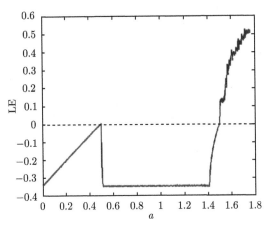

图 2.9 Lozi 映射的 Lyapunov 指数图

2.3 混沌映射控制案例

相比于连续混沌系统, 由于混沌映射系统状态离散变化、系统维数较低, 控制更为简单, 相关的研究已经较为完善. 故本书只针对现有的研究成果进行介绍, 并举例说明.

1. Lozi 映射线性反馈控制

一个受控非线性系统是由受控对象和反馈控制器两部分构成的. 在经典理论中习惯于采用输出反馈, 而现代控制论中则更倾向于采用状态反馈. 状态反馈具有更丰富的状态信息及更多可供选择的自由度, 因而使系统可以得到更优异的性能. 对于如式 (2.3) 所示的 Lozi 映射, 我们的目标是通过状态反馈控制将其状态稳定到不稳定周期轨道上. 由于 Lozi 映射中形式较为简单, 且任一系统状态会随着其他状态受控而被控, 所以我们仅对 Lozi 映射单一状态线性反馈控制进行示例.

通过计算, 可以得到 Lozi 映射的一个平衡点为 $(x', y') = \left(\dfrac{1}{a-b+1}, \dfrac{b}{a-b+1} \right)$. 定义施加于状态变量 y_{n+1} 上的线性状态反馈为 $k(x_n - x')$, 这可以将 (2.3) 控制到不稳定不动点 (x', y') 上. 由文献可知, 当选取线性反馈增益为 $k = -1.205$ 时, Lozi 映射被线性反馈控制器控制到了平衡点, 系统状态图像如图 2.10 所示.

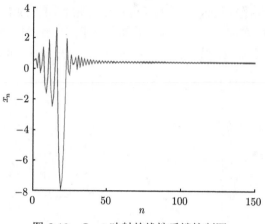

图 2.10　Lozi 映射的线性反馈控制图

2. Hénon 映射 OGY 控制

对于离散混沌映射而言, 由于系统具有遍历性, 随着迭代次数的增加, 系统状态会经过或靠近定义域内的任一点. 据此, 马里兰大学的物理学家 Ott, Grebogi 和 Yorke 等提出了在系统轨线靠近期望不动点时, 通过施加外部微小控制信号来实现系统状态控制的方法, 称为 OGY 法[38].

对于如式 (2.2) 所示的二维离散 Hénon 映射系统, 同样可以通过计算得到 $x' = y' = 0.8839$ 为该映射的一个不稳定不动点. 通过设定阈值向量为 Δ, 当 $[|x_n - x'|, |y_n - y'|]^{\mathrm{T}} < \Delta$ 时开始施加控制, 可以实现 Hénon 映射的 OGY 控制, 具体的参数设定可以参考相关文献, 此时 Hénon 映射的受控图像如图 2.11 所示.

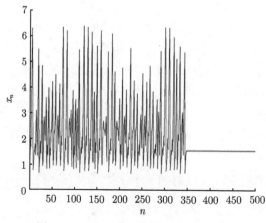

图 2.11　Hénon 映射的 OGY 控制图

2.4 类分数阶混沌映射系统及控制

混沌系统的建模是混沌研究的一个重要方向, 对于上面提及的经典的混沌映射, 如 Logistic 映射、Hénon 映射和 Lozi 映射等, 由于系统性质已经被人们所熟知, 可通过相空间重构等技术推测系统的行为. 为了提高安全性, 需对新的混沌系统进行建模. 我们前面已经提到过, 不同于连续混沌系统, 离散混沌映射的状态变量是随着迭代次数的增加而离散发生变化的, 不具有分数微分学意义上的改进系统, 所以目前所研究的分数阶混沌系统都是针对连续混沌系统而言的. 为了采用分数阶微分的形式来对离散映射进行处理, 提升系统的安全性, 本节将结合 Euler 方法和预估校正法, 对一类带有参数 q 的混沌映射系统进行建模, 扩展系统的混沌参数空间, 增强系统的安全性[39].

在数值仿真过程中, 将连续系统离散化表示是一种有效的方法. 该方法也被广泛应用于分数阶混沌系统的仿真. 一般来说, 一个整数阶的连续系统可以表示为如下形式:

$$\dot{x} = f(x), \tag{2.4}$$

其中, x 表示系统状态变量, f 表示对应的非线性函数. 采用 Euler 法、改进 Euler 法及 Runge-Kutta 法等方法可以将式 (2.1) 离散化表示. 比如, 采用 Euler 法离散化后式 (2.4) 可以近似表示为

$$x_{i+1} = x_i + hf(x_i), \quad i = 1, 2, \cdots, N-1, \tag{2.5}$$

其中, $h = T/N$, T 是时间跨度, N 是迭代次数. 从而, 任意一个连续系统都会对应一个离散化后的系统. 在数值仿真中, 往往更关注连续系统的离散化过程而忽略了对应的逆过程. 比如, 对于如下的 Logistic 映射:

$$x_{i+1} = ux_i(1 - x_i), \quad i = 1, 2, \cdots, N-1, \tag{2.6}$$

其中, u 是系统参数. 假设式 (2.6) 是一个采用 Euler 法离散化后的系统, 那么其可以表示为

$$x_{i+1} = ux_i(1 - x_i) = x_i + h\left\{(ux_i(1 - x_i) - x_i)/h\right\}, \quad i = 1, 2, \cdots, N-1, \tag{2.7}$$

从而可以得到一个对应的连续系统为

$$\dot{x} = (ux(1 - x) - x)/h. \tag{2.8}$$

逆离散化后的系统 (2.8) 已经与 Logistic 映射截然不同. 为了继续探究其动力学性质, 并进一步认识逆离散化过程, 对式 (2.8) 的衍生系统:

$$\begin{cases} \dot{x}_1 = (ux_2(1-x_2) - x_1)/h, \\ \dot{x}_2 = (ux_3(1-x_3) - x_2)/h, \\ \quad\cdots\cdots \\ \dot{x}_s = (ux_{s+1}(1-x_{s+1}) - x_s)/h, \quad s \neq n, \\ \quad\cdots\cdots \\ \dot{x}_n = (ux_1(1-x_1) - x_n)/h \end{cases} \tag{2.9}$$

进行仿真实验. 取 $n = 2^4 = 16$ 时, 系统的周期分岔图及其倍周期分岔过程如图 2.12 所示.

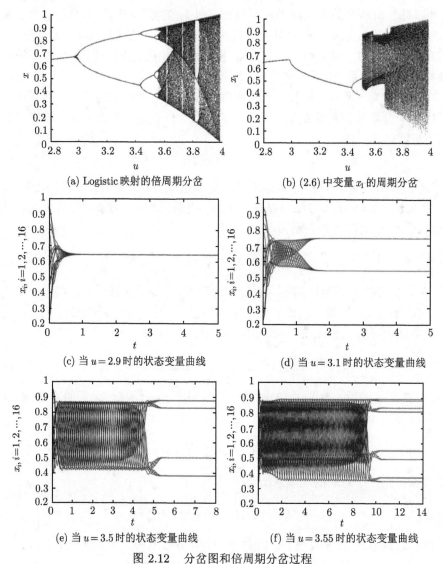

(a) Logistic 映射的倍周期分岔　　(b) (2.6) 中变量 x_1 的周期分岔

(c) 当 $u = 2.9$ 时的状态变量曲线　　(d) 当 $u = 3.1$ 时的状态变量曲线

(e) 当 $u = 3.5$ 时的状态变量曲线　　(f) 当 $u = 3.55$ 时的状态变量曲线

图 2.12　分岔图和倍周期分岔过程

从图 2.12 可以看出逆离散化后得到的系统与一般的混沌系统具有类似的分岔性质, 通过倍周期分岔进入混沌. 进一步应用分数微分学理论, 对式 (2.8) 进行处理, 可以得到对应的分数阶系统. 目前, 关于分数阶微分有多种定义形式. 在本章中, 将采用如下 Caputo 分数阶定义[40].

定义 2.1 Caputo 分数阶微分定义如下:

$$D^\theta x(t) = J^{m-\theta} x^{(m)}(t) \quad (\theta > 0),$$

其中, m 是不小于 θ 的第一个整数, $x^{(m)}$ 是指通常意义下的 m-阶导数. $J^\theta (1 > \theta > 0)$ 指具有如下表达的 θ-阶 Riemann-Liouville 积分算子:

$$J^\theta y(t) = \frac{1}{\Gamma(\theta)} \int_0^t (t-\tau)^{\theta-1} y(\tau) \mathrm{d}\tau,$$

此处 Γ 表示伽马函数, D^θ 被称为 θ-阶 Caputo 微分算子.

根据定义 2.1, 系统 (2.8) 对应的分数阶形式可以表示为

$$\begin{cases} D^q x = f(t,x) = (ux(1-x) - x)/h, \\ x^{(k)}(0) = x_0^{(k)}, \quad k = 0, 1, \cdots, n-1, \end{cases} \quad (2.10)$$

其中, q 是系统的分数阶. 等式 (2.10) 等价于如下 Volterra 积分方程

$$x(t) = \sum_{k=0}^{\lceil q \rceil - 1} x_0^{(k)} \frac{t^k}{k!} + \frac{1}{\Gamma(q)} \int_0^t \frac{f(\tau)}{(t-\tau)^{1-q}} \mathrm{d}\tau, \quad (2.11)$$

其中, $\lceil q \rceil$ 表示大于等于 q 的最小整数, 部分项根据矩形公式可以近似表示为

$$\int_0^{t_{n+1}} \frac{f(\tau)}{(t_{n+1} - \tau)^{1-q}} \mathrm{d}\tau \approx \sum_{j=0}^n \frac{h^q}{q} [(n+1-j)^q - (n-j)^q] f(t_j), \quad (2.12)$$

其中, $t_i = ih$. 将 (2.12) 代入等式 (2.10) 中并设定

$$b_{j,n+1} = (n+1-j)^q - (n-j)^q,$$

可以得到如下的预估算子

$$x_h^p(t_{n+1}) = \sum_{k=0}^{\lceil q \rceil - 1} x_0^{(k)} \frac{t_{n+1}^k}{k!} + \frac{h^q}{q\Gamma(q)} \sum_{j=0}^n b_{j,n+1} f(t_j, x_h(t_j)). \quad (2.13)$$

与此同时, 根据梯形公式可以得到

$$\int_0^{t_{n+1}} \frac{f(\tau)}{(t_{n+1} - \tau)^{1-q}} \mathrm{d}\tau \approx \sum_{j=0}^{n+1} \frac{h^q}{\Gamma(q+2)} a_{j,n+1} f(t_j), \quad (2.14)$$

其中

$$a_{j,n+1} = \begin{cases} n^{q+1} - (n-q)(n+1)^q, & j = 0, \\ (n-j+2)^{q+1} + (n-j)^{q+1} - 2(n-j+1)^{q+1}, & 1 \leqslant j \leqslant n, \\ 1, & j = n+1. \end{cases}$$

由于前 k 项 $x(t_1), x(t_2), \cdots, x(t_k)$ 及预估算子 $x_h^p(t_{k+1})$ 都已经知道, 从而可以进一步得到修正后的分数阶公式为

$$x_h(t_{n+1}) = \sum_{k=0}^{\lceil q \rceil - 1} x_0^{(k)} \frac{t_{n+1}^k}{k!} + \frac{h^q}{\Gamma(q+2)} f(t_{n+1}, x_h^p(t_{n+1}))$$

$$+ \frac{h^q}{\Gamma(q+2)} \sum_{j=0}^{n} a_{j,n+1} f(t_j, x_h(t_j)). \tag{2.15}$$

这就是常用的一阶 Adams-Bashforth-Moulton 预估校正方法. 该方法对于任意满足要求的 h 而言, 估计误差都满足 $\max\limits_{i=1,2,\cdots,N} |x(t_i) - x_i| = o(h^\alpha)$, 其中 $\alpha = \min(1+q, 2)$. 由于系统 (2.15) 来自逆离散化后的系统 (2.8), 不同于一般意义上的分数阶混沌系统, 所以称系统 (2.15) 为带有参数 q 的混沌映射.

将通过仿真直观地观察系统 (2.15) 的混沌及分岔行为. 与此同时, 为了确保系统确实处于混沌状态, 将计算系统信号序列的最大 Lyapunov 指数 (LLE). 对应不同参数取值的分岔图及最大 Lyapunov 指数图如图 2.13 所示.

对比图 2.12(a) 和图 2.13(a) 可以发现, 尽管带有参数 q 的 Logistic 映射来源于经典的 Logistic 映射, 但无论是混沌区间、周期窗口, 还是分岔图都已经发生了变化. 带有参数 q 的 Logistic 映射已经成为一个与原 Logistic 映射不同的新的混沌映射. 对比图 2.13(a) 和 (c) 可知, 不同的参数 q 导致了不同的分岔行为和混沌行为. 图 2.13(b) 和 (d) 也证实了参数 q 带来了混沌行为的变化.

数值仿真的结果表明通过以上逆离散化过程和预估校正离散化过程可以得到一类带有参数 q 的混沌映射系统. 从仿真结果可以看出, 得到的带有参数 q 的混沌映射系统已与原系统完全不同, 但仍可以产生混沌行为.

为了进一步观察系统的分岔和混沌行为, 设置系统参数 $u = 2.7$, 迭代步长为 $h = 0.01$, 令参数在区间 $q \in [0.95, 1.1]$ 内进行变化. 设置系统的初始值为 $x_0 = 0.5$, 可以得到如图 2.14 所示的分岔图和 LLE 图.

从图 2.14(a) 和 (b) 可以看出, 随着参数 q 的增加呈现出一个倒分岔过程. 故而在有限范围内减小参数 q 的取值可以有效增加系统的混沌特性. 当参数为 $q = 0.975$ 时, 系统的 LLE 达到了峰值. 在倒分岔图 2.14 中, 分别在 $q \in [0.95, 0.98]$ 和 $q \in [0.99, 1]$ 内观察到了周期窗口. 图 2.14(c) 中包含了类似的倒分

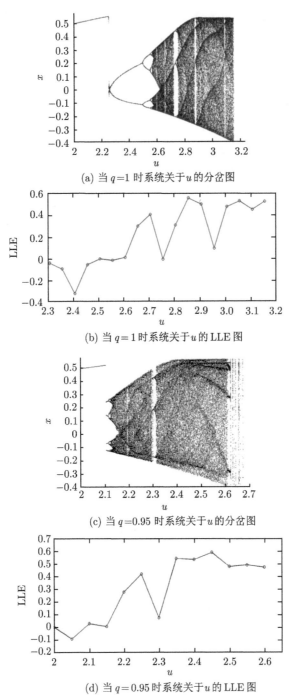

(a) 当 $q=1$ 时系统关于 u 的分岔图

(b) 当 $q=1$ 时系统关于 u 的 LLE 图

(c) 当 $q=0.95$ 时系统关于 u 的分岔图

(d) 当 $q=0.95$ 时系统关于 u 的 LLE 图

图 2.13 带有参数 q 的 Logistic 映射分岔图及 LLE 图

岔过程, 分岔点是在 $q \cong 0.962$ 处. 相比于图 2.14(c), (d) 中的倒分岔更为明显和
清晰. 在 $q \cong 0.9944$ 处混沌渐变为了周期轨道. 三周期轨道在 $q \cong 0.9962$ 处出现,
在 $q \cong 0.9978$ 处系统重新进入混沌区域.

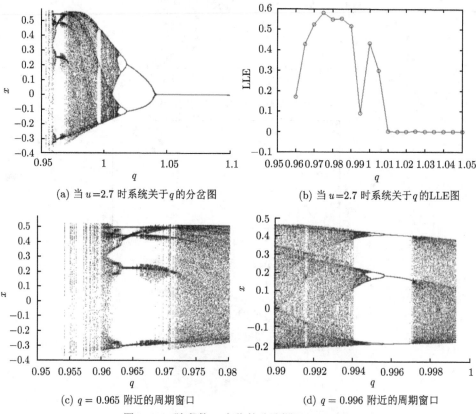

(a) 当 $u=2.7$ 时系统关于 q 的分岔图　　　　(b) 当 $u=2.7$ 时系统关于 q 的 LLE 图

(c) $q = 0.965$ 附近的周期窗口　　　　(d) $q = 0.996$ 附近的周期窗口

图 2.14　随参数 q 变化的分岔图及 LLE 图

在 1978 年, Feigenbaum 采用重整化群的方法在 Logistic 映射中发现了值为
$\delta = 4.66920\cdots$ 的 Feigenbaum 常数, 揭示了倍周期分岔的规律性. 在对带有参
数 q 的 Logistic 映射仿真过程中, 发现当 $1.0418 < q < 1.1$ 时系统是收敛于一周
期轨道的; 当 $1.0186 < q < 1.0418$ 时, 一周期轨道失去稳定性, 二周期轨道出现;
当 $1.0134 < q < 1.0186$ 时, 二周期轨道变为四周期轨道; 当 $1.0122 < q < 1.0134$
时, 四周期轨道变为八周期轨道 $\cdots\cdots$. 带有参数 q 的 Logistic 映射通过倍周期
分岔的途径进入了混沌. 基于 Feigenbaum 的思想, 将该映射的倍周期分岔点标记
为 $q_v(v = 1, 2, \cdots)$ 并计算倒分岔区间的区间长度之比为

$$\delta' = \lim_{v \to \infty} \frac{q_v - q_{v-1}}{q_{v+1} - q_v} = 4.46153\cdots. \tag{2.16}$$

计算得到的 δ' 近似等于 δ, 这表明在该类混沌映射中也具有了相类似的分岔规律. 与此同时, 研究还发现系统的分岔行为在参数空间具有自相似性等性质.

综上, 关于系统参数 q 的分岔可以归纳如下: 关于参数 q 的分岔过程是一个倒分岔, 这与系统关于参数 u 的分岔是不同的; Feigenbaum 常数所揭示的规律仍然存在, 分岔过程中出现了周期窗口. 这表明参数 q 对系统的混沌行为具有显著的影响; 随着参数 u 的变化, 系统关于 q 的分岔图分布于不同的区间. 这表明参数 q 和参数 u 相互影响, 共同决定系统的动力学行为.

通过逆离散化方法和 Adams-Bashforth-Moulton 预估校正方法, 不仅可以得到如上带有参数 q 的一维 Logistic 映射, 还可以得到带有参数 q 的高维混沌映射. 对于多维的混沌映射, 预估算子和校正算子转化为

$$x_{h,s}^p(t_{n+1}) = \sum_{k=0}^{\lceil q_s \rceil - 1} x_{s,0}^{(k)} \frac{t_{n+1}^k}{k!} + \frac{h^{q_s}}{q_s \Gamma(q_s)} \sum_{j=0}^n b_{s,j,n+1} f(t_j, x_{h,s}(t_j)),$$
$$1 \leqslant j \leqslant n, \quad s = 1, 2, \cdots, l \tag{2.17}$$

和

$$x_{h,s}(t_{n+1}) = \sum_{k=0}^{\lceil q_s \rceil - 1} x_{s,0}^{(k)} \frac{t_{n+1}^k}{k!} + \frac{h^{q_s}}{\Gamma(q_s + 2)} f(t_{n+1}, x_{h,s}^p(t_{n+1}))$$
$$+ \frac{h^{q_s}}{\Gamma(q_s + 2)} \sum_{j=0}^n a_{s,j,n+1} f(t_j, x_{h,s}(t_j)), \tag{2.18}$$

其中

$$b_{s,j,n+1} = (n + 1 - j)^{q_s} - (n - j)^{q_s},$$

且

$$a_{s,j,n+1} = \begin{cases} n^{q_s+1} - (n - q_s)(n+1)^{q_s}, & j = 0, \\ (n - j + 2)^{q_s+1} + (n - j)^{q_s+1} - 2(n - j + 1)^{q_s+1}, & 1 \leqslant j \leqslant n, \\ 1, & j = n + 1, \end{cases}$$

$x_{s,0}$ 表示第 s 个变量 x_s 的初始值, l 表示系统的维数, q_s 表示系统第 s 个状态方程的分数阶数. 对于 Hénon 映射, $l = 2$. 对于经典 Lorenz 系统, Chen 系统等 (此时无须逆离散化过程), $l = 3$. 对于高维的混沌系统如超混沌系统或系统 (2.9), $l > 3$. 接下来, 本节将以 Hénon 映射作为例子, 研究带有参数 q 的多维映射.

对于 Hénon 映射, 当 $a = 1.4$, $b = 0.3$ 时, 系统处于混沌状态. 采用如上方法得到带有参数 q 的 Hénon 映射, 并令式 (2.17) 和式 (2.18) 中的参数 $q_1 = q_2 = 1$,

可以发现如果保持 $a = 1.4$, $b = 0.3$, 系统将无法保持混沌状态. 为了找到满足条件的系统参数, 固定参数 $q = q_1 = q_2 = 1$. 此时系统对应于不同参数 a 和 b 的分岔图如图 2.15 所示.

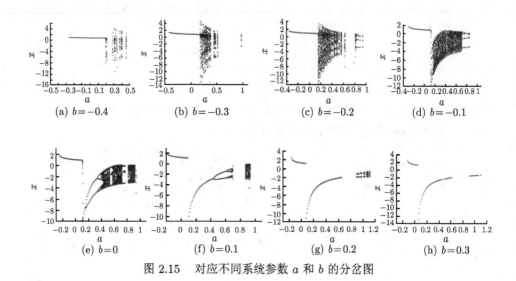

图 2.15   对应不同系统参数 a 和 b 的分岔图

从图 2.15 可以得到混沌分岔随着不同系统参数的变化过程. 由图 2.15 可知, 当 $a \in [0.2, 0.9]$ 且 $b \in [-0.2, 0]$, 系统表现出较为明显的混沌行为. 值得注意的是, 当参数从 $b = -0.1$ 变化到 $b = 0$ 时, 系统关于另一个参数 a 的分岔图逐步从倒分岔转变为一般的分岔.

图 2.16 是当 $b = -0.1$ 时, 系统放大的周期窗口图. 从图 2.16 中可以分别观察到明显的分岔和倒分岔. 分别固定参数在 $a = 0.6$, $b = -0.1$ 和 $a = 0.9$, $b = 0$ 时, 系统关于参数 q 的分岔图如图 2.17 所示.

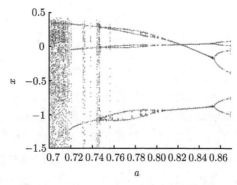

图 2.16   当 $b = -0.1$ 时放大的周期窗口

从图 2.17 可以看出, 不同的参数 a 和 b 使得混沌分岔出现在了不同的区域. 类似于一维时的情况, 可以通过在有限范围内减小参数 q 的值, 使得带有参数 q 的 Hénon 映射变得更加混沌. 此外, 由于该映射是一个二维映射, 故参数 q_1 和参数 q_2 可以取不同的值 $(q_1 \neq q_2)$. 当固定参数 $a = 0.6, b = -0.1$ 和 $q_1 = 1$ 时, 系统关于参数 q_2 的分岔图如图 2.18(a) 所示. 当固定参数 $a = 0.6, b = -0.1$ 和 $q_2 = 1$ 时, 系统关于参数 q_1 的分岔图如图 2.18(b) 所示.

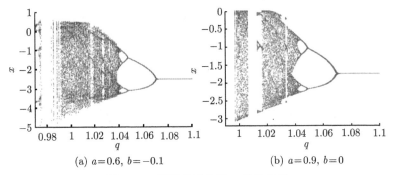

(a) $a=0.6, b=-0.1$　　(b) $a=0.9, b=0$

图 2.17　系统关于参数 q 的分岔图

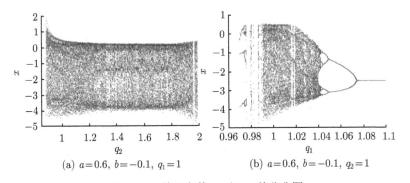

(a) $a=0.6, b=-0.1, q_1=1$　　(b) $a=0.6, b=-0.1, q_2=1$

图 2.18　关于参数 q_1 和 q_2 的分岔图

从图 2.18 中可以看出, 当参数 q_1 固定时, 随着参数 q_2 的变化并没有出现分岔现象, 系统仍保持混沌状态. 然而, 当固定参数 q_2 时, 随着 q_1 的增大会出现明显的倒分岔过程. 这表明相比于参数 q_2, q_1 对系统的混沌和分岔行为具有更为重要的作用. 当参数 $1.0746 < q_1 < 1.1, 1.0498 < q_1 < 1.0746, 1.0446 < q_1 < 1.0498, \cdots$ 时, 系统的分岔图分别处于一周期、二周期、四周期$\cdots\cdots$. 根据数值仿真的结果, 可以获得对应的分岔点并计算带有参数 q 的 Hénon 映射分岔区间的区间长度之比为

$$\delta'' = \lim_{w\to\infty} \frac{q_{1,w} - q_{1,w-1}}{q_{1,w+1} - q_{1,w}} = 4.76923\cdots. \tag{2.19}$$

计算的结果同样接近常数 δ, 这表明在带有参数 q 的 Hénon 映射中同样具有

了类似的分岔规律.

对于该类分数阶离散混沌映射而言, 同样可以通过设计反馈控制器来实现系统的控制. 这里, 我们采用非线性控制器设计的方案, 对带有参数 q 的 Hénon 映射加以控制, 得到的系统控制图像如图 2.19 所示.

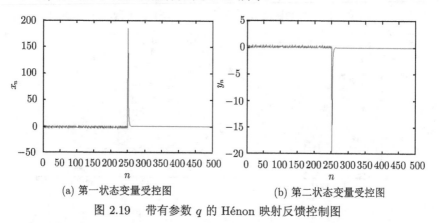

(a) 第一状态变量受控图　　　　　　　　　　(b) 第二状态变量受控图

图 2.19　带有参数 q 的 Hénon 映射反馈控制图

从图 2.19 可以看出, 对比于传统的离散混沌映射控制, 带有参数 q 的 Hénon 映射在反馈控制器的作用下, 很快地收敛到了平衡点. 需要指出的是, 由于比例系数 $1/h$ 的存在, 受控后的系统误差具有较大范围的波动, 但是很快得到了收敛.

2.5　本章小结

本章首先对离散混沌系统映射进行了介绍, 并描述和刻画了不同离散混沌映射系统的系统相图, 对系统动力学进行了简要分析. 在此基础上, 对离散一维和二维混沌映射分别进行了介绍, 并给出了不同类控制器作用下的混沌系统控制. 针对传统混沌系统维度进行了改进, 应用分数阶微分理论, 提出了一类带有参数 q 的离散混沌映射模型并分析了其动力学行为, 最后在此基础上进一步给出了该系统的反馈控制结果.

参 考 文 献

[1] 谢涛. Logistic 映射在密码学中的应用研究 [D]. 湘潭: 湘潭大学, 2014.

[2] Rani M, Agarwal R. A new experimental approach to study the stability of logistic map[J]. Chaos, Solitons and Fractals, 2009, 41(4): 2062-2066.

[3] 冉欢欢, 黄自力, 刘建高. 基于 Logistic 映射的二维差分跳频研究 [J]. 数据采集与处理, 2010(S1): 36-39.

[4] 冯汉, 索宇, 朱培勇. 基于 Logistic 映射的迭代式的混沌特性及混沌控制 [J]. 四川理工学院学报 (自然科学版), 2011, 24(1): 24-26.

[5] Radwan A G. On some generalized discrete logistic maps[J]. Journal of Advanced Research, 2013, 4(2): 163-171.

[6] 鲍慧玲, 翁贻方. 基于 Logistic 混沌映射的三角形加密体制 [J]. 科学技术与工程, 2013, 13(18): 5203-5206.

[7] Alonso-Sanz R, Losada J C, Porras M A. Bifurcation and chaos in the Logistic map with memory[J]. International Journal of Bifurcation and Chaos, 2017, 27(12): 1750190.

[8] Ji Y D, Lai L, Zhong S C, et al. Bifurcation and chaos of a new discrete fractional-order logistic map[J]. Communications in Nonlinear Science and Numerical Simulation, 2017, 57: 352-358.

[9] 徐惠芳. 混沌信号发生器及其集成化研究 [D]. 郑州: 郑州大学, 2005.

[10] 郑永爱, 宣蕾, 王栋, 等. 超混沌 Hénon 映射的随机性分析 [C]. 2007 北京地区高校研究生学术交流会通信与信息技术会议论文集 (上册), 2008.

[11] Ping P, Xu F, Mao Y, et al. Designing permutation-substitution image encryption networks with Hénon map[J]. Neurocomputing, 2018, 283: 53-63.

[12] 薛亚娣, 阮文惠. 组合混沌系统的图像加密算法 [J]. 吉林大学学报 (理学版), 2017(2): 352-356.

[13] Guerini L, Peters H. Julia sets of complex Hénon maps[J]. International Journal of Mathematics, 2018, 29(7): 1850047.

[14] 祝文壮. 辛映射低维不变环面的保持性 [D]. 长春: 吉林大学, 2004.

[15] 单梁, 强浩, 李军, 等. 基于 Tent 映射的混沌优化算法 [J]. 控制与决策, 2005, 20(2): 179-182.

[16] 程志刚, 张立庆, 李小林, 等. 基于 Tent 映射的混沌混合粒子群优化算法 [J]. 系统工程与电子技术, 2007, 29(1): 103-106.

[17] 王峻慧. 基于 Arnold 映射的改进粒子群算法 [J]. 计算机科学, 2010, 37(6): 268-270.

[18] Cheng P, Zhao H X. A Novel image encryption algorithm based on cellular automata and chaotic system[J]. Advanced Materials Research, 2014, 998-999: 797-801.

[19] Silva L, Rocha J L, Silva M T. Bifurcations of 2-Periodic nonautonomous stunted tent systems[J]. International Journal of Bifurcation and Chaos, 2017, 27(6): 1730020.

[20] Pumariño A, Rodríguez J A, Vigil E. Renormalization of two-dimensional piecewise linear maps: Abundance of 2-D strange attractors[J]. Discrete and Continuous Dynamical Systems, 2018, 38(2): 941-966.

[21] 陈哲, 冯天瑾, 张海燕. 基于小波神经网络的混沌时间序列分析与相空间重构 [J]. 计算机研究与发展, 2001, 38(5): 591-596.

[22] Koulaouzidis G, Das S, Cappiello G, et al. A novel approach for the diagnosis of ventricular tachycardia based on phase space reconstruction of ECG[J]. International Journal of Cardiology, 2014, 172(1): e31-e33.

[23] 石雪涛, 朱帮助. 基于相空间重构和最小二乘支持向量回归模型参数同步优化的碳市场价格预测 [J]. 系统科学与数学, 2017, 37: 562-572.

[24] 陈国华, 盛昭瀚. 基于 Lyapunov 指数的混沌时间序列识别 [J]. 系统工程理论方法应用, 2003, 12(4): 317-320.

[25] Kuznetsov N V, Alexeeva T A, Leonov G A. Invariance of Lyapunov exponents and Lyapunov dimension for regular and irregular linearizations[J]. Nonlinear Dynamics, 2016, 85(1): 195-201.

[26] Hua S, Yuming S, Hao Z. Lyapunov exponents, sensitivity, and stability for non-autonomous discrete systems[J]. International Journal of Bifurcation and Chaos, 2018, 28(7): 1850088.

[27] 陈菊芳, 彭建华. 演示离散混沌系统分岔图的实验方法 [J]. 物理实验, 2005, 25(1): 5-8.

[28] 李耀伟, 彭战松, 俞建宁. 三维自治系统的稳定性分析及其分岔研究 [J]. 重庆理工大学学报 (自然科学), 2013, 27(10): 121-124.

[29] Huang C, Cao J, Xiao M, et al. Controlling bifurcation in a delayed fractional predator-prey system with incommensurate orders[J]. Applied Mathematics & Computation, 2017, 293(C): 293-310.

[30] Shuai Z, Hu Y, Peng Y, et al. Dynamic stability analysis of synchronverter-dominated microgrid based on bifurcation theory[J]. IEEE Transactions on Industrial Electronics, 2017, 64(9): 7467-7477.

[31] Liao X, Li X, Pen J, et al. A digital secure image communication scheme based on the chaotic Chebyshev map: Research articles[J]. International Journal of Communication Systems, 2004, 17(5): 437-445.

[32] Pareek N K, Patidar V, Sud K. Image encryption using chaotic Logistic map[J]. Image and Vision Computing, 2006, 24(9): 926-934.

[33] Lin Z, Yu S, Lü J, et al. Design and ARM-Embedded implementation of a chaotic map-based real-time secure video communication system[J]. IEEE Transactions on Circuits & Systems for Video Technology, 2015, 25(7): 1203-1216.

[34] Sayed W S, Radwan A G, Rezk A A, et al. Finite precision Logistic map between computational efficiency and accuracy with encryption applications[J]. Complexity, 2017, 2017: 1-21.

[35] Sheela S J, Suresh K V, Tandur D. Image encryption based on modified Hénon map using hybrid chaotic shift transform[J]. Multimedia tools & Applications, 2018, 77(19): 25223-25251.

[36] Li R, Liu Q, Liu L. Novel image encryption algorithm based on improved logistic map[J]. IET Image Processing, 2019, 13(1): 125-134.

[37] May R M. Simple mathematical models with very complicated dynamics [J]. Nature, 1976, 261: 459-467.

[38] Ott E, Grebogi C, Yorke J A. Controlling chaos [J]. Physical Review Letters, 1990, 64(11): 1196-1199.

[39] Caputo M. Linear models of dissipation whose q is almost frequency independent [J]. The Geophysical Journal of the Royal Astronomical Society, 1967, 13(5): 529-539.

[40] Zhang H, Wang X Y, Lin X H. Chaos and bifurcations in chaotic maps with parameter q: Numerical and analytical studies [J]. Nonlinear Analysis: Modelling and Control, 2015, 20(2): 249-262.

第 3 章 耦合格子混沌映射及其密码学应用

3.1 引 言

通过对 Logistic 映射、Hénon 映射和 Lozi 映射的分析, 可以对经典混沌映射系统及其动力学性质有一个基本的认识. 然而, 对于如上所述的低维混沌映射系统, 由于系统性质已经被人们所熟知, 可通过相空间重构等技术推测系统的行为, 这必然导致系统安全性降低. 特别是在保密通信领域, 由于低维混沌映射的限制, 如果用于发送和接收信号的混沌系统被破译, 将带来灾难性的后果. 故而, 为了提高系统安全性, 需对新的混沌系统进行建模, 探寻具有多个 Lyapunov 指数, 维度更高, 性质更为复杂的超混沌系统[1-7] 和高维混沌映射系统[8-13], 来探究系统的性能.

本章, 我们将在第 2 章探讨的经典混沌映射和改进的带有参数 q 的混沌映射的基础上, 通过施加外部耦合, 构造高维的耦合映射格子[14-18]. 耦合映射格子是将单个简单混沌映射视为一个局部格点, 通过设立多个格点并对格点间施加耦合影响, 从而构造出一类高维混沌映射系统. 基于局部为经典映射及类分数阶混沌映射的耦合格子系统, 分别探讨该系统在图像加密[15,16,19-21] 和保密通信[22-26] 等领域的应用.

3.2 耦合映射同步及保密通信

作为混沌系统在高维系统中的推广, 时空混沌系统具有更好的混沌性质, 更适合应用于保密通信等领域. 在本节中, 我们将基于耦合格子时空混沌系统模型, 构建保密通信的发送端和接收端, 并通过对应时空混沌系统的同步来实现保密通信[27].

考虑一类单向耦合混沌映射格子系统, 可以表示为如下形式:

$$x_{n+1}(i) = (1-\varepsilon) f(x_n(i)) + \varepsilon f(x_n(i-1)), \tag{3.1}$$

其中, x 是系统状态变量, n 是迭代次数. ε 是格子间的耦合强度, $i\,(i=1,2,\cdots,L)$ 是格子的索引号, L 是格子的数量. 采用如下周期边界

$$x_{n+1}(1) = (1-\varepsilon) f(x_n(1)) + \varepsilon f(x_n(L)), \tag{3.2}$$

并定义局部系统映射 f 为

$$f(x_n) = \begin{cases} a(2x_n - 1), & 0 < x_n < 1, \\ a(2x_n + 1), & -1 < x_n \leqslant 0, \end{cases} \tag{3.3}$$

该映射关于系统参数 a 的分岔图如图 3.1 所示.

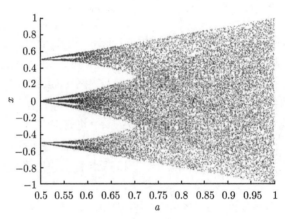

图 3.1　局部映射关于参数 a 的分岔图

　　从图 3.1 可以看出, 在 $a = 0.5$ 时, 该局部映射发生分岔, 在大约为 0.72 的时候, 混沌带完全交织在一起, 系统进入了完全混沌区域. 由于保密通信要求系统信号处于混沌状态, 所以选取参数 $a = 0.75$. 此时, 计算可得当系统初值 $x_0 = 1/3$, 进行 500 次迭代时, 混沌信号的最大 Lyapunov 指数为 LLE = 0.4108, 这说明混沌映射信号处于混沌状态. 将 $a = 0.75$ 代入式 (3.3) 中, 此时局部映射函数转换为

$$f(x_n) = \begin{cases} 1.5x_n - 0.75, & 0 < x_n < 1, \\ 1.5x_n + 0.75, & -1 < x_n \leqslant 0, \end{cases} \tag{3.4}$$

选取参数 $\varepsilon = 0.5$, 格子数 $L = 30$, 迭代次数为 200, 得到的耦合映射格子时空状态如图 3.2 所示.

　　选取第 30 个格点信号 $x_n(30)$ 来计算时序信号的最大 Lyapunov 指数为 LLE = 0.3431, 表明当选取参数 $\varepsilon = 0.5, a = 0.75$ 时, 该时空系统产生的是混沌信号. 为了实现二级保密通信, 还需选取如下混沌映射系统作为辅助系统:

$$\begin{cases} y_{n+1} = 0.2 + 0.3y_n + 0.5z_n, \\ z_{n+1} = -1.6 + \mu y_n^2, \end{cases} \tag{3.5}$$

其中, μ 是非线性项系数, y 和 z 是状态变量, n 是迭代次数. 该方程对应的 Lyapunov 指数曲线如图 3.3 所示.

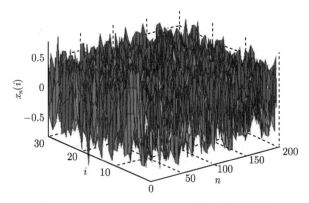

图 3.2 $\varepsilon = 0.5$ 和 $a = 0.75$ 时的时空状态图

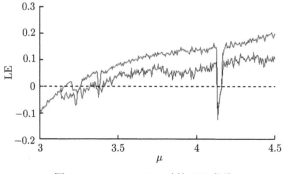

图 3.3 $3 \leqslant \mu \leqslant 4.5$ 时的 LE 曲线

根据图 3.3, 当 $3.5 \leqslant \mu \leqslant 4$ 时, 系统有两个正的 Lyapunov 指数, 处于超混沌状态, 具有更好的安全性.

基于单向耦合格子映射模型, 采用 APD 方法[28] 来设计混沌保密通信方案. 该通信方案由发送端和接收端两部分组成, 发送端和接收端各包括一个时空混沌系统和一个离散超混沌映射系统. 其中发送端系统定义为

$$
\begin{cases}
x_{n+1}(1) = (1-\varepsilon)f(x_n(1)) + G, \\
x_{n+1}(2) = (1-\varepsilon)f(x_n(2)) + \varepsilon f(x_n(1)), \\
\quad\cdots\cdots \qquad\qquad\qquad\qquad\qquad\qquad i = 2, 3, \cdots, L \\
x_{n+1}(i) = (1-\varepsilon)f(x_n(i)) + \varepsilon f(x_n(i-1)),
\end{cases} \tag{3.6}
$$

和

$$\begin{cases} y_{u_1,n+1} = 0.2 + 0.3y_{u_1,n} + 0.5z_{u_1,n}, \\ z_{u_1,n+1} = -1.6 + \mu_1 y_{u_1,n}^2, \end{cases} \tag{3.7}$$

其中, f 定义如式 (3.3), $G = r(m_n) + f(x_n(L))$, r 为有关离散超混沌系统信号的调制函数, m_n 为待加密数字信号, μ_1 为受控系数, 由系统 (3.6) 中的信号 $x(2)$ 进行控制. 对应于发送端 (3.6), (3.7) 的接收端系统为

$$\begin{cases} s_{n+1}(1) = (1-\varepsilon)f(s_n(1)) + G', \\ s_{n+1}(2) = (1-\varepsilon)f(s_n(2)) + \varepsilon f(s_n(1)), \\ \qquad \cdots\cdots \\ s_{n+1}(i) = (1-\varepsilon)f(s_n(i)) + \varepsilon f(s_n(i-1)), \end{cases} \quad i = 2,3,\cdots,L \tag{3.8}$$

和

$$\begin{cases} y_{u_2,n+1} = 0.2 + 0.3y_{u_2,n} + 0.5z_{u_2,n}, \\ z_{u_2,n+1} = -1.6 + \mu_2 y_{u_2,n}^2, \end{cases} \tag{3.9}$$

其中, $G' = r(m_n) + f(x_n(L)) + 0.01\sin(t)$, $0.01\sin(t)$ 用以表示范围有限的外部噪声, μ_2 为受控系数, 由系统 (3.8) 中的信号 $s(2)$ 进行控制.

由系统 (3.4) 可知, 其定义域包括 $(-1,0]$ 和 $(0,1)$ 两部分. 当参数 $\varepsilon = 0.5, a = 0.75$ 时, 系统处于混沌状态. 假设 $x_n, s_n \in (-1,0]$, $f(x_n) = a(2x_n+1)$. 此时, 计算误差系统的特征值为 $\lambda_i = 2a(1-\varepsilon)$. 因为 $\varepsilon = 0.5, a = 0.75$, 满足 $0 < 2a(1-\varepsilon) < 1$, 所以 $e_n(i) = s_n(i) - x_n(i)$ 收敛. 同理, 当 $x_n(1), s_n(1) \in (0,1)$ 时, 有相同的结论成立. 故而, 混沌系统 (3.6) 与 (3.8) 的对应信号将实现同步. 选取系统 (3.6) 的信号 $x_n(3)$ 作为驱动信号, 则系统 (3.7) 和 (3.8) 变为

$$\begin{cases} y_{u_1,n+1} = 0.2 + 0.3y_{u_1,n} + 0.5z_{u_1,n}, \\ z_{u_1,n+1} = -1.6 + \mu_1 x_n^2(3) \end{cases} \tag{3.10}$$

和

$$\begin{cases} y_{u_2,n+1} = 0.2 + 0.3y_{u_2,n} + 0.5z_{u_2,n}, \\ z_{u_2,n+1} = -1.6 + \mu_2 s_n^2(3). \end{cases} \tag{3.11}$$

由于时空混沌系统信号将达到同步, 最终 $x_n(2) = s_n(2), x_n(3) = s_n(3)$, 所以超混沌系统的同步误差系统变为

$$\begin{cases} e_{u_y,n+1} = 0.3e_{u_y,n} + 0.5e_{u_z,n}, \\ e_{u_z,n+1} = 0. \end{cases} \tag{3.12}$$

构造 Lyapunov 函数为

$$V_n = |e_{u_y,n}| + |e_{u_z,n}| = |e_{u_y,n}| \geqslant 0, \tag{3.13}$$

将误差系统代入, Lyapunov 函数的变化率为

$$\Delta V_n = V_{n+1} - V_n = |0.3 e_{u_y,n}| - |e_{u_y,n}| = -0.7 |e_{u_y,n}| \leqslant 0. \tag{3.14}$$

根据 Lyapunov 稳定性理论, 误差系统的零解是全局渐近稳定的, 因此系统 (3.6) 和 (3.8) 最终将实现完全同步.

基于以上同步, 可以设计保密通信流程如下: 在发送端, 用时空混沌系统 (3.6) 产生的信号 $x(2)$ 控制超混沌系统 (3.7) 的参数, 并以 $x(3)$ 作为驱动信号, 对超混沌系统 (3.7) 进行驱动. 产生的超混沌系统信号 y_{u_1} 被用来和原始信号 m_n 进行混沌调制, 将调制后的信号作为掩盖信号加到时空混沌系统的信号 $f(x_n(L))$ 上, 以信号 G 的形式发送. 信号经过公共信道后, 被接收端接收, 用以同步时空混沌系统 (3.8), 同步后的时空混沌系统用信号 $s(2)$ 来产生超混沌系统 (3.9) 参数, 用 $s(3)$ 来驱动接收端超混沌系统. 根据以上稳定性分析, 两个系统都将达到同步, 最后用同步后的信号去处理加密信号, 可以恢复原加密信号. 加密流程图如图 3.4 所示.

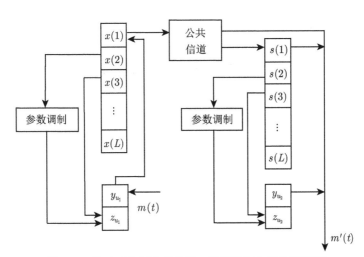

图 3.4 基于时空混沌系统的二级混沌加密通信流程图

发送端和接收端系统定义如式 (3.6), (3.9), 随机生成发送端和接收端时空混沌系统的初始值 $x_0(i), i = 2, 3, \cdots, L$ 和 $s_0(i), i = 2, 3, \cdots, L$ 以及原始信号 $m(n)$, 取格子大小 $L = 30$, 迭代次数 $n = 1000$, 通信双方约定的耦合参数为 $\varepsilon = 0.5$, 局部映射定义如式 (3.4).

　　发送端超混沌离散系统初始值选取为 $y_{u_1}=0.5, z_{u_1}=0.5$, 接收端超混沌离散系统的初始值选取为 $y_{u_2}=0.8, z_{u_2}=0.2$, 控制率分别选取为 $\mu_1 = 3.5 + |x_n(2)|/2$, $\mu_2 = 3.5 + |s_n(2)|/2$, 一级加密调制函数选取为 $r(m_n) = (2m_n - 1)y_{u_1,n}/10$, 二级加密函数为 $G = r(m_n) + \varepsilon f(x_n(L))$. 定义公共信道内的有限噪声为 $0.01\sin(t)$. 选取与通信相关的时空混沌误差信号进行观测, 得到的时空混沌系统误差曲线如图 3.5 所示. 超混沌系统误差曲线如图 3.6 所示.

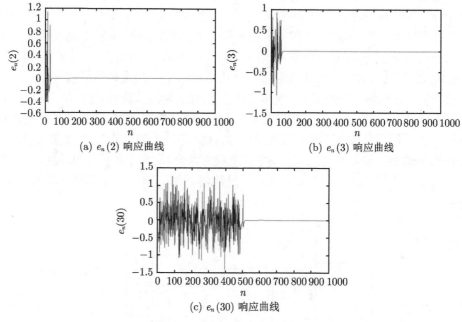

(a) $e_n(2)$ 响应曲线　　　　　　　　　　(b) $e_n(3)$ 响应曲线

(c) $e_n(30)$ 响应曲线

图 3.5　时空混沌系统误差曲线

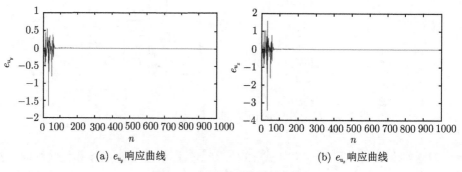

(a) e_{u_y} 响应曲线　　　　　　　　　　(b) e_{u_z} 响应曲线

图 3.6　超混沌系统误差曲线

　　因为系统同步需要一定的时间, 所以用大于 600 次, 小于 800 次的加密信号作为有用信号进行观测, 原始信号、一级加密信号、二级加密信号和恢复信号如图 3.7 所示.

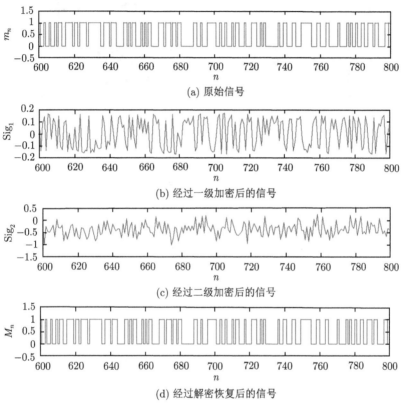

(a) 原始信号

(b) 经过一级加密后的信号

(c) 经过二级加密后的信号

(d) 经过解密恢复后的信号

图 3.7   保密通信过程中的信号

在图 3.7 中 m_n, Sig_1, Sig_2 和 M_n 分别代表待原始信号、一级加密信号、二级加密信号和恢复信号. 通过图 3.5 可以看出, 时空混沌系统中的误差 $e_n(2)$, $e_n(3)$ 和 $e_n(30)$ 分别经过大约 30 次、50 次和 450 次迭代后达到了同步, 表明耦合映像格子的同步是逐步进行的, 在时空混沌系统信号的驱动下, 超混沌离散系统也在大约 100 次迭代时达到了同步. 最后, 信号发送端和接收端系统实现同步.

从图 3.7 可以看出, 离散信号在经过混沌信号首次加密后, 信息变得异常复杂, 完全看不出原始信号. 在经过二次加密后, 二级加密的信号变得更加杂乱无章. 加密信号通过公共信道传输以后, 在接收端被完整地恢复了出来, 说明所设计的保密通信方法是安全有效的. 为了进一步说明该通信机制可以有效处理各种文本信息, 我们选择经过处理的二值 Lena 图像作为保密通信传输文本, 经过如上保密通信机制的处理, 最终的恢复图像如图 3.8 所示.

(a) 传输图像   (b) 恢复图像

图 3.8   加密通信过程中的信号

3.3   耦合类分数阶耦合混沌映射

之前, 我们介绍了类分数阶混沌系统和单向耦合时空混沌系统模型. 本节将基于类分数阶混沌系统, 进一步通过增加双向耦合来提出维度更高、性质更为复杂的类分数阶耦合混沌映射[29].

考虑一类双向耦合混沌映射格子系统, 可以表示为如下形式:

$$z_{i,n+1} = (1-\varepsilon) f(z_{i,n}) + \frac{\varepsilon}{2} f(z_{i+1,n}) + \frac{\varepsilon}{2} f(z_{i-1,n}), \quad i = 2, 3, \cdots, M-1, \quad (3.15)$$

其中, z_i 是第 i 个格子内的状态变量, ε 是格子间的耦合强度, i 是格子的索引号, M 是格子的数量. $n = 0, 1, \cdots, N-1$ 是迭代的步数, N 指的是迭代总数. 系统 (3.15) 的周期边界表示为

$$\begin{cases} z_{1,n+1} = (1-\varepsilon) f(z_{1,n}) + \dfrac{\varepsilon}{2} f(z_{2,n}) + \dfrac{\varepsilon}{2} f(z_{M,n}), \\ z_{M,n+1} = (1-\varepsilon) f(z_{M,n}) + \dfrac{\varepsilon}{2} f(z_{1,n}) + \dfrac{\varepsilon}{2} f(z_{M-1,n}), \end{cases} \quad (3.16)$$

$f(\cdot)$ 表示局部映射函数, 具体形式为 $f(a) = \mu a(1-a)$. 则系统 (3.15) 可以转化为具有耦合关系的映射格子系统

$$\begin{aligned} z_{i,n+1} = z_{i,n} + h \Big\{ &\Big((1-\varepsilon) \mu z_{i,n} (1-z_{i,n}) + \frac{\varepsilon}{2} \mu z_{i+1,n} (1-z_{i+1,n}) \\ &+ \frac{\varepsilon}{2} \mu z_{i-1,n} (1-z_{i-1,n}) - z_{i,n} \Big) \Big/ h \Big\}, \end{aligned} \quad (3.17)$$

其中, $h = T/N, T$ 表示迭代次数. 根据逆离散化方法, 可得 (3.17) 对应的连续系

统形式为

$$\dot{z}_i = \left((1-\varepsilon)\mu z_i(1-z_i) + \frac{\varepsilon}{2}\mu z_{i+1}(1-z_{i+1}) + \frac{\varepsilon}{2}\mu z_{i-1}(1-z_{i-1}) - z_i \right) \Big/ h, \tag{3.18}$$

依据分数阶微分定义, 对应于 (3.18) 的分数阶微分形式为

$$\begin{cases} D^q z_i = \left((1-\varepsilon)\,\mu z_i\,(1-z_i) + \dfrac{\varepsilon}{2}\mu z_{i+1}\,(1-z_{i+1}) + \dfrac{\varepsilon}{2}\mu z_{i-1}\,(1-z_{i-1}) - z_i \right) \Big/ h, \\ z_i^{(k)}\,(0) = z_{i,0}^{(k)}, \quad k = 0, 1, \cdots, \lceil q \rceil - 1. \end{cases} \tag{3.19}$$

设定 $D^q w = g\,(t, w)$, 依据 Adams-Bashforth-Moulton 预估校正方法, 为了得到校正公式, 可以先得到系统 (3.19) 的等价沃氏积分方程为

$$z_i\,(t) = \sum_{k=0}^{\lceil q \rceil - 1} z_{i,0}^{(k)} \frac{t^k}{k!} + \frac{1}{\Gamma\,(q)} \int_0^t \frac{g\,(\tau, z_i\,(t))}{(t-\tau)^{1-q}} \mathrm{d}\tau. \tag{3.20}$$

其中, $\lceil q \rceil$ 表示大于等于 q 的最小整数, 部分项根据矩形公式可以近似表示为

$$\int_0^{t_{n+1}} \frac{g\,(\tau, z_i\,(t_{n+1}))}{(t_{n+1}-\tau)^{1-q}} \mathrm{d}\tau \approx \sum_{j=0}^{n} \frac{h^q}{q}[(k+1-j)^q - (k-j)^q] g\,(t_j, z_i\,(t_j)), \tag{3.21}$$

其中, $t_j = jh, j = 1, 2, \cdots, N$. 对于任意给定的迭代步长 h, 估计误差均满足

$$\max_{i=1,2,\cdots,N} |z\,(t_i) - z_i| = o(h^\alpha), \quad \alpha = \min(1+q, 2). \tag{3.22}$$

定义 $b_{j,k+1} = (k+1-j)^q - (k-j)^q$, 并将公式 (3.21) 代入公式 (3.20) 中, 可得如下的预估算子

$$z_i^p\,(t_{n+1}) = \sum_{k=0}^{\lceil q \rceil - 1} z_{i,0}^{(k)} \frac{t_{n+1}^k}{k!} + \frac{h^q}{q\Gamma\,(q)} \sum_{j=0}^{n} b_{j,k+1} g\,(t_j, z_i\,(t_j)). \tag{3.23}$$

与此同时, 根据梯形公式可以得到

$$\int_0^{t_{n+1}} \frac{g\,(\tau, z_i\,(t_{n+1}))}{(t_{n+1}-\tau)^{1-q}} \mathrm{d}\tau \approx \sum_{j=0}^{n} \frac{h^q}{q\,(q+1)} a_{j,n+1} g\,(t_j, z_i\,(t_j)), \tag{3.24}$$

其中

$$a_{j,n+1} = \begin{cases} n^{q+1} - (n-q)(n+1)^q, & j = 0, \\ (n-j+2)^{q+1} + (n-j)^{q+1} - 2(n-j+1)^{q+1}, & 1 \leqslant j \leqslant n, \\ 1, & j = n+1, \end{cases}$$

由于第 i 个格点中的 $z_i(t_j)$ 及预估算子 $z_i^p(t_{n+1})$ 都已经知道, 从而可以进一步得到修正后的分数阶公式为

$$
z_i(t_{n+1}) = \sum_{k=0}^{\lceil q \rceil - 1} z_{i,0}^{(k)} \frac{t_{n+1}^k}{k!} + \frac{h^q}{\Gamma(q+2)} g\left(t_{n+1}, z_i^p(t_{n+1})\right)
$$
$$
+ \frac{h^q}{\Gamma(q+2)} \sum_{j=0}^{n} a_{j,n+1} g\left(t_j, z_i(t_j)\right). \tag{3.25}
$$

基于以上类分数阶耦合格子系统, 固定参数 $q = 0.99$ 及 $\mu = 2.85$, 可以得到对于不同耦合参数 ε 的系统时空状态图像如图 3.9 所示.

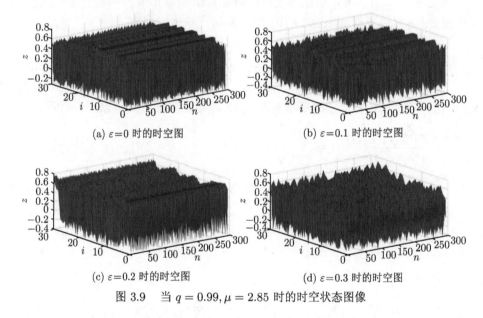

(a) $\varepsilon = 0$ 时的时空图 (b) $\varepsilon = 0.1$ 时的时空图

(c) $\varepsilon = 0.2$ 时的时空图 (d) $\varepsilon = 0.3$ 时的时空图

图 3.9 当 $q = 0.99, \mu = 2.85$ 时的时空状态图像

定义第 i 个格点中的系统状态最大 Lyapunov 指数为 $\lambda_1(i)$, 则耦合映射格子系统中的平均最大 Lyapunov 指数 (ALLE) 为 $\lambda^{\text{avg}} = \sum_{i=1}^{M} \lambda_1(i) \Big/ M$. Lyapunov 指数是表征系统混沌性质的有效指标, 该指数越大, 表明系统的混沌性质越好. 对于随机产生的系统初值, 对应于不同耦合参数的平均最大 Lyapunov 指数如表 3.1 所示.

表 3.1 $q = 0.99, \mu = 2.85$ 时的耦合映射格子平均最大 Lyapunov 指数

ε	0	0.1	0.2	0.3
ALLE	$-\infty$	0.2495	0.3478	0.4224

从表 3.1 可以看出, 当耦合强度为 $\varepsilon = 0$ 时, 无法计算得到对应的 ALLE. 在图 3.9(a) 中, 有较多的平滑的黑色区域. 当耦合强度 ε 逐渐变大时, 计算得到的 ALLE 变得越来越大, 对应的耦合系统状态图中平滑区域越来越少, 随机性越来越强. 而当耦合参数增大到一定程度时, 通过仿真实验发现, 系统状态变得无限大, 不再处于混沌态.

另一方面, 为了考察类分数阶耦合映射格子系统中新引入的参数 q, 固定参数 $\varepsilon = 0.3$ 及 $\mu = 2.85$, 可以得到对于不同耦合参数 q 的系统时空状态图像如图 3.10 所示.

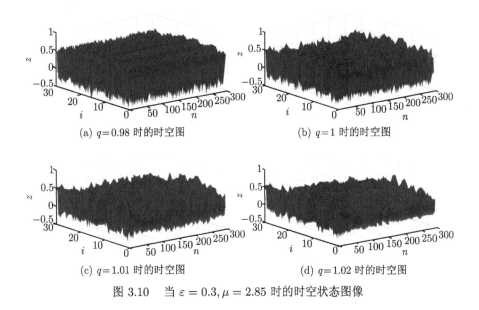

(a) $q=0.98$ 时的时空图   (b) $q=1$ 时的时空图

(c) $q=1.01$ 时的时空图   (d) $q=1.02$ 时的时空图

图 3.10　当 $\varepsilon = 0.3, \mu = 2.85$ 时的时空状态图像

对于随机产生的系统初值, 对应于不同系统参数 q 的平均最大 Lyapunov 指数如表 3.2 所示.

表 3.2　$\varepsilon = 0.3$, $\mu = 2.85$ 时的耦合映射格子平均最大 Lyapunov 指数

q	0.98	1	1.01	1.02
ALLE	0.4121	0.3151	0.2409	0.1042

从表 3.1 和图 3.10 可以看出, 当系统参数 q 逐渐变小时, 得到的平均最大 Lyapunov 指数逐步变大, 对应的系统状态图变得更加无规则, 系统的收敛范围也更小, 这也表明较小的系统参数使得系统的行为更加混沌. 设定耦合参数为 $\varepsilon = 0.3$, 对应于不同参数 q 的系统分岔图如图 3.11 所示.

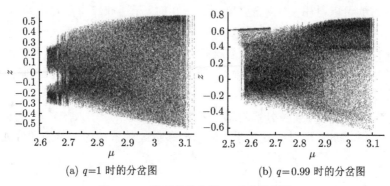

(a) $q=1$ 时的分岔图　　　　　(b) $q=0.99$ 时的分岔图

图 3.11　关于系统参数 μ 的分岔图像

从图 3.11 可以看出, 当系统参数 q 不同时, 关于参数 μ 的分岔范围和分岔形式也不相同. 这种多参数系统中不同参数对系统的影响也使得该系统的动力学行为更加难以预测. 类似地, 为了更进一步地观察对应于不同参数时的动力学行为, 固定耦合参数为 $\varepsilon = 0$, 对应于不同参数 μ 的系统分岔图如图 3.12 所示.

逐渐变小时, 得到的平均最大 Lyapunov 指数逐步变大, 对应的系统状态图变得更加无规则, 系统的收敛范围也更小, 这也表明较小的系统参数使得系统的行为更加混沌. 设定耦合参数为 $\varepsilon = 0.3$, 对应于不同参数 q 的系统分岔图如图 3.12 所示.

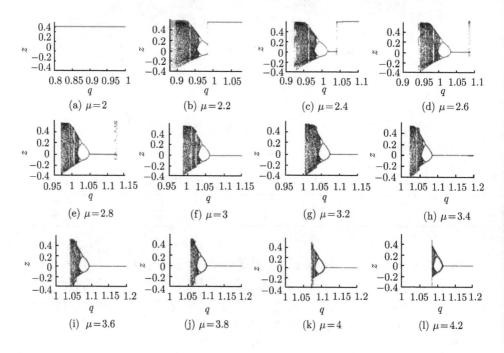

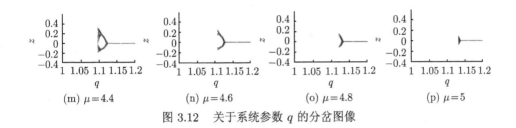

(m) $\mu=4.4$ (n) $\mu=4.6$ (o) $\mu=4.8$ (p) $\mu=5$

图 3.12   关于系统参数 q 的分岔图像

从图 3.12 可以看出, 当参数 $\mu=2$ 时, 并没有分岔出现, 当 $\mu>2.2$ 时, 分岔逐步出现. 在 $\mu=2.2$ 到 $\mu=3.4$ 范围内, 分岔较为明显. 当 $\mu>3.4$ 时, 随着参数的增大分岔逐步消失. 综合图 3.11 和图 3.12 可以看出, 在类分数阶耦合系统中, 参数之间相互作用, 使得系统的行为更加复杂. 为了进一步选择合适的参数来提高系统的混沌性质, 我们选择不同的耦合参数来刻画关于多个系统参数的 Lyapunov 指数, 图像如图 3.13 所示.

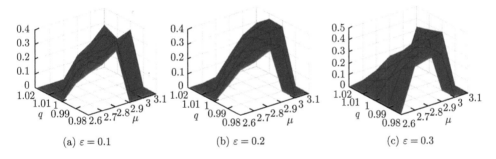

(a) $\varepsilon=0.1$ (b) $\varepsilon=0.2$ (c) $\varepsilon=0.3$

图 3.13   关于 μ 和 q 的 Lyapunov 指数图

从图 3.13 可以看出, 耦合参数 ε 越大, 系统的 LE 越大. 而当 $q\in[0.98,0.99]$, $\mu\in[2.8,2.9]$ 及 $\varepsilon=0.3$ 时, 系统具有最大的 LE. 因此, 在 3.4 节, 选择参数为 $\varepsilon=0.3$, $\mu=2.85$ 及 $q=0.99$ 来进行混沌图像加密.

3.4   耦合类分数阶映射的图像加密应用

对于如上耦合混沌映射系统, 选择参数为 $i=300, N_0=500, q=0.99, \mu=2.85$ 及 $\varepsilon=0.3$, 并设定 $h=0.01$, 随机给定系统初值. 对于一幅给定的大小为 $m\times n$ 的灰度图像 f, 可以用 $f(x,y)$ 来表征第 x 行第 y 列的图像像素值. 将二维的图像像素矩阵重置为一维向量 $F(i), i=1,2,\cdots,m\times n$. 则关于图像像素向量 $F(i)$ 的加密过程可以描述为以下两个阶段.

图像像素位置置乱

图像的置乱过程可以描述为

步骤一: 由耦合混沌映射产生混沌序列 $x_i, i = 1, 2, \cdots, m \times n$. 其中 $x_i \in (0,1)$, 调用 MATLAB 函数 $F = \text{reshape}(f, 1, m \times n)$ 将图像像素矩阵重新排列, 返回一个 1 行 $m \times n$ 列的行向量 F.

步骤二: 对明文图像像素求和, 得到求和结果 sum. 根据混沌序列 S, 按照

$$S_1(i) = \text{floor}\left(\text{mod}\left(\text{sum} + S_1(i) \times 10^6, m \times n\right) + 1\right), \qquad (3.26)$$

产生新的序列 S_1, 其中序列元素取值范围从 1 到 $m \times n$.

步骤三: 从 $i=1$ 到 $i=m \times n$ 逐次迭代, 并交换元素 $F(i)$ 和 $F(S_1(i))$ 的位置.

步骤四: 重置一维序列 F 为二维 m 行 n 列的矩阵 $\boldsymbol{f}_1$, $\boldsymbol{f}_1$ 表示像素位置变换图像.

图像像素扩散

图像的扩散过程可以描述为

步骤一: 由耦合混沌映射产生序列 $y_i, i = 1, 2, \cdots, m \times n$. 其中 $y_i \in (0,1)$.

步骤二: 根据公式

$$y(i) = \text{floor}\left(y(i) \times 10^6\right), \qquad (3.27)$$

重置序列 y_i. floor(x) 返回的是小于等于 x 的最小整数.

步骤三: 设置一维零向量 $\boldsymbol{C}$, 并由

$$\boldsymbol{C}(1) = \text{mod}(\text{sum}, 256), \qquad (3.28)$$

获得首个向量元素 $\boldsymbol{C}(1)$. mod(x, y) 表示取余函数.

步骤四: 根据公式

$$\boldsymbol{C}(k) = \text{bitxor}(\text{mod}(F(k-1) + y(k) \times i, 256), \boldsymbol{C}(k-1)), \quad i = j, \qquad (3.29)$$

$$\boldsymbol{C}(k) = \text{bitxor}(\text{mod}(F(k-1) + y(k) \times \text{abs}(i-j), 256), \boldsymbol{C}(k-1)), \quad i \neq j, \qquad (3.30)$$

迭代产生向量 $\boldsymbol{C}$, 其中 $k=2, 3, \cdots, m \times n+1$, $i=1, 2, \cdots, m$, $j=1, 2, \cdots, n$. abs(x) 表示 x 的绝对值, bixor 表示比特级异或操作, 用符号 $\oplus$ 表示.

步骤五: 根据公式

$$G = C(:, 2 : (m \times n + 1)), \qquad (3.31)$$

由舍去了 $\boldsymbol{C}(1)$ 的数列 C 迭代得到新的数列 G. 重置数列 G 为二维矩阵 $\boldsymbol{g}$ 作为加密得到的图像.

解密算法与加密算法类似, 当 $i = j$ 时,

$$M = C(k) \oplus C(k-1) - y(k) \times i, \tag{3.32}$$

$$O(k-1) = \mathrm{mod}(M, 256). \tag{3.33}$$

当 $i \neq j$ 时,

$$N = C(k) \oplus C(k-1) - y(k) \times \mathrm{abs}(i-j), \tag{3.34}$$

$$O(k-1) = \mathrm{mod}(N, 256), \tag{3.35}$$

其中, $k = 2, 3, \cdots, m \times n + 1$, 而解密图像由得到的数列 O 重置得到.

根据以上加密过程, 图像加密的结果分析如后文所示. 所有的仿真结果均在一套型号为 NoteBook HP 4321s 的惠普笔记本上加以实现, 处理器型号和频率为 intel(R) Core(TM) i3, CPU 2.13GHz, 内存型号为 EMS Memory 2.00 GB, 操作系统为 Microsoft Windows 7, 软件版本为 MATLAB 2012a. 选择大小为 256×256 的图像 "Boat. bmp""Bridge. bmp""Pepper. bmp" 作为明文图像加以实验. "Boat. bmp" 的原图、置乱图、加密图和解密图分别如图 3.14(a)—(d) 所示.

(a) 原图

(b) 置乱图

(c) 加密图

(d) 解密图

图 3.14 "Boat" 图像的加解密过程

好的加密方法应当具有较大的密钥空间, 这可以进一步降低被暴力攻击成功的可能. 我们的算法引入了新的参数 q, 包含系统初值的密钥包括 $i, N_0, q, u, eq, \varepsilon$, h 和 sum. 其中 sum 与明文图像相关, $i = 300$ 表示 300 组随机产生的序列, 所以密钥空间至少为 $10^{300 \times 15}$. 这也满足了抵抗暴力攻击的需要.

为了更直观地看到加密前后的图像像素点分布并方便与传统耦合映射格子方法进行比较, 刻画 "Boat. bmp" 图像的直方图如图 3.15 所示. "Boat. bmp" 的原图直方图、新耦合映射格子加密直方图和传统耦合映射格子加密直方图分别如图 3.15(a)—(c) 所示.

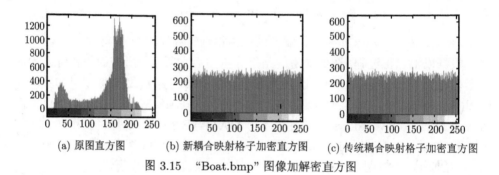

(a) 原图直方图　　　　(b) 新耦合映射格子加密直方图　　(c) 传统耦合映射格子加密直方图

图 3.15　"Boat.bmp" 图像加解密直方图

计算信息熵的公式如

$$H(m) = \sum_{i=0}^{M-1} p(m_i) \log_2 \frac{1}{p(m_i)} \tag{3.36}$$

所示. 其中 M 表示符号总数, $m_i \in m$. $p(m_i)$ 表示符号 m_i 发生的概率, log 表示以 2 为底的对数函数. 对于 256 位的像素点, 信息熵的理论值为 $H(m) = 8$. 通常, 图像在加密后, 加密图像的信息熵应接近于理论值. 与理论值越接近, 信息泄露的概率越小. 对应于不同参数时, 系统的熵值如表 3.3 所示.

表 3.3　加密图像信息熵

图像	耦合格子 $(u=3.99)$	新耦合格子			
		$(u=2.85, q=0.99)$	$(u=2.85, q=0.98)$	$(u=2.9, q=0.99)$	$(u=2.9, q=0.98)$
Boat	7.9890	7.9898	7.9896	7.9901	7.9893
Bridge	7.9897	7.9896	7.9897	7.9897	7.9901
Pepper	7.9902	7.9906	7.9893	7.9895	7.9896
平均值	7.9896	7.99	7.9895	7.9897	7.9897

为了抵抗差分攻击, 引入像素数量改变率 (NPCR) 和像素一致改变强度

(UACI) 两个指标. 这两个指标定义如下:

$$\text{NPCR} = \frac{1}{M \times N} \sum_{i-1}^{M} \sum_{j=1}^{N} D(i,j) \times 100\%, \tag{3.37}$$

$$\text{UACI} = \frac{1}{M \times N} \sum_{i=1}^{M} \sum_{j=1}^{N} \frac{|E_1(i,j) - E_2(i,j)|}{255} \times 100\%, \tag{3.38}$$

其中, E_1 和 E_2 是两个原图只有一个像素相差 1 时得到的两幅对应加密图像. $E_1(i,j)$ 和 $E_2(i,j)$ 分别表示 E_1 和 E_2 在位置 (i,j) 的像素值. M 是加密图像的宽度, N 是加密图像的高度. $D(i,j)$ 是 $E_1(i,j)$ 和 $E_2(i,j)$ 的差值, 如果 $E_1(i,j) = E_2(i,j)$, 则 $D(i,j) = 0$; 否则, $D(i,j) = 1$. 对应于不同参数时, 系统的 NPCR 和 UACI 如表 3.4 所示.

表 3.4 加密图像 NPCR 和 UACI

图像	耦合格子 $(u = 3.99)$		新耦合格子							
			$(u = 2.85, q = 0.99)$		$(u = 2.85, q = 0.98)$		$(u = 2.9, q = 0.99)$		$(u = 2.9, q = 0.98)$	
	NPCR	UACI	NPCR	UACI	NPCR	UACI	NPCR	UACI	NPCR	UACI
Boat	99.57	33.42	99.60	33.55	99.56	33.41	99.63	33.42	99.59	33.52
Bridge	99.62	33.48	99.58	33.35	99.58	33.48	99.62	33.38	99.61	33.39
Pepper	99.61	33.44	99.62	33.43	99.62	33.47	99.60	33.58	99.61	33.51
平均值	99.60	33.45	99.60	33.44	99.59	33.45	99.62	33.46	99.60	33.47

图像像素相关性是分析图像加密性能的一项重要指标, 原始图像中相邻像素点像素值差别往往不大, 相关性很高. 而在加密后的图像中, 图像相关性会明显减弱. 关于图像相关性, 可以根据图像像素排列的方向分为水平、垂直和对角线等几类. 相关性公式如下所示:

$$E(x) = \frac{1}{N} \sum_{i=1}^{N} x_i, \tag{3.39}$$

$$D(x) = \frac{1}{N} \sum_{i=1}^{N} [x_i - E(x)]^2, \tag{3.40}$$

$$\text{cov}(x,y) = \frac{1}{N} \sum_{i=1}^{N} [x_i - E(x)][y_i - E(y)], \tag{3.41}$$

$$r_{xy} = \frac{\text{cov}(x, y)}{\sqrt{D(x)}\sqrt{D(y)}}. \tag{3.42}$$

以 "Boat. bmp" 为例, 从水平、垂直和对角线三个不同的方向随机选择 2000 对相邻像素值, 得到的相关性系数分别为水平方向 0.9382、垂直方向 0.9254 和对角线方向 0.8776. 而加密图像后的水平、垂直和对角线方向相关性系数分别如表 3.5、表 3.6 和表 3.7 所示.

表 3.5　加密图像水平方向相关性

图像	水平方向				
	耦合格子 ($u = 3.99$)	新耦合格子			
		($u = 2.85$, $q = 0.99$)	($u = 2.85$, $q = 0.98$)	($u = 2.9$, $q = 0.99$)	($u = 2.9$, $q = 0.98$)
Boat	−0.0179	−0.0039	0.0042	−0.0195	0.0166
Bridge	0.0087	−0.0134	0.0152	0.0007	0.0039
Pepper	−0.0152	−0.0022	−0.0018	0.0265	−0.0091

表 3.6　加密图像垂直方向相关性

图像	垂直方向				
	耦合格子 ($u = 3.99$)	新耦合格子			
		($u = 2.85$, $q = 0.99$)	($u = 2.85$, $q = 0.98$)	($u = 2.9$, $q = 0.99$)	($u = 2.9$, $q = 0.98$)
Boat	−0.0055	−0.0195	0.0032	0.0012	−0.0023
Bridge	0.0248	0.0123	−0.0479	0.0056	0.0169
Pepper	0.0086	−0.0060	−0.0121	0.0177	0.0124

表 3.7　加密图像对角线方向相关性

图像	对角线方向				
	耦合格子 ($u = 3.99$)	新耦合格子			
		($u = 2.85$, $q = 0.99$)	($u = 2.85$, $q = 0.98$)	($u = 2.9$, $q = 0.99$)	($u = 2.9$, $q = 0.98$)
Boat	0.0043	0.0019	−0.0125	0.0063	0.0090
Bridge	−0.0287	0.0052	0.0149	−0.0118	−0.0016
Pepper	0.0131	0.0095	0.0264	0.0026	0.0069

关于图像加密的另一项重要指标是密钥敏感性. 如果密钥发生了微小变化, 那么好的加密方法应使解密的结果完全不同. 以 "Boat.bmp" 图像为例, 当新耦合映射格子的密钥发生微小变化为 $u = 2.8500 + 10^{-15}$ 时和传统耦合映射格子的密钥发生微小变化为 $u = 3.9900 + 10^{-15}$ 时, 对应的解密图像如图 3.16(b) 和 (c) 所示.

(a) 正确解密图　　　　　　　(b) 新耦合映射格子解密图　　　　　　(c) 传统耦合映射格子解密图

图 3.16　"Boat. bmp" 图像加解密直方图

3.5　本章小结

　　本章在混沌映射的基础上, 通过引入耦合格子系统, 构造了单向耦合混沌映射系统. 通过设计同步控制器, 实现了发送端-接收端耦合混沌映射系统的同步, 并通过混沌信号掩盖, 实现了高维混沌映射系统保密通信. 此外, 基于类分数阶混沌映射, 通过设置双向耦合映射格子系统, 设计了一类新的耦合映射格子系统, 并基于所生成的混沌信号, 实现了对灰度图像的有效加密和解密.

参 考 文 献

[1] 孙宁, 张化光, 王智良. 基于分数阶滑模面控制的分数阶超混沌系统的投影同步 [J]. 物理学报, 2011, 60(5): 126-132.

[2] Xi H, Yu S, Zhang C, et al. Generation and implementation of hyperchaotic Chua system via state feedback control[J]. International Journal of Bifurcation and Chaos, 2012, 22(5): 1250119.

[3] Mahmoud E E. Generation and suppression of a new hyperchaotic nonlinear model with complex variables[J]. Applied Mathematical Modelling, 2014, 38(17-18): 4445-4459.

[4] 张一帆, 张志明, 李天增. 一个新的分数阶超混沌系统的同步 [J]. 兰州理工大学学报, 2016, 42(2): 148-152.

[5] 阮静雅, 孙克辉, 牟俊. 基于忆阻器反馈的 Lorenz 超混沌系统及其电路实现 [J]. 物理学报, 2016, 65(19): 25-35.

[6] Zhou L, Wang C, Zhou L. Generating four-wing hyperchaotic attractor and two-wing, three-wing, and four-wing chaotic attractors in 4D memristive system[J]. International Journal of Bifurcation and Chaos, 2017, 27(2): 1750027.

[7] Li Z, Peng C, Li L, et al. A novel plaintext-related image encryption scheme using hyper-chaotic system[J]. Nonlinear Dynamics, 2018, 94(2): 1319-1333.

[8]　王智良, 张化光. 基于非线性反馈控制的高维混沌系统同步 [J]. 东北大学学报 (自然科学版), 2002, 23(2): 126-129.

[9]　Musielak Z E, Musielak D E. High-dimensional chaos in dissipative and driven dynamical systems [J]. International Journal of Bifurcation and Chaos, 2009, 19(9):2823-2869.

[10]　何建农. 基于高维混沌系统的图像分组加密新算法 [J]. 计算机工程与设计, 2010, 31(21): 4546-4549.

[11]　颜森林. 外部光注入空间耦合半导体激光器高维混沌系统的增频与控制研究 [J]. 物理学报, 2012, 61(16): 80-89.

[12]　Li W, Lin G, Li B. Inverse regression-based uncertainty quantification algorithms for high-dimensional models: Theory and practice[J]. Journal of Computational Physics, 2016, 321: 259-278.

[13]　Wang C, Zhang H L, Fan W H, Ma P. Analysis of chaos in high-dimensional wind power system[J]. Chaos, 2018, 28(1): 013102.

[14]　沈民奋, 林兰馨, 李小艳, 等. 基于符号动力学的耦合映像格子系统的初值估计 [J]. 物理学报, 2009, 58(5): 2921-2929.

[15]　王天舒, 王兴元, 赵剑锋. 基于耦合映射格子的混沌块密码系统 [J]. 计算机工程, 2010, 36(22): 29-31.

[16]　郭祖华, 王辉. 最邻近耦合映射格子耦合非线性混沌映射的图像加密算法研究 [J]. 计算机应用与软件, 2015, 32(5): 283-287, 306.

[17]　Singha J, Gupte N. Spatial splay states and splay chimera states in coupled map lattices[J]. Physical Review E, 2016, 94(5): 052204.

[18]　Zhang Y, Wang X, Liu L, et al. Fractional order spatiotemporal chaos with delay in spatial nonlinear coupling[J]. International Journal of Bifurcation and Chaos, 2018, 28(2): 1850020.

[19]　Ahadpour S, Sadra Y. A chaos-based image encryption scheme using chaotic coupled map lattices[J]. International Journal of Computer Applications, 2012, 49(2): 15-18.

[20]　Zhang Y Q, Wang X Y. A new image encryption algorithm based on non-adjacent coupled map lattices[J]. Applied Soft Computing, 2015, 26: 10-20.

[21]　Lv X, Liao X, Yang B. Bit-level plane image encryption based on coupled map lattice with time-varying delay[J]. Modern Physics Letters B, 2018, 32(10): 1850124.

[22]　杨承辉, 周宇鹏, 徐超. 改进的耦合同步罗仑兹混沌遮掩保密通信电路 [J]. 苏州科技学院学报 (自然科学版), 2008, 25(2): 70-73.

[23]　Zhao M C, Li K Z, Fu X C. Modified one-way coupled map lattices as communication cryptosystems[J]. Chaos, Solitons and Fractals, 2009, 42(1): 286-290.

[24]　Wang X Y, Zhang N, Ren X L, et al. Synchronization of spatiotemporal chaotic systems and application to secure communication of digital image[J]. Chinese Physics B, 2011, 20(2): 020507.

[25]　吕冰, 朱长江. 分数阶超混沌系统的耦合广义投影同步及其在保密通信中的应用 [J]. 河南大学学报 (自然科学版), 2012, 42(3): 302-308.

[26]　Li Y T, Ge G F. Cryptographic and parallel hash function based on cross coupled map

lattices suitable for multimedia communication security[J]. Multimedia Tools and Applications, 2019, 78(13): 17973-17994.

[27] Wang X Y, Zhang H. A robust secondary secure communication scheme based on synchronization of spatiotemporal chaotic systems[J]. Zeitschrift für Naturforschung A, 2013, 68(8-9): 573-580.

[28] Kocarev L, Parlitz U. General approach for chaotic synchronization with applications to communication[J]. Physical Review Letters, 1995, 74(25): 5028-5031.

[29] Zhang H, Wang X Y, Wang S W, et al. Application of coupled map lattice with parameter q in image encryption[J]. Optics and Lasers in Engineering, 2017, 88: 65-74.

第 4 章 混沌系统及其同步控制

4.1 引 言

相较于之前介绍的离散混沌映射, 连续混沌系统是状态连续的混沌系统, 是基于观察时间序列的混沌系统, 其系统状态与时间有关. 混沌系统是一个确定性系统中, 但存在着貌似随机的不规则运动. 目前, 人们所熟知的连续混沌系统包括 Lorenz 系统[1-5]、Chen 系统[5-8]、Lü 系统[9-11] 和 Chua 电路[12-16] 等, 此类系统状态连续, 信号随机, 在图像加密、信息处理等领域具有潜在的应用[17-22].

对于经典的连续混沌系统, 探究其性质的方法和指标有许多, 如描绘其系统吸引子状态. 所谓吸引子是指系统被吸引并最终固定于某一状态的性态. 有三种不同的吸引子控制[23-28] 和限制物体的运动程度: 点吸引子、极限环吸引子和奇异吸引子. 其中混沌系统所着重研究的是使系统偏离收敛吸引子的区域, 产生复杂拉伸、折叠与伸缩的奇异吸引子. 此外, 还可以使用功率波、相空间重构及 Lyapunov 指数等反方向来识别和判定混沌.

在认识了混沌系统性质和行为的基础上, 通过设计控制器来对系统的混沌行为加以控制是混沌研究的另一项重要任务. 近年来, 关于混沌系统的控制[29-34] 及进一步推广得到的混沌同步[35-40] 得到了广泛的研究. 本章我们对几类经典的混沌系统加以介绍, 对其动力学行为加以描述, 并在此基础上进一步讨论几类混沌系统的同步行为. 此外, 针对具有混沌态的永磁同步电机系统同步和系统状态更为复杂的复数系统同步也进行了分析, 得到了同步稳定性条件.

4.2 经典混沌系统介绍

近年来, 系统结构确定而行为不确定的新混沌系统被不断提出. 不失一般性, 本节将选取几类具有代表性的经典混沌系统加以介绍.

1. Lorenz 混沌系统

1963 年, Lorenz 在其论文《决定性的非周期流》中提出了第一个混沌系统吸引子——Lorenz 系统吸引子, 这也标志着混沌研究的开端. Lorenz 系统的提出让人们对混沌系统的研究不断地加深, 深刻地揭示了混沌信号不确定、不可重复、不可预测等特性. 经典的 Lorenz 系统的动力学方程可以表示为

$$\begin{cases} \dot{x} = a(y - x), \\ \dot{y} = bx - y - xz, \\ \dot{z} = xy - cz, \end{cases} \tag{4.1}$$

其中 x, y 和 z 表示该系统的状态变量. 在物理学中, 也可以用该系统来表征流体在下方加热上方冷却的热对流管中的环流. 此时, x 表示流体速度, y 和 z 则分别表示水平和垂直方向上的温度差, 参数 a 上流体的 Prandtl 数成比例, 参数 b 与流体的 Rayleigh 数成比例, c 是与空间相关的常数. 当 $a = 10$, $b = 28$ 和 $c = 8/3$ 时, 系统 (4.1) 是混沌的, 此时系统的吸引子如图 4.1 所示.

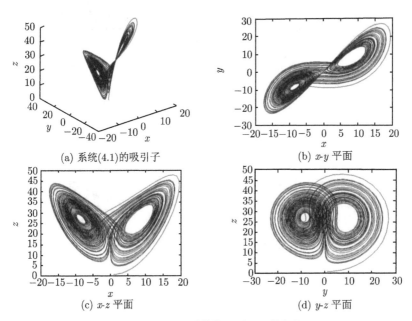

(a) 系统(4.1)的吸引子   (b) x-y 平面

(c) x-z 平面   (d) y-z 平面

图 4.1 Lorenz 系统的吸引子及其投影

2. Chen 混沌系统

1999 年, 时任美国休斯顿大学的陈关荣教授提出了一个新的连续混沌-Chen 系统. Chen 系统与 Lorenz 系统类似, 但拓扑意义上并不等价而且行为更加复杂. 相比于 Lorenz 系统, Chen 系统属于不同的类. 其中, Lorenz 系统满足 $a_{12}a_{21} > 0$, 而 Chen 系统则满足 $a_{12}a_{21} < 0$, 两个系统具有一定意义上的对偶性. Chen 系统的动力学方程可以表示为

$$\begin{cases} \dot{x} = a(y - x), \\ \dot{y} = (c - a)x - xz + cy, \\ \dot{z} = xy - bz, \end{cases} \tag{4.2}$$

其中当系统参数为 $a = 35, b = 3$ 和 $c = 28$ 时, 系统处于混沌状态. 相比于 Lorenz 系统, Chen 系统具有更复杂的拓扑结构和动力学性质, 故而在信息加密和保密通信等领域有着更广阔的应用前景. 而更为复杂的混沌性质, 使得对 Chen 系统的认识和控制比 Lorenz 系统更为复杂. Chen 系统的三维状态图和平面投影如图 4.2 所示.

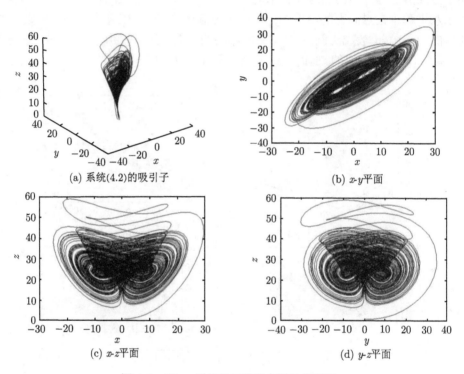

(a) 系统(4.2)的吸引子

(b) x-y平面

(c) x-z平面

(d) y-z平面

图 4.2　Chen 系统的三维状态图及其投影

3. Chua 电路混沌系统

Chua 电路混沌系统是一类电路系统, 有着巨大的应用前景和价值, 近年来已成为非线性电路分析及混沌控制同步等方面的新热点. Chua 电路可以表征任意三阶非线性系统的定量动力学, 其中包含了一个奇对称的分段线性函数. Chua 电路的系统状态方程可以表示为

$$\begin{cases} \dot{x} = a\,(z - x - f\,(x)), \\ \dot{y} = -bz, \\ \dot{z} = x + y - z, \end{cases} \tag{4.3}$$

其中分段非线性函数 $f(x) = \beta x + 0.5\,(\alpha - \beta)\,(|x+1| - |x-1|)$, 系统参数为 $a = 10, b = 14.87, \alpha = -1.27$ 和 $\beta = -0.65$ 时, 系统处于混沌状态. 此时 Chua 电路

的三维状态图和平面投影如图 4.3 所示.

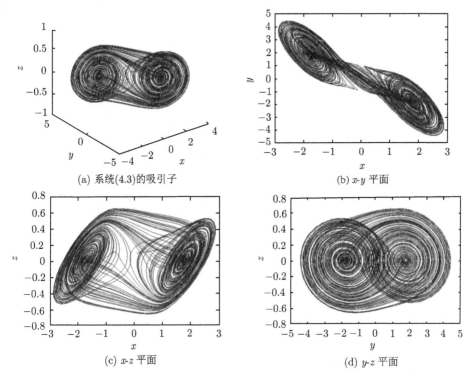

(a) 系统(4.3)的吸引子

(b) x-y 平面

(c) x-z 平面

(d) y-z 平面

图 4.3 Chua 系统的吸引子及其投影

4.3   混沌系统的控制与同步

在介绍了几类经典的混沌系统之后, 本节我们将探讨此类连续混沌系统的控制与同步问题. 首先, 针对前面提到的 Chen 混沌系统, 本节将通过设计线性反馈控制器, 实现混沌系统在 $(0, 0, 0)$ 平衡点处的控制. 受控的 Chen 混沌系统为

$$\begin{cases} \dot{x} = a\,(y - x), \\ \dot{y} = (c - a)\,x - xz + cy - ky, \\ \dot{z} = xy - bz, \end{cases} \tag{4.4}$$

其中, k 为线性反馈控制函数. 由文献 [41] 可知, 当选择线性反馈参数 $k = 35$ 时, 受控系统 (4.4) 将在控制器的作用下, 收敛到平衡点 $(0, 0, 0)$. 选择系统参数 $x_0 = 7.8$, $y_0 = 1.2$ 和 $z_0 = -5.6$, 此时受控的状态演化图像如图 4.4 所示.

此外, 混沌系统的同步可以看作是一类特殊的控制. 不失一般性, 我们选取一类 Liu 混沌系统作为同步模型进行分析, 系统的动力学方程可以表示为

$$\begin{cases} \dot{x} = a\,(y_1 - x_1), \\ \dot{y} = bx_1 - x_1 z_1, \\ \dot{z} = -cz_1 + dx_1^2, \end{cases} \tag{4.5}$$

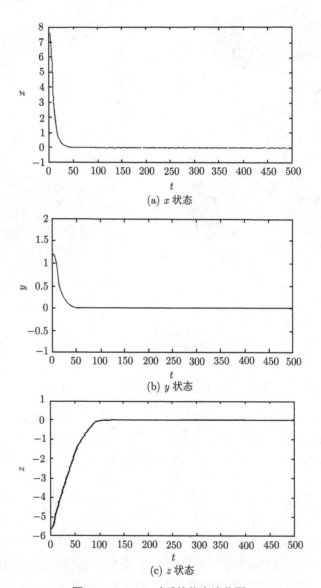

(a) x 状态

(b) y 状态

(c) z 状态

图 4.4　$k = 35$ 时系统状态演化图

其中当系统参数为 $a = 10$, $b = 40$, $c = 2.5$ 和 $d = 4$ 时, 系统处于混沌状态. 此时 Liu 系统的三维状态图和平面投影如图 4.5 所示.

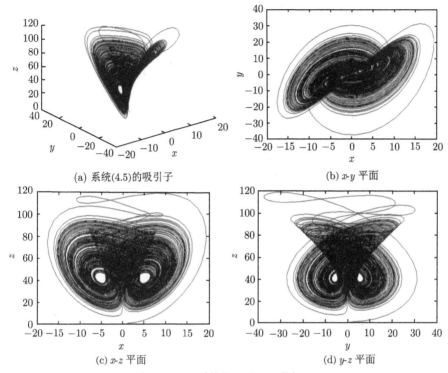

(a) 系统(4.5)的吸引子   (b) x-y 平面

(c) x-z 平面   (d) y-z 平面

图 4.5 Liu 系统的吸引子及其投影

令系统 (4.5) 作为主系统, 设计对应的线性反馈控制响应系统为

$$\begin{cases} \dot{x}_2 = a\,(y_2 - x_2) - k_1 e_1, \\ \dot{y}_2 = bx_2 - x_2 z_2 - k_2 e_2, \\ \dot{z}_2 = -cz_2 + dx_2^2 - k_3 e_3, \end{cases} \tag{4.6}$$

其中 k_1, k_2 和 k_3 为线性反馈控制参数, 误差 $e_1 = x_2 - x_1$, $e_2 = y_2 - y_1$ 和 $e_3 = z_2 - z_1$. 则主从动力学系统 (4.5) 和 (4.6) 的误差动力学系统可以表示为

$$\begin{cases} \dot{e}_1 = a\,(e_2 - e_1) - k_1 e_1, \\ \dot{e}_2 = be_1 + x_1 z_1 - x_2 z_2 - k_2 e_2, \\ \dot{e}_3 = -ce_3 + d\,(x_1 + x_2)\,e_1 - k_3 e_3, \end{cases} \tag{4.7}$$

根据文献 [42] 可知, 当反馈控制参数取不同值时, 系统的受控情况各不相同. 当 $k = k_1 = k_2 = k_3 = 1$ 时, 主从系统的对应状态图像如图 4.6 所示. 而当 $k = k_1 = k_2 = k_3 = 3$ 时, 主从系统的对应状态图像如图 4.7 所示.

对比图 4.6 和图 4.7 可以发现, 当线性反馈参数取不同的值时, 同步效果各不相同. 当 $k = 1$ 时, 主从系统的对应状态不具有相关性, 同步行为并不明显. 而当 $k = 3$ 时, 主从系统的对应状态向对角线方向进行收敛, 逐步趋于同步. 具体的同步过程如图 4.8 所示.

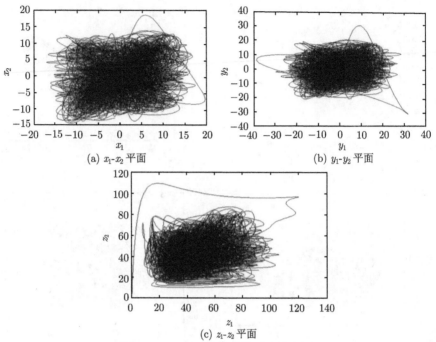

(a) x_1-x_2 平面

(b) y_1-y_2 平面

(c) z_1-z_2 平面

图 4.6 $k = 1$ 时主从系统对应状态图

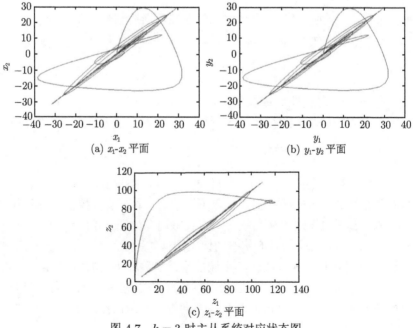

(a) x_1-x_2 平面

(b) y_1-y_2 平面

(c) z_1-z_2 平面

图 4.7 $k = 3$ 时主从系统对应状态图

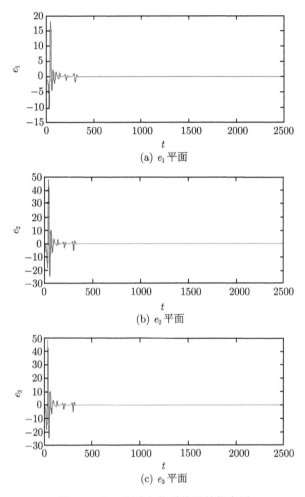

图 4.8 $k = 3$ 时主从系统误差状态图

从图 4.8 可以看出, 当线性反馈参数 $k = 3$ 时, 主从系统误差的对应状态随着离散化时间步长的逐步迭代, 逐步收敛到零点, 这表明了主从混沌系统 (4.5) 和 (4.6) 在线性反馈控制器的作用下实现了同步.

4.4 复永磁同步电机系统延时同步

永磁同步电机系统是一类典型的电机系统模型, 在系统空载运行时, 通过调节适当的参数, 可以使系统处于混沌状态. 前人关于混沌系统的同步研究多集中于实数系统中. 考虑到电机类系统可能具有复数电流和复数电压, 无法用实数理论进行处理, 故而考虑复数永磁同步电机系统的同步更接近于客观实际. 本节将在复数域中对永磁同步电机系统建模, 并研究其延时同步[43].

通常, 转子磁场定向的永磁同步电机系统可以描述为如下的状态方程:

$$
\begin{cases}
\dfrac{\mathrm{d}i_d}{\mathrm{d}t} = \left(-R_S i_d + \omega L_q i_q + u_d\right)/L_d, \\[2mm]
\dfrac{\mathrm{d}i_q}{\mathrm{d}t} = \left(-R_S i_q + \omega L_d i_d + u_q - \omega\psi_r\right)/L_q, \\[2mm]
\dfrac{\mathrm{d}\omega}{\mathrm{d}t} = \left[n_p\psi_r i_q + n_p\left(L_d - L_q\right) i_d i_q - T_L - \beta\omega\right]/J,
\end{cases}
\tag{4.8}
$$

其中 i_d, i_q, u_d 和 u_q 分别是电流和电压的直轴和交轴分量, ω_r 是角速度, ψ_r 是转子磁通量, R_S 是定子电阻, n_p 是极对数, J 是转子惯量, β 是黏性阻尼系数, T_L 是负载转矩, L_d 和 L_q 分别是直轴和交轴电感. 假设气隙均匀, 电机断电空载制动运行, 经过变换和无量纲化后, 式 (4.8) 可以简化为如下非线性模型:

$$
\begin{cases}
\dot{z}_1 = a\left(z_2 - z_1\right), \\
\dot{z}_2 = bz_1 - z_2 - z_1 z_3, \\
\dot{z}_3 = z_1 z_2 - z_3,
\end{cases}
\tag{4.9}
$$

其中 a 和 b 为系统参数. 引入复数电流到系统 (4.8) 中, 即系统 (4.9) 中的变量 z_1 和 z_2 为复数, 将系统 (4.9) 中的耦合项 $z_1 z_2$ 改为共轭耦合的形式, 得到了如下的复永磁同步电机系统:

$$
\begin{cases}
\dot{z}_1 = a\left(z_2 - z_1\right), \\
\dot{z}_2 = bz_1 - z_2 - z_1 z_3, \\
\dot{z}_3 = \dfrac{1}{2}\left(z_1\bar{z}_2 + \bar{z}_1 z_2\right) - z_3,
\end{cases}
\tag{4.10}
$$

其中 $z_1 = u_1 + ju_2$, $z_2 = u_3 + ju_4$, $z_3 = u_5$. $j = \sqrt{-1}$, $\bar{z}_1$ 和 $\bar{z}_2$ 分别代表 z_1 和 z_2 的共轭复数.

将系统 (4.10) 中的复数变量用实数变量和虚数变量进行替换, 可以得到实部与虚部相分离的等价系统为

$$
\begin{cases}
\dot{u}_1 = a\left(u_3 - u_1\right), \\
\dot{u}_2 = a\left(u_4 - u_2\right), \\
\dot{u}_3 = bu_1 - u_3 - u_1 u_5, \\
\dot{u}_4 = bu_2 - u_4 - u_2 u_5, \\
\dot{u}_5 = u_1 u_3 + u_2 u_4 - u_5.
\end{cases}
\tag{4.11}
$$

当 $1 \leqslant a \leqslant 11$, $10 \leqslant b \leqslant 20$ 时, 系统 (4.11) 对应的 Lyapunov 指数曲面如图 4.9 所示. 从图 4.9 可以看出, 当 $6 \leqslant a \leqslant 11$, $14 \leqslant b \leqslant 20$ 时, 系统具有一个正的 Lyapunov 指数, 两个为零的 Lyapunov 指数和两个负的 Lyapunov 指数, 处于混沌状态. 本节以下部分取 $a = 11$ 和 $b = 20$, 此时系统对应的实部相图和虚部相图如图 4.10 所示.

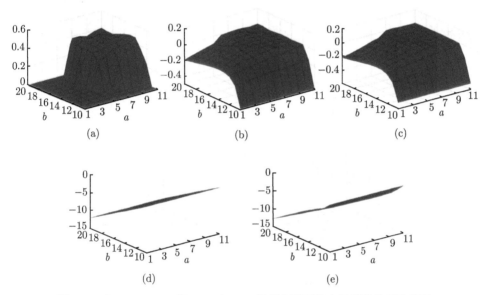

图 4.9 当 $1 \leqslant a \leqslant 11$ 和 $10 \leqslant b \leqslant 20$ 时复永磁同步电机系统的 LE 曲面

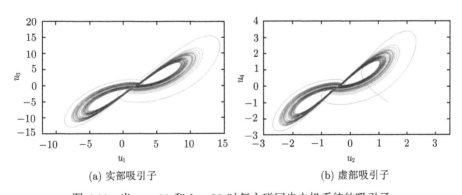

(a) 实部吸引子   (b) 虚部吸引子

图 4.10 当 $a = 11$ 和 $b = 20$ 时复永磁同步电机系统的吸引子

实际生活中, 往往需要让两个电机系统实现同步. 但是由于信号传输故障及传输需要时间等原因, 驱动系统和响应系统的系统信号往往存在一定的延迟. 基于 Backstepping 方法, 可设计复永磁同步电机系统的延时同步控制器.

设复电机驱动系统为

$$
\begin{cases}
\dot{x}_1 = a\,(x_3 - x_1), \\
\dot{x}_2 = a\,(x_4 - x_2), \\
\dot{x}_3 = bx_1 - x_3 - x_1 x_5, \\
\dot{x}_4 = bx_2 - x_4 - x_2 x_5, \\
\dot{x}_5 = x_1 x_3 + x_2 x_4 - x_5,
\end{cases}
\tag{4.12}
$$

其对应的响应系统为

$$
\begin{cases}
\dot{y}_1 = a\,(y_3 - y_1), \\
\dot{y}_2 = a\,(y_4 - y_2), \\
\dot{y}_3 = by_1 - y_3 - y_1 y_5 + L_1, \\
\dot{y}_4 = by_2 - y_4 - y_2 y_5 + L_2, \\
\dot{y}_5 = y_1 y_3 + y_2 y_4 - y_5,
\end{cases}
\tag{4.13}
$$

其中 L_1 和 L_2 为实部和虚部控制器. 考虑延时为固定延时 τ 时, 驱动响应系统对应的误差为

$$
\begin{cases}
w_1 = y_1(t) - x_1(t - \tau), \\
w_2 = y_2(t) - x_2(t - \tau), \\
w_3 = y_3(t) - x_3(t - \tau), \\
w_4 = y_4(t) - x_4(t - \tau), \\
w_5 = y_5(t) - x_5(t - \tau),
\end{cases}
\tag{4.14}
$$

对应的误差系统为

$$
\begin{cases}
\dot{w}_1 = a(w_3 - w_1), \\
\dot{w}_2 = a(w_4 - w_2), \\
\dot{w}_3 = bw_1 - w_3 - y_5(t)w_1 - x_1(t - \tau)w_5 + L_1, \\
\dot{w}_4 = bw_2 - w_4 - y_5(t)w_2 - x_2(t - \tau)w_5 + L_2, \\
\dot{w}_5 = y_1(t)w_3 + x_3(t - \tau)w_1 + y_2(t)w_4 + x_4(t - \tau)w_2 - w_5.
\end{cases}
\tag{4.15}
$$

下面阐述控制器的设计步骤. 令 $e_1 = w_1$, $e_2 = w_2$, $e_3 = w_3 - \alpha_1$, $e_4 = w_4 - \alpha_2$, $e_5 = w_5$, 其中 $\alpha_i\,(i = 1,2)$ 为虚拟控制器. $e_i(i = 1,2,\cdots,5)$ 为系统误差与虚拟控制器的误差, $e_i\,(i = 1,2,5)$ 可以看作是虚拟控制器为零的特殊情况.

第一步: 考虑误差系统

$$
\dot{e}_1 = \dot{w}_1 = a\,(e_3 + \alpha_1) - aw_1 = ae_3 + a\alpha_1 - aw_1.
$$

设 Lyapunov 函数为 $V_1 = \dfrac{1}{2}e_1^2$, 可得

$$\dot{V}_1 = e_1\dot{e}_1 = ae_1e_3 + e_1\left(a\alpha_1 - aw_1\right).$$

设 $\alpha_1 = \dfrac{1}{a}\left(-c_1e_1 + aw_1\right)$, 其中 c_1 为某一正数, 可以得到

$$\dot{e}_1 = ae_3 - c_1e_1, \quad \dot{V}_1 = ae_1e_3 - c_1e_1^2.$$

同理, 由于 $\dot{w}_1, \dot{w}_2$ 有相同的形式, 所以设 $V_2 = \dfrac{1}{2}e_2^2$, $\alpha_2 = \dfrac{1}{a}\left(-c_2e_2 + aw_2\right)$, 其中 c_2 为某一正数, 可以得到

$$\dot{e}_2 = ae_4 - c_2e_2, \quad \dot{V}_2 = ae_2e_2 - c_2e_2^2.$$

第二步: 考虑误差系统

$$\begin{aligned}
\dot{e}_3 &= \dot{w}_3 - \frac{\partial\alpha_1}{\partial w_1}\dot{w}_1 \\
&= bw_1 - w_3 - y_5\left(t\right)w_1 - x_1\left(t - \tau\right)w_5 + L_1 - \left(a - c_1\right)\left(w_3 - w_1\right) = A + L_1,
\end{aligned}$$

其中

$$A = bw_1 - w_3 - y_5\left(t\right)w_1 - x_1\left(t - \tau\right)w_5 - \left(a - c_1\right)\left(w_3 - w_1\right).$$

设

$$V_3 = V_1 + \frac{1}{2}e_3^2,$$

可得

$$\dot{V}_3 = \dot{V}_1 + e_3\dot{e}_3 = -c_1e_1^2 + e_3\left(ae_1 + \dot{e}_3\right) = -c_1e_1^2 + e_3\left(ae_1 + A + u_1\right).$$

设

$$L_1 = -c_3e_3 - ae_1 - A,$$

其中 c_3 为某一正数, 有

$$\dot{V}_3 = -c_1e_1^2 - c_3e_3^2 < 0.$$

同理, 令

$$B = bw_2 - w_4 - y_5\left(t\right)w_2 - x_2\left(t - \tau\right)w_5 - \left(a - c_2\right)\left(w_4 - w_2\right), \quad V_4 = V_2 + \frac{1}{2}e_4^2.$$

设

$$L_2 = -c_4e_4 - ae_2 - B,$$

其中 c_4 为某一正数, 有

$$\dot{V}_4 = -c_2e_2^2 - c_4e_4^2 < 0.$$

第三步: 当实部、虚部分别同步以后, 共轭交叉项趋近为零, 有

$$\dot{w}_5 = -w_5.$$

设

$$V_5 = V_3 + V_4 + \frac{1}{2}e_5^2,$$

则可以得到

$$\dot{V}_5 = \dot{V}_3 + \dot{V}_4 + e_5\dot{e}_5 = -c_1e_1^2 - c_2e_2^2 - c_3e_3^2 - c_4e_4^2 - e_5^2 < 0,$$

从而整个误差系统得到控制, 系统 (4.12) 和系统 (4.13) 实现同步.

数值仿真过程中, 延时参数设定为 $\tau = 0.5$ s, 系统运行时间为 $t = 20$ s, 复数系统参数选取为 $a = 11$, $b = 20$, 用 Euler 方法离散化复永磁同步电机系统, 步长选取为 $h = 0.0001$. 驱动系统和响应系统的初值分别选取为 $(1 + 2j, 3 + 4j, 5)$ 和 $(6 + 16j, 15 + 14j, 30)$, 即 $x_1 = 1$, $x_2 = 2$, $x_3 = 3$, $x_4 = 4$, $x_5 = 5$ 和 $y_1 = 6$, $y_2 = 16$, $y_3 = 15$, $y_4 = 14$, $y_5 = 30$. 控制器设计为 $L_1 = -c_3e_3 - ae_1 - A$ 和 $L_2 = -c_4e_4 - ae_2 - B$.

图 4.11 为驱动系统 (4.12) 和响应系统 (4.13) 的延时同步曲线, 实线表示驱动系统的状态变量, 虚线表示响应系统的状态变量. 从图 4.11 可以看出, 驱动系统

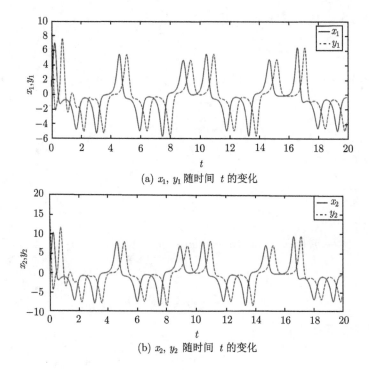

(a) x_1, y_1 随时间 t 的变化

(b) x_2, y_2 随时间 t 的变化

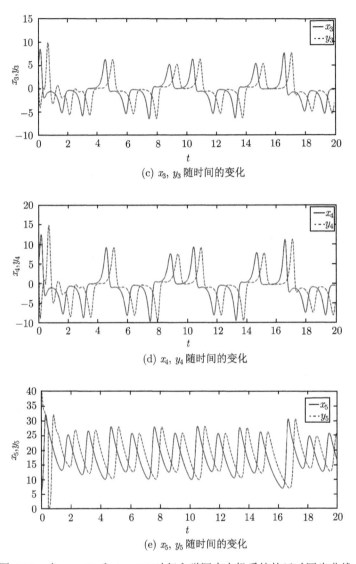

(c) x_3, y_3 随时间的变化

(d) x_4, y_4 随时间的变化

(e) x_5, y_5 随时间的变化

图 4.11 当 $a = 11$ 和 $b = 20$ 时复永磁同步电机系统的延时同步曲线

的状态变量与响应系统的状态变量均保持了 0.5 s 的延时, 并达到了同步. 图 4.12 为驱动系统 (4.12) 和响应系统 (4.13) 的延时同步误差曲线. 从图 4.12 可以看出, 大约在 6 s 时, 驱动系统和响应系统关于延迟 τ 的误差趋近于零. 综合图 4.11 和图 4.12 可以看出驱动系统和响应系统最终达到了关于 τ 的延时同步.

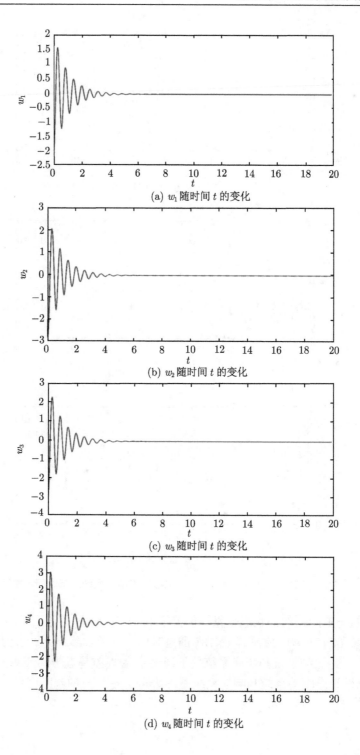

(a) w_1 随时间 t 的变化

(b) w_2 随时间 t 的变化

(c) w_3 随时间 t 的变化

(d) w_4 随时间 t 的变化

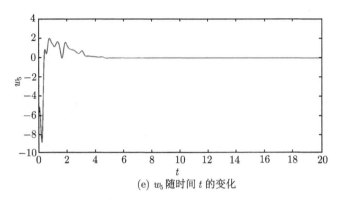

(e) w_5 随时间 t 的变化

图 4.12 当 $a = 11$ 和 $b = 20$ 时复永磁同步电机系统的延时同步误差曲线

4.5 复超混沌系统修正模相投影同步

相比于低维混沌系统, 超混沌系统可以具有两个正的 Lyapunov 指数, 系统性质更加复杂, 混沌性质更好. 为使关于混沌系统同步的讨论具有较好的普适意义, 本节将进一步探讨复数超混沌系统的修正投影模相同步. 首先以超混沌复数 Lorenz 系统为例, 研究其复数修正投影同步和模相同步[44]. 超混沌复数 Lorenz 系统可以用如下动力学方程加以表示:

$$\begin{cases} \dot{x} = \alpha(y - x) + jw, \\ \dot{y} = \gamma x - y - xz + jw, \\ \dot{z} = \dfrac{1}{2}(\bar{x}y + x\bar{y}) - \beta z, \\ \dot{w} = \dfrac{1}{2}(\bar{x}y + x\bar{y}) - \sigma w, \end{cases} \tag{4.16}$$

当 $\alpha = 14$, $\beta = 5$, $\gamma = 40$ 和 $\sigma = 13$ 时, 系统 (2.25) 具有两个正的 Lyapunov 指数, 是超混沌的. 其中 $j = \sqrt{-1}$, $\bar{x}$ 和 $\bar{y}$ 分别代表 x 和 y 的共轭复数. z 和 w 是系统的耦合实部和耦合虚部. 系统 (4.16) 的相图如图 4.13 所示.

考虑驱动系统为

$$\dot{x} = f(x, t), \tag{4.17}$$

对应的响应系统为

$$\dot{y} = g(y, t) + L(x, y, t), \tag{4.18}$$

其中 x 和 y 为 n 维复数状态向量, f 和 g 为 $\mathbf{C}^n \to \mathbf{C}^n$ 的非线性函数, $L(x, y, t) = (L_1, L_2, \cdots, L_n)$ 为响应系统控制器. 定义误差为 $e(t) = y - Cx$, 其中 $C =$

$\mathrm{diag}\,(P_1, P_2, \cdots, P_n)$ 为非零复数比例因子, 当 $\lim\limits_{t\to\infty} e\,(t) = 0$ 时, 称复数系统 (2.26) 和复数系统 (2.27) 达到了关于比例因子 $C = \mathrm{diag}\,(P_1, P_2, \cdots, P_n)$ 的修正复数投影同步.

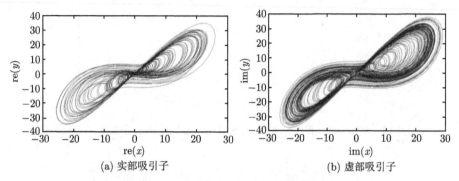

(a) 实部吸引子   (b) 虚部吸引子

图 4.13　超混沌复 Lorenz 系统的吸引子

根据超混沌复数 Lorenz 系统模型 (4.16), 设计驱动系统为

$$\begin{cases} \dot{x}_m = \alpha(y_m - x_m) + jw_m, \\[2mm] \dot{y}_m = \gamma x_m - y_m - x_m z_m + jw_m, \\[2mm] \dot{z}_m = \dfrac{1}{2}(\bar{x}_m y_m + x_m \bar{y}_m) - \beta z_m, \\[2mm] \dot{w}_m = \dfrac{1}{2}(\bar{x}_m y_m + x_m \bar{y}_m) - \sigma w_m, \end{cases} \tag{4.19}$$

对应的响应系统为

$$\begin{cases} \dot{x}_s = \alpha(y_s - x_s) + jw_s + L_1, \\[2mm] \dot{y}_s = \gamma x_s - y_s - x_s z_s + jw_s + L_2, \\[2mm] \dot{z}_s = \dfrac{1}{2}(\bar{x}_s y_s + x_s \bar{y}_s) - \beta z_s + L_3, \\[2mm] \dot{w}_s = \dfrac{1}{2}(\bar{x}_s y_s + x_s \bar{y}_s) - \sigma w_s + L_4, \end{cases} \tag{4.20}$$

其中 L_1, L_2, L_3 和 L_4 为响应系统控制器, $\boldsymbol{x}_m = (x_m, y_m, z_m, w_m)^{\mathrm{T}}$ 和 $\boldsymbol{x}_s = (x_s, y_s, z_s, w_s)^{\mathrm{T}}$. 由于 (4.19) 和 (4.20) 中的状态变量是复数, 分离状态变量的实部和虚部可得 $x_m = u_{m1} + ju_{m2}$, $y_m = u_{m3} + ju_{m4}$, $z_m = u_{m5}$, $w_m = u_{m7}$ 和 $x_s = u_{s1} + ju_{s2}$, $y_s = u_{s3} + ju_{s4}$, $z_s = u_{s5}$, $w_s = u_{s7}$. 其中 $u_{mi}\,(i = 1, 2, 3, 4, 5, 7)$ 和 $u_{si}\,(i = 1, 2, 3, 4, 5, 7)$ 为对应实 (复) 数的实 (虚) 部系数. 假定修正投影的复数比例因子 $C = \mathrm{diag}\,(P_1, P_2, P_3, P_4)$, 其中 $P_1 = c_1 + jc_2$, $P_2 = c_3 + jc_4$,

$P_3 = c_5$, $P_4 = c_7$, c_i $(i = 1, 2, 3, 4, 5, 7)$ 为对应修正投影因子的实 (虚) 部系数, 则系统 (4.19) 和 (4.20) 关于复数投影的误差为 $e(t) = \boldsymbol{x}_s(t) - \boldsymbol{C}\boldsymbol{x}_m(t)$. 根据如上定义, 驱动系统 (4.19) 和响应系统 (4.20) 可以进一步改写为

$$
\begin{cases}
\dot{x}_m = (\alpha u_{m3} - \alpha u_{m1}) + j(u_{m7} + \alpha u_{m4} - \alpha u_{m2}), \\
\dot{y}_m = \gamma u_{m1} - u_{m3} - u_{m1}u_{m5} + j(u_{m7} + \gamma u_{m2} - u_{m4} - u_{m2}u_{m5}), \\
\dot{z}_m = u_{m1}u_{m3} + u_{m2}u_{m4} - \beta u_{m5}, \\
\dot{w}_m = u_{m1}u_{m3} + u_{m2}u_{m4} - \sigma u_{m7}
\end{cases}
\tag{4.21}
$$

和

$$
\begin{cases}
\dot{x}_s = (\alpha u_{s3} - \alpha u_{s1}) + j(u_{s7} + \alpha u_{s4} - \alpha u_{s2}) + L_1, \\
\dot{y}_s = \gamma u_{s1} - u_{s3} - u_{s1}u_{s5} + j(u_{s7} + \gamma u_{s2} - u_{s4} - u_{s2}u_{s5}) + L_2, \\
\dot{z}_s = u_{s1}u_{s3} + u_{s2}u_{s4} - \beta u_{s5} + L_3, \\
\dot{w}_s = u_{s1}u_{s3} + u_{s2}u_{s4} - \sigma u_{s7} + L_4,
\end{cases}
\tag{4.22}
$$

从而不含控制器的修正复数投影同步误差系统可以表示为

$$
\begin{cases}
\dot{e}_{u1} = (\alpha u_{s3} - \alpha u_{s1}) - c_1(\alpha u_{m3} - \alpha u_{m1}) + c_2(u_{m7} + \alpha u_{m4} - \alpha u_{m2}), \\
\dot{e}_{u2} = j(u_{s7} + \alpha u_{s4} - \alpha u_{s2} - c_1(u_{m7} + \alpha u_{m4} - \alpha u_{m2}) - c_2(\alpha u_{m3} - \alpha u_{m1})), \\
\dot{e}_{u3} = \gamma u_{s1} - u_{s3} - u_{s1}u_{s5} - c_3(\gamma u_{m1} - u_{m3} - u_{m1}u_{m5}) \\
\qquad + c_4(u_{m7} + \gamma u_{m2} - u_{m4} - u_{m2}u_5), \\
\dot{e}_{u4} = j(u_{s7} + \gamma u_{s2} - u_{s4} - u_{s2}u_{s5} - c_3(u_{m7} + \gamma u_{m2} - u_{m4} - u_{m2}u_5) \\
\qquad - c_4(\gamma u_{m1} - u_{m3} - u_{m1}u_5)), \\
\dot{e}_{u5} = u_{s1}u_{s3} + u_{s2}u_{s4} - \beta u_{s5} - c_5(u_{m1}u_{m3} + u_{m2}u_{m4}) + c_5\beta u_{m5}, \\
\dot{e}_{u7} = u_{s1}u_{s3} + u_{s2}u_{s4} - \sigma u_{s7} - c_7(u_{m1}u_{m3} + u_{m2}u_{m4}) + c_7\sigma u_{m7},
\end{cases}
\tag{4.23}
$$

其中 $\dot{e}_{ui}$ $(i = 1, 2, 3, 4, 5, 7)$ 为分离系统实部和虚部后得到的修正复数投影同步误差. 进一步设计控制器为

$$
\begin{cases}
L_1 = -\alpha u_{s3} + c_1\alpha u_{m3} - c_2 u_{m7} - \alpha c_2 u_{m4} + j(-u_{s7} - \alpha u_{s4} + c_1 u_{m7} \\
\qquad + c_1\alpha u_{m4} + c_2\alpha u_{m3}), \\
L_2 = -\gamma u_{s1} + u_{s1}u_{s5} + c_3(\gamma u_{m1} - u_{m1}u_{m5}) - c_4(u_{m7} + \gamma u_{m2} - u_{m2}u_{m5}) \\
\qquad - j(u_{s7} + \gamma u_{s2} - u_{s2}u_{s5} - c_3(u_{m7} + \gamma u_{m2} - u_{m2}u_{m5}) \\
\qquad - c_4(\gamma u_{m1} - u_{m1}u_{m5})), \\
L_3 = -(u_{s1}u_{s3} + u_{s2}u_{s4}) + c_5(u_{m1}u_{m3} + u_{m2}u_{m4}), \\
L_4 = -(u_{s1}u_{s3} + u_{s2}u_{s4}) + c_7(u_{m1}u_{m3} + u_{m2}u_{m4}),
\end{cases}
\tag{4.24}
$$

可得如下定理成立.

定理 4.1 响应系统 (4.22) 在控制器 (4.24) 的作用下最终将实现与系统 (4.21) 关于投影 $P_1 = c_1 + jc_2$, $P_2 = c_3 + jc_4$, $P_3 = c_5$, $P_4 = c_7$ 的修正投影同步.

证明 代入控制器 (4.24) 到系统 (4.22) 中并化简, 可得误差系统为

$$\dot{e}(t) = \dot{\boldsymbol{x}}_s(t) - \boldsymbol{C}\dot{\boldsymbol{x}}_m(t) = (-\alpha e_{u1} - j\alpha e_{u2}, -e_{u3} - je_{u4}, -\beta e_{u5}, -\sigma e_{u7})^{\mathrm{T}},$$

由于 α, β 和 σ 均为正, 则误差系统的系数矩阵是负定的. 误差系统的实数部分和虚数部分将分别收敛.

尽管在复数系统的实部和虚部分别实现同步以后, 就可以认为复数系统达到了修正复数投影同步, 但是由于系统的实部和虚部是分离的, 同步仍然可以看作是实部系统和虚部系统的分别同步. 这里将引入了关于复数系统模相同步的概念, 在复数修正投影的基础上, 通过对如下系统的控制, 使其与系统 (2.30) 实现修正复数投影模相同步. 引入新的系统为

$$\begin{cases} \dot{x}_t = (\alpha u_{t3} - \alpha u_{t1}) + j(u_{s7} + \alpha u_{t4} - \alpha u_{t2}) + L_1 + L_5, \\ \dot{y}_t = \gamma u_{t1} - u_{t3} - u_{t1}u_{t5} + j(u_{s7} + \gamma u_{t2} - u_{t4} - u_{t2}u_{t5}) + L_2 + L_6. \end{cases} \tag{4.25}$$

从上面可知, 随着时间的推移, 系统 (4.21) 和 (4.22) 将实现修正复数投影同步, 则系统 (4.25) 和 (4.21) 修正复数投影模相同步问题可以转化为系统 (4.25) 与带控制项 L_1, L_2 的系统 (4.22) 之间的模相同步问题. 定义系统 (4.22) 和系统 (4.25) 的模与相分别为

$$M(x_s) = \sqrt{u_{s1}^2 + u_{s2}^2}, \quad M(y_s) = \sqrt{u_{s3}^2 + u_{s4}^2},$$

$$P(x_s) = \arctan(u_{s1}/u_{s2}), \quad P(y_s) = \arctan(u_{s3}/u_{s4})$$

和

$$M(x_t) = \sqrt{u_{t1}^2 + u_{t2}^2}, \quad M(y_t) = \sqrt{u_{t3}^2 + u_{t4}^2},$$

$$P(x_t) = \arctan(u_{t1}/u_{t2}), \quad P(y_t) = \arctan(u_{t3}/u_{t4}),$$

其中 $u_{s1} \neq 0$, $u_{s3} \neq 0$, $u_{t1} \neq 0$ 和 $u_{t3} \neq 0$. 可得模相矩阵为

$$\boldsymbol{\Theta}_s = (M(x_s), P(x_s), M(y_s), P(y_s))^{\mathrm{T}},$$

$$\boldsymbol{\Theta}_t = (M(x_t), P(x_t), M(y_t), P(y_t))^{\mathrm{T}},$$

模相矩阵误差为 $\boldsymbol{E} = \boldsymbol{\Theta}_t - \boldsymbol{\Theta}_s$. 为了方便表示, 先定义如下等式

$$
\begin{cases}
a_{s1} = \alpha(u_{s3} - u_{s1}) + r(L_1), \\
a_{s2} = \alpha(u_{s3} - u_{s1}) + u_{s7} + \mathrm{im}(L_1), \\
a_{s3} = \gamma u_{s1} - u_{s3} - u_{s1}u_{s5} + r(L_2), \\
a_{s4} = \gamma u_{s2} - u_{s4} - u_{s2}u_{s5} + u_{s7} + \mathrm{im}(L_2)
\end{cases}
\tag{4.26}
$$

和

$$
\begin{cases}
A = \dfrac{u_{s1}a_{s1}}{M(x_s)} + \dfrac{u_{s2}a_{s2}}{M(x_s)}, \\[2mm]
B = -\dfrac{u_{s2}a_{s1}}{M(x_s)^2} + \dfrac{u_{s1}a_{s2}}{M(x_s)^2}, \\[2mm]
C = \dfrac{u_{s3}a_{s3}}{M(y_s)} + \dfrac{u_{s4}a_{s4}}{M(y_s)}, \\[2mm]
D = -\dfrac{u_{s4}a_{s3}}{M(y_s)^2} + \dfrac{u_{s3}a_{s4}}{M(y_s)^2},
\end{cases}
\tag{4.27}
$$

其中 $\mathrm{re}(L)$ 表示复数控制器 L 的实数部分, $\mathrm{im}(L)$ 表示复数控制器 L 的虚数部分. 对于以上系统, 有如下定理成立.

定理 4.2 设计控制器为

$$
\begin{cases}
L_{51} = \dfrac{u_{t1}(M(x_s) - M(x_t))}{M(x_t)} - u_{t2}(P(x_s) - P(x_t)) \\[2mm]
\qquad\quad + \dfrac{u_{t1}A}{M(x_t)} - u_{t2}B - (\alpha u_{t3} - \alpha u_{t1}) - r(L_1), \\[3mm]
L_{52} = \dfrac{u_{t2}(M(x_s) - M(x_t))}{M(x_t)} + u_{t1}(P(x_s) - P(x_t)) \\[2mm]
\qquad\quad + \dfrac{u_{t2}A}{M(x_t)} + u_{t1}B - (u_{s7} + \alpha u_{t4} - \alpha u_{t2}) - im(L_1), \\[3mm]
L_{61} = \dfrac{u_{t3}(M(y_s) - M(y_t))}{M(y_t)} - u_{t4}(P(y_s) - P(y_t)) \\[2mm]
\qquad\quad + \dfrac{u_{t3}C}{M(x_t)} - u_{t4}D - (\gamma u_{t1} - u_{t3} - u_{t1}u_{t5}) - r(L_2), \\[3mm]
L_{62} = \dfrac{u_{t4}(M(y_s) - M(y_t))}{M(y_t)} + u_{t3}(P(y_s) - P(y_t)) \\[2mm]
\qquad\quad + \dfrac{u_{t4}C}{M(x_t)} + u_{t3}D - (u_{s7} + \gamma u_{t2} - u_{t4} - u_{t2}u_{t5}) - im(L_2),
\end{cases}
$$

其中 $L_5 = L_{51} + jL_{52}$, $L_6 = L_{61} + jL_{62}$, 则系统 (4.21) 与 (4.25) 将达到修正复数投影模相同步.

证明　代入控制器 L_5 和 L_6 到系统 (4.25) 中, 可得

$$\dot{\boldsymbol{E}} = \dot{\boldsymbol{\Theta}}_t(\boldsymbol{F}(\boldsymbol{x}_t)) - \dot{\boldsymbol{\Theta}}_s(\boldsymbol{F}(\boldsymbol{x}_s)) = -\boldsymbol{E},$$

其中 $\boldsymbol{F}(\boldsymbol{x}_s)$ 表示系统 (4.22), $\boldsymbol{F}(\boldsymbol{x}_t)$ 表示受控系统 (4.25). 由文献 [45] 可知, 此时系统 (4.25) 与带控制项 L_1, L_2 的系统 (4.2) 之间可以实现模相同步. 而由同步稳定性定理可知, 施加控制项 L_1 和 L_2 的系统 (4.22) 与系统 (4.21) 将会达到修正复数投影同步. 最终, 系统 (4.25) 将间接地与系统 (4.21) 实现修正复数投影模相同步.

为了验证同步控制器的有效性, 在数值仿真部分, 选择系统 (4.19) 的初始条件为 $(1+2j, 3+j, 2, 2)$, 复数投影比例因子为 $(1+2j, 2-j, 2, 3)$, 中间系统 (4.20) 的初值选取为 $(6-8j, 5+2j, 4, 1)$, 系统 (4.25) 的初值选取为 $(20+18j, 40-16j)$, 则系统 (4.19) 与系统 (4.25) 的修正复数投影模相同步曲线如图 4.14 所示. 系统 (4.19) 与系统 (4.25) 的修正复数投影模相同步误差曲线如图 4.15 所示.

从图 4.14 和图 4.15 可以看出, 大约在 6 s 时, 系统 (4.19) 与系统 (4.25) 实现了修正复数投影模同步. 在 8 s 时, 变量 x_t 与 x_m 实现了修正复数投影相位同步,

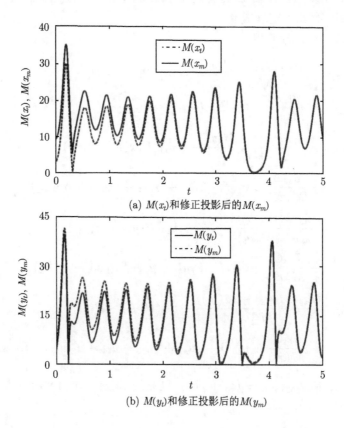

(a) $M(x_t)$和修正投影后的$M(x_m)$

(b) $M(y_t)$和修正投影后的$M(y_m)$

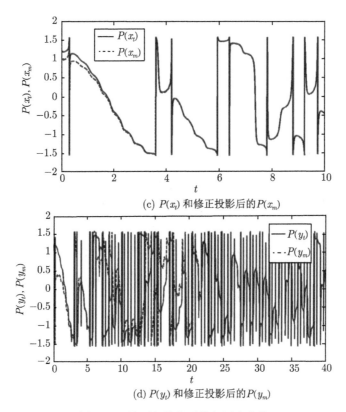

(c) $P(x_t)$ 和修正投影后的 $P(x_m)$

(d) $P(y_t)$ 和修正投影后的 $P(y_m)$

图 4.14 修正复数投影模相同步曲线

在 12 s 时, 系统变量 y_t 与 y_m 实现了修正复数投影相位同步. 最终, 超混沌复数 Lorenz 系统 (4.19) 与系统 (4.25) 实现了修正复数投影模相同步.

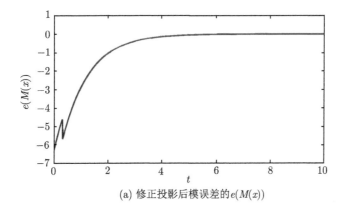

(a) 修正投影后模误差的 $e(M(x))$

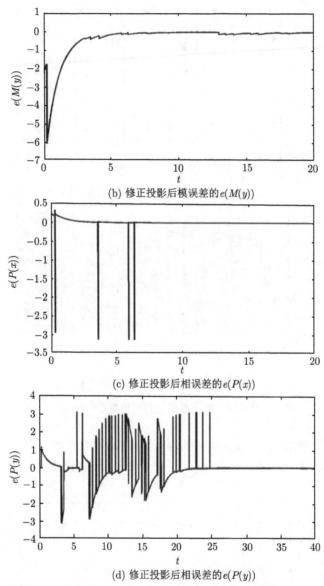

(b) 修正投影后模误差的 $e(M(y))$

(c) 修正投影后相误差的 $e(P(x))$

(d) 修正投影后相误差的 $e(P(y))$

图 4.15　修正复数投影模相同步误差曲线

4.6　本 章 小 结

　　本章介绍并描绘了几类经典的连续状态混沌系统, 并对几个典型的混沌系统的控制和同步进行了介绍和仿真实现. 在此基础上, 考虑了电机系统中可能存在复数电流和复数电压的情形, 在复数域中对永磁同步电机系统进行了建模, 设计了复永磁同步电机系统的延时同步控制器, 得到了永磁同步电机系统在复数域内的延时同步. 此外, 进一步得到了复数域下超混沌系统, 考虑了投影因子和状态变量均为复数的修正投影同步. 并设计了超混沌复数系统修正复数投影模相同步控制器, 使所得同步结果可直接应用于具有模和相位的混沌系统中.

参 考 文 献

[1] 王兴元, 骆超. Lorenz 系统通向混沌的道路 [J]. 大连理工大学学报, 2006, 46(4): 582-587.

[2] Yang Q, Chen G, Zhou T. A unified Lorenz-type system and its canonical form [J]. International Journal of Bifurcation and Chaos, 2006, 16(10): 2855-2871.

[3] 王兴元, 王明军. 超混沌 Lorenz 系统 [J]. 物理学报, 2007, 56(9): 5136-5141.

[4] 贾红艳, 陈增强, 薛薇. 分数阶 Lorenz 系统的分析及电路实现 [J]. 物理学报, 2013, 62(14): 56-62.

[5] Barboza R. On Lorenz and Chen systems[J]. International Journal of Bifurcation and Chaos, 2018, 28(1): 1850018.

[6] Li C, Chen G. Chaos in the fractional order Chen system and its control[J]. Chaos Solitons & Fractals, 2004, 22(3): 549-554.

[7] Lü J, Chen G, Cheng D, et al. Bridge the gap between the Lorenz system and the Chen system [J]. International Journal of Bifurcation & Chaos, 2011, 12(12): 2917-2926.

[8] Kayalvizhi S, Malarvizhi S. A novel encrypted compressive sensing of images based on fractional order hyper chaotic Chen system and DNA operations[J]. Multimedia tools and Applications, 2019, 79: 3957-3974.

[9] Lü J, Lu J. Controlling uncertain Lü system using linear feedback[J]. Chaos Solitons & Fractals, 2003, 17(1): 127-133.

[10] 高洁, 陆君安. 不确定参数下的四维超混沌吕系统的最优同步[J]. 动力学与控制学报, 2006, 4(4): 320-325.

[11] 王华俊, 宁娣. 超混沌吕系统的滞后投影同步与参数识别 [J]. 动力学与控制学报, 2011, 9(3): 243-248.

[12] Chua, L O, Yang, Zhong G Q, et al. Synchronization of Chua's circuits with time-varying channels and parameters [J]. IEEE Transactions on Circuits & Systems I Fundamental Theory & Applications, 2002, 43(10): 862-868.

[13] 陈章耀, 张晓芳, 毕勤胜. 广义 Chua 电路簇发现象及其分岔机理 [J]. 物理学报, 2010, 59(4): 2326-2333.

[14] 杨芳艳, 冷家丽, 李清都. 基于 Chua 电路的四维超混沌忆阻电路 [J]. 物理学报, 2014, 63(8): 30-37.

[15] Li Z, Ma M, Wang M, et al. Realization of Current-mode SC-CNN-based Chua's circuit[J]. AEUE-International Journal of Electronics and Communications, 2017, 71: 21-29.

[16] Rocha R, Ruthiramoorthy J, Kathamuthu T. Memristive oscillator based on Chua's circuit: Stability analysis and hidden dynamics[J]. Nonlinear Dynamics, 2017, 88(4): 2577-2587.

[17]　Acho L. Expanded Lorenz systems and chaotic secure communication systems design [J]. Journal of Circuits, Systems and Computers, 2006, 15(4): 607-614.

[18]　谢英慧, 孙增圻. 时滞 Chen 混沌系统的指数同步及在保密通信中的应用 [J]. 控制理论与应用, 2010, 27(2): 133-137.

[19]　吴春法, 李国刚. 采用 Chen-Möbius 斜正交性的保密通信系统设计与仿真 [J]. 华侨大学学报 (自然科学版), 2012, 33(4): 392-395.

[20]　宋福圣, 韩希昌, 迟新利. 基于 Lorenz 超混沌系统模糊渐近同步的保密通信系统 [J]. 现代电子技术, 2012, 35(7): 111-112.

[21]　代榕. 基于 Lorenz 系统的高保密通信系统 [J]. 长江大学学报 (自然科学版), 2014, 11(1): 53-56.

[22]　Lin T C, Huang F Y, Du Z, et al. Synchronization of fuzzy modeling chaotic time delay memristor-based Chua's circuits with application to secure communication[J]. International Journal of Fuzzy Systems, 2015, 17(2): 206-214.

[23]　郝柏林. 分岔、混沌、奇怪吸引子、湍流及其它——关于确定论系统中的内在随机性 [J]. 物理学进展, 1983(3): 329-416.

[24]　禹思敏. 用三角波序列产生三维多涡卷混沌吸引子的电路实验 [J]. 物理学报, 2005, 54(4): 1500-1509.

[25]　Balibrea F, Caballero M V, Molera L. Recurrence quantification analysis in Liu's attractor[J]. Chaos Solitons & Fractals, 2008, 36(3): 664-670.

[26]　迟玉红, 孙富春, 王维军, 等. 基于空间缩放和吸引子的粒子群优化算法 [J]. 计算机学报, 2011, 34(1): 115-130.

[27]　Cang S, Qi G, Chen Z. A four-wing hyper-chaotic attractor and transient chaos generated from a new 4-D quadratic autonomous system[J]. Nonlinear Dynamics, 2010, 59(3): 515-527.

[28]　Danca M F. Hidden transient chaotic attractors of Rabinovich-Fabrikant system[J]. Nonlinear Dynamics, 2016, 86(2): 1263-1270.

[29]　唐国宁, 罗晓曙, 孔令江. 用负反馈控制混沌 Lorenz 系统到达任意目标 [J]. 物理学报, 2000, 49(1): 30-32.

[30]　关新平, 彭海朋, 李丽香, 等. Lorenz 混沌系统的参数辨识与控制 [J]. 物理学报, 2001, 50(1): 26-29.

[31]　吴忠强, 岳东, 许世范. Chua 混沌系统的一种模糊控制器设计——LMI 法 [J]. 物理学报, 2002, 51(6): 1193-1197.

[32]　谌龙, 王德石. Chen 系统的自适应追踪控制 [J]. 物理学报, 2007, 56(10): 5661-5664.

[33]　Effati S, Saberi Nik H, Jajarmi A. Hyperchaos control of the hyperchaotic Chen system by optimal control design[J]. Nonlinear Dynamics, 2013, 73(1-2): 499-508.

[34]　Perez J H. Neural control for synchronization of a chaotic Chua-Chen system[J]. IEEE Latin America Transactions, 2016, 14(8): 3560-3568.

[35]　张正娣, 田立新. Chua's 系统的追踪控制与同步 [J]. 江苏大学学报 (自然科学版), 2003, 24(6): 9-12.

[36] 邵仕泉, 高心, 刘兴文. 两个耦合的分数阶 Chen 系统的混沌投影同步控制 [J]. 物理学报, 2007, 56(12): 6815-6819.

[37] 邓洪敏, 李涛, 王琼华, 等. 变形 Chua 混沌系统及其同步问题的研究 [J]. 系统工程与电子技术, 2009, 31(3): 638-641.

[38] Yang Y, Chen Y. The generalized Q-S synchronization between the generalized Lorenz canonical form and the Rössler system[J]. Chaos Solitons & Fractals, 2009, 39(5): 2378-2385.

[39] Aguila-Camacho N, Duarte-Mermoud M A, Delgado-Aguilera E. Adaptive synchronization of fractional Lorenz systems using a reduced number of control signals and parameters[J]. Chaos, Solitons & Fractals, 2016, 87:1-11.

[40] Brown D, Hedayatipour A, Majumder M B. Practical realisation of a return map immune Lorenz-based chaotic stream cipher in circuitry [J]. IET computers and digital techniques, 2018, 12(6): 297-305.

[41] 章婷芳, 姚洪兴, 耿霞. Chen 混沌系统的反馈控制方法与分析 [J]. 系统工程理论与实践, 2005, 25(8): 97-102.

[42] 王发强, 刘崇新. Liu 混沌系统的线性反馈同步控制及电路实验的研究 [J]. 物理学报, 2006, 55(10): 5055-5060.

[43] Wang X Y, Zhang H. Backstepping-based lag synchronization of a complex permanent magnet synchronous motor system[J]. Chinese Physics B, 2013, 22(4): 048902.

[44] Wang X Y, Zhang H, Lin X H. Module-phase synchronization in hyperchaotic complex Lorenz system after modified complex projection[J]. Applied Mathematics and Computation, 2014, 232: 91-96.

[45] Nian F Z, Wang X Y, Niu Y J, Lin D. Module-phase synchronization in complex dynamic system [J]. Applied Mathematics and Computation, 2010, 217(6): 2481-2489.

第 5 章　耦合时空混沌系统的同步控制

5.1　引　　言

类似于离散混沌系统, 在对连续系统及其同步控制的研究中, 系统维数往往较低, 人们对高维混沌系统[1-10] 的认识和理解远没有低维系统那么清晰与透彻. 随着对低维混沌系统研究的逐步深入, 人们发现采用相空间重构、非线性预测等手段可以推断得到低维混沌系统的信号. 与此同时, 时空混沌系统因为其维数更高, 性质更复杂等特点在保密通信、图像加密等领域取得了更为广泛的应用[11-19].

基于耦合格子的时空混沌模型除了格子内部局部系统会随时间发生变化, 格子间也会相互影响, 使得系统的性质更加难以预测, 特别是时空混沌系统的同步, 已成为近年来人们研究的热点问题. 而在关于时空混沌系统的前期研究中, 人们探讨的系统多是整数阶和实数值的, 而分数阶时空混沌系统和复数时空混沌系统的性质则有待进一步研究[20-27]. 此外, 由于耦合格子时空混沌系统包含了多个局部系统, 其同步可能会伴有系统维数不匹配, 参数不确定等多种复杂性, 研究更加困难. 因此本章在前人研究的基础上, 将混沌系统及其同步的相关结论推广到时空混沌系统中.

5.2　分数阶时空耦合 Lorenz 系统的同步

近年来, 系统结构确定而行为不确定的新混沌系统被不断提出. 不失一般性, 本节将选取几类具有代表性的经典混沌系统加以介绍. 邻接耦合格子建模方法简单, 可对任意类型的时空混沌系统进行建模. 本节将以分数阶系统作为邻接耦合格子的局部系统, 构建分数阶时空混沌系统模型, 并探究分数阶时空混沌系统在线性反馈控制器和非线性反馈控制器作用下的同步[28]. 一般的整数阶耦合时空混沌系统可以用如下的微分方程加以描述

$$\dot{\boldsymbol{x}}(i) = (1-\varepsilon)\boldsymbol{f}(\boldsymbol{x}(i)) + \frac{1}{2}\varepsilon\boldsymbol{f}(\boldsymbol{x}(i+1)) + \frac{1}{2}\varepsilon\boldsymbol{f}(\boldsymbol{x}(i-1)), \tag{5.1}$$

其中 $\boldsymbol{x}$ 是状态向量, ε 是系统耦合强度, $i\,(i=1,2,\cdots,L)$ 是单个系统的索引, L 是耦合系统的个数. 采用周期边界条件, $\boldsymbol{f}$ 表示局部系统的动力学行为, 具体的动力学方程如 Lorenz 系统 (4.1) 所示. 依据分数阶微分学理论和 Lorenz 系统的具

体形式, 可以得到对应的分数阶 Lorenz 系统为

$$\begin{cases} \dfrac{\mathrm{d}^{q_1}x}{\mathrm{d}t^{q_1}} = a(y - x), \\[2mm] \dfrac{\mathrm{d}^{q_2}y}{\mathrm{d}t^{q_2}} = bx - y - xz, \\[2mm] \dfrac{\mathrm{d}^{q_3}z}{\mathrm{d}t^{q_3}} = xy - cz, \end{cases} \tag{5.2}$$

其中 q_1, q_2 和 q_3 是系统 (5.2) 的阶数. 根据系统 (5.1), 定义 $\boldsymbol{x} = (x,y,z)^{\mathrm{T}}$. 每个格子中局部动力学系统 $\boldsymbol{f}$ 由系统 (5.2) 中的以下三个部分构成, 分别是: $f_1(i) = a(y(i) - x(i))$, $f_2(i) = 28x(i) - y(i) - x(i)z(i)$ 和 $f_3(i) = x(i)y(i) - \dfrac{8}{3}z(i)$. 将系统的阶数替换为分数阶, 并在相邻节点的对应变量间建立耦合关系, 从而可以构建如下的分数阶时空耦合 Lorenz 系统

$$\begin{cases} \dfrac{\mathrm{d}^{q_1}x(i)}{\mathrm{d}t^{q_1}} = (1-\varepsilon)f_1(i) + \dfrac{1}{2}\varepsilon f_1(i+1) + \dfrac{1}{2}\varepsilon f_1(i-1), \\[2mm] \dfrac{\mathrm{d}^{q_2}y(i)}{\mathrm{d}t^{q_2}} = (1-\varepsilon)f_2(i) + \dfrac{1}{2}\varepsilon f_2(i+1) + \dfrac{1}{2}\varepsilon f_2(i-1), \\[2mm] \dfrac{\mathrm{d}^{q_3}z(i)}{\mathrm{d}t^{q_3}} = (1-\varepsilon)f_3(i) + \dfrac{1}{2}\varepsilon f_3(i+1) + \dfrac{1}{2}\varepsilon f_3(i-1), \end{cases} \tag{5.3}$$

其中 x, y 和 z 是系统状态变量, ε 是耦合强度, $i\,(i = 1,2,\cdots,L)$ 是单个系统的索引号, L 是耦合系统数. 不失一般性, 设置 $L = 10$, 并定义分数阶为 $q_1 = q_2 = q_3 = q$. 系统的初始值由计算机随机给出. 当 $q = 0.95$, $\varepsilon = 0.1$ 时, 时空耦合 Lorenz 系统的时空图和最大 Lyapunov 指数图如图 5.1 所示.

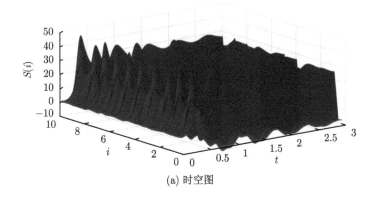

(a) 时空图

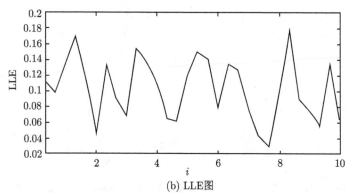

(b) LLE图

图 5.1　当 $q = 0.95$ 和 $\varepsilon = 0.1$ 时系统 (5.3) 的时空图和 LLE 图

在图 5.1 中 $S(i)$ 表示第 i 个节点的状态, 可以看出, 分数阶时空耦合 Lorenz 系统是有界的, 且具有正的 Lyapunov 指数, 故而系统是混沌的. 由于初值是随机给定的, 且每个节点内的系统都相同, 故而在图 5.1(b) 中只给出了第一个节点的最大 Lyapunov 指数图. 为了得到合适的混沌系统, 分别选择系统的参数值为 $q = 0.8,\ \varepsilon = 0.1$ 和 $q = 0.95,\ \varepsilon = 0.5$, 系统的时空图如图 5.2 所示.

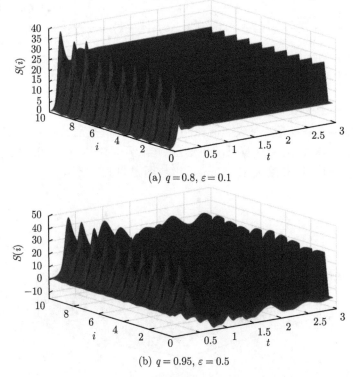

(a) $q = 0.8,\ \varepsilon = 0.1$

(b) $q = 0.95,\ \varepsilon = 0.5$

图 5.2　对应于不同系统参数的系统的时空图

从图 5.2(a) 可以看出, 当参数为 $q = 0.8$, $\varepsilon = 0.1$ 时, 系统不再混沌. 经过计算, 系统的最大 Lyapunov 指数 LLE $= -0.0343$, 同样说明系统已经不再是混沌状态. 从而可以看出, 当耦合参数 ε 不变, 分数阶 q 太小将会导致系统不再混沌. 当 $q = 0.95$, $\varepsilon = 0.5$ 时, 系统的最大 Lyapunov 指数 LLE $= 0.0502$, 说明此时系统仍然处于混沌状态. 而当保持分数阶不变, 继续增大耦合参数时, 系统状态发散, 无法获得对应的时空图像. 综上, 可知选取一个较大的分数阶 q 和较小的耦合强度 ε 可以使系统更好地保持混沌性质. 根据分数阶时空混沌系统的定义, 建立如下的驱动-响应系统

$$\begin{cases} \dfrac{\mathrm{d}^{q_1} x_1(i)}{\mathrm{d}t^{q_1}} = (1-\varepsilon)f_1(i) + \dfrac{1}{2}\varepsilon f_1(i+1) + \dfrac{1}{2}\varepsilon f_1(i-1), \\[2mm] \dfrac{\mathrm{d}^{q_2} y_1(i)}{\mathrm{d}t^{q_2}} = (1-\varepsilon)f_2(i) + \dfrac{1}{2}\varepsilon f_2(i+1) + \dfrac{1}{2}\varepsilon f_2(i-1), \\[2mm] \dfrac{\mathrm{d}^{q_3} z_1(i)}{\mathrm{d}t^{q_3}} = (1-\varepsilon)f_3(i) + \dfrac{1}{2}\varepsilon f_3(i+1) + \dfrac{1}{2}\varepsilon f_3(i-1) \end{cases} \tag{5.4}$$

和

$$\begin{cases} \dfrac{\mathrm{d}^{q_1} x_2(i)}{\mathrm{d}t^{q_1}} = (1-\varepsilon)g_1(i) + \dfrac{1}{2}\varepsilon g_1(i+1) + \dfrac{1}{2}\varepsilon g_1(i-1), \\[2mm] \dfrac{\mathrm{d}^{q_2} y_2(i)}{\mathrm{d}t^{q_2}} = (1-\varepsilon)g_2(i) + \dfrac{1}{2}\varepsilon g_2(i+1) + \dfrac{1}{2}\varepsilon g_2(i-1), \\[2mm] \dfrac{\mathrm{d}^{q_3} z_2(i)}{\mathrm{d}t^{q_3}} = (1-\varepsilon)g_3(i) + \dfrac{1}{2}\varepsilon g_3(i+1) + \dfrac{1}{2}\varepsilon g_3(i-1), \end{cases} \tag{5.5}$$

其中

$$\begin{cases} f_1(i) = a\left(y_1(i) - x_1(i)\right), \\ f_2(i) = bx_1(i) - y_1(i) - x_1(i)z_1(i), \\ f_3(i) = x_1(i)y_1(i) - cz_1(i), \end{cases} \tag{5.6}$$

$$\begin{cases} g_1(i) = a\left(y_2(i) - x_2(i)\right) - \mu(i), \\ g_2(i) = bx_2(i) - y_2(i) - x_2(i)z_2(i), \\ g_3(i) = x_2(i)y_2(i) - cz_2(i), \end{cases} \tag{5.7}$$

这里 $\mu(i)$ 为响应系统中第 i 个节点上的线性反馈控制器. 系统 (5.4) 和 (5.5) 中第 i 个节点的误差为 $e_x(i) = x_2(i) - x_1(i)$, $e_y(i) = y_2(i) - y_1(i)$ 和 $e_z(i) = z_2(i) - z_1(i)$, 则对应的分数阶误差系统可以表示为

$$
\begin{cases}
\dfrac{\mathrm{d}^{q_1} e_x(i)}{\mathrm{d}t^{q_1}} = (1-\varepsilon)h_1(i) + \dfrac{1}{2}\varepsilon h_1(i+1) + \dfrac{1}{2}\varepsilon h_1(i-1), \\[3mm]
\dfrac{\mathrm{d}^{q_2} e_y(i)}{\mathrm{d}t^{q_2}} = (1-\varepsilon)h_2(i) + \dfrac{1}{2}\varepsilon h_2(i+1) + \dfrac{1}{2}\varepsilon h_2(i-1), \\[3mm]
\dfrac{\mathrm{d}^{q_3} e_z(i)}{\mathrm{d}t^{q_3}} = (1-\varepsilon)h_3(i) + \dfrac{1}{2}\varepsilon h_3(i+1) + \dfrac{1}{2}\varepsilon h_3(i-1),
\end{cases}
\tag{5.8}
$$

其中

$$
\begin{cases}
h_1(i) = a\left(e_y(i) - e_x(i)\right) - u(i), \\
h_2(i) = be_x(i) - e_y(i) - z(i)e_x(i) - x(i)e_z(i), \\
h_3(i) = y(i)e_x(i) + x(i)e_y(i) - ce_2(i).
\end{cases}
\tag{5.9}
$$

基于以上驱动-响应系统模型, 应用分数阶系统稳定性定理, 可得如下定理成立.

定理 5.1　通过选择合适的 k_1 使得 $u(i) = k_1 e_y(i)$, 驱动-响应系统 (5.4) 和 (5.5) 将达到同步.

证明　考虑第 i 个节点, 定义 $\boldsymbol{w}_1 = [x_1, y_1, z_1]^{\mathrm{T}}$, $\boldsymbol{w}_2 = [x_2, y_2, z_2]^{\mathrm{T}}$, $e_x = x_2 - x_1$, $e_y = y_2 - y_1$ 和 $e_z = z_2 - z_1$. 则可以得到

$$
\frac{\mathrm{d}^q \boldsymbol{e}(t)}{\mathrm{d}t^q} = \frac{\mathrm{d}^q \boldsymbol{w}_2(t)}{\mathrm{d}t^q} - \frac{\mathrm{d}^q \boldsymbol{w}_1(t)}{\mathrm{d}t^q} = \boldsymbol{A}_2 \boldsymbol{w}_2 - \boldsymbol{A}_1 \boldsymbol{w}_1 = \boldsymbol{A}\boldsymbol{e}(t),
$$

其中误差向量 $\boldsymbol{e} = (e_x, e_y, e_z)^{\mathrm{T}}$, $\boldsymbol{A}_1$ 和 $\boldsymbol{A}_2$ 是系统 (5.6) 和 (5.7) 的雅可比矩阵, $\boldsymbol{A}$ 是局部误差系统 (5.9) 的雅可比矩阵. 将局部控制器 $u(i) = k_1 e_y(i)$ 代入系统 (5.9), 可以得到

$$
\boldsymbol{A} = \begin{pmatrix} a_{11} & a_{12} & a_{13} \\ a_{21} & a_{22} & a_{23} \\ a_{31} & a_{32} & a_{33} \end{pmatrix} = \begin{pmatrix} -10 & 10-k_1 & 0 \\ 28-z & -1 & -x \\ y & x & -8/3 \end{pmatrix}.
$$

假设 $\boldsymbol{A}$ 为负定矩阵, 则 $\boldsymbol{A}$ 的各阶顺序主子式满足

$$
\begin{cases}
a_{11} < 0, \\
a_{11}a_{22} - a_{12}a_{21} > 0, \\
a_{11}a_{22}a_{33} + a_{12}a_{23}a_{31} + a_{13}a_{21}a_{32} - a_{13}a_{22}a_{31} - a_{12}a_{21}a_{33} - a_{11}a_{23}a_{32} < 0,
\end{cases}
$$

这就要求满足如下不等式:

$$
\begin{cases}
10 > (10-k_1)(28-z), \\
10x^2 \geqslant -(10-k_1)xy.
\end{cases}
\tag{5.10}
$$

为了使得 (5.10) 始终成立, 设定 $k_1 = 10$. 此时矩阵 $\boldsymbol{A}$ 的特征值为

$$\lambda_1 = -10, \quad \lambda_{2,3} = \left(-\frac{11}{3} \pm \sqrt{\left(\frac{11}{3}\right)^2 - 4\left(\frac{8}{3} + x_1^2\right)} \right) \bigg/ 2.$$

当分数阶 $0 < q < 1$ 时, 对于矩阵 $\boldsymbol{A}$ 中所有特征值的辐角, 有 $|\arg \lambda_i| = \pi > \pi q/2, i = 1, 2, 3$. 根据分数阶稳定性理论, 此时误差系统 (5.8) 将收敛到零点, 驱动-响应系统将达到同步.

基于以上线性控制器设计, 本节将进一步探讨分数阶时空耦合 Lorenz 系统的非线性反馈控制同步. 仍然选择系统 (5.4) 和 (5.5) 作为驱动-响应系统, 替换系统 (5.5) 中的局部非线性函数为

$$\begin{cases} g_1(i) = a\left(y_2(i) - x_2(i)\right) + \mu_1(i), \\ g_2(i) = bx_2(i) - y_2(i) - x_2(i)z_2(i) + \mu_2(i), \\ g_3(i) = x_2(i)y_2(i) - cz_2(i), \end{cases} \tag{5.11}$$

其中 $\mu_1(i)$, $\mu_2(i)$ 为第 i 个节点的非线性反馈控制器. 同上, 定义第 i 个节点对应的误差为 $e_x(i) = x_2(i) - x_1(i)$, $e_y(i) = y_2(i) - y_1(i)$ 和 $e_z(i) = z_2(i) - z_1(i)$, 则对应的分数阶误差系统可以表示为式 (5.8), 局部非线性函数变为

$$\begin{cases} h_1(i) = a\left(e_y(i) - e_x(i)\right) + u_1(i), \\ h_2(i) = be_x(i) - e_y(i) - z(i)e_x(i) - x(i)e_z(i) + u_2(i), \\ h_3(i) = y(i)e_x(i) + x(i)e_y(i) - ce_z(i), \end{cases} \tag{5.12}$$

根据以上驱动-响应系统模型和误差系统方程, 可以得到如下非线性反馈控制定理.

定理 5.2 通过选择合适的 k_2 使得 $u_1(i) = -k_2 e_y(i)$, $u_2(i) = -x(i)e_z(i)$, 驱动-响应系统 (5.4) 和 (5.5) 将达到同步.

证明 考虑第 i 个节点, 定义 $\boldsymbol{w}_1 = [x_1, y_1, z_1]^{\mathrm{T}}$, $\boldsymbol{w}_2 = [x_2, y_2, z_2]^{\mathrm{T}}$, $e_x = x_2 - x_1$, $e_y = y_2 - y_1$ 和 $e_z = z_2 - z_1$. 则可以得到

$$\frac{\mathrm{d}^q \boldsymbol{e}(t)}{\mathrm{d}t^q} = \frac{\mathrm{d}^q \boldsymbol{w}_2(t)}{\mathrm{d}t^q} - \frac{\mathrm{d}^q \boldsymbol{w}_1(t)}{\mathrm{d}t^q} = \boldsymbol{A}_2 \boldsymbol{w}_2 - \boldsymbol{A}_1 \boldsymbol{w}_1 = \boldsymbol{B}e(t),$$

其中 $\boldsymbol{B}$ 是局部误差系统 (5.12) 的雅可比矩阵. 将控制器 $u_1(i) = -k_2 e_y(i)$, $u_2(i) = -x(i)e_z(i)$ 代入式 (5.12) 中, 可以得到

$$\boldsymbol{B} = \begin{pmatrix} b_{11} & b_{12} & b_{13} \\ b_{21} & b_{22} & b_{23} \\ b_{31} & b_{32} & b_{33} \end{pmatrix} = \begin{pmatrix} -10 & 10 - k_2 & 0 \\ 28 - z & -1 & 0 \\ y & x & -8/3 \end{pmatrix},$$

同上, 设矩阵 $\boldsymbol{B}$ 负定, 则矩阵 $\boldsymbol{B}$ 的顺序主子式为

$$\begin{cases} b_{11} < 0, \\ b_{11}b_{22} - b_{12}b_{21} > 0, \\ b_{11}b_{22}b_{33} + b_{11}b_{23}b_{31} + b_{13}b_{21}b_{32} - b_{13}b_{22}b_{31} - b_{12}b_{21}b_{33} - b_{11}b_{23}b_{32} < 0. \end{cases}$$

为了使得上式满足, 则需

$$10 > (10 - k_2)(28 - z), \tag{5.13}$$

选择 $k_2 = 10$, 则矩阵 $\boldsymbol{B}$ 的特征值为 $\lambda_1 = -10$, $\lambda_2 = -1$ 和 $\lambda_3 = -8/3$. 同理可得, 对于矩阵 $\boldsymbol{B}$ 中所有特征值的辐角, 有 $|\arg\lambda_i| = \pi > \pi q/2, i = 1, 2, 3$. 根据分数阶稳定性理论, 此时误差系统 (5.8) 会收敛到零点, 使得驱动-响应系统达到同步.

为了保证系统处于混沌状态, 在模拟线性反馈控制时, 系统 (5.4) 和 (5.5) 的阶数选取为 $q_1 = q_2 = q_3 = q = 0.95$. 其他参数定义为 $\varepsilon = 0.1$, $L = 10$, $a = 10$, $b = 28$ 和 $c = 8/3$. 将时空耦合 Lorenz 系统离散化表示, 迭代步长为 $h = 0.01$, 迭代次数为 300 次, 可得驱动系统、响应系统和误差系统的时空图如图 5.3 所示.

图 5.3 描绘了系统 (5.4) 和 (5.5) 的时空状态及在线性反馈控制下的误差. 用 $e(i)$ 表示第 i 个格点的误差, 随机选取初值并在 $t = 1$ s 时施加控制. 可以看到系统误差随着时间的演化收敛到零, 这表示系统 (5.4) 和 (5.5) 达到了同步.

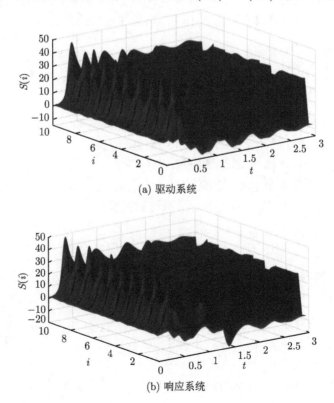

(a) 驱动系统

(b) 响应系统

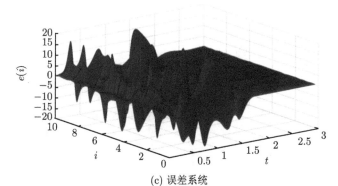

(c) 误差系统

图 5.3 耦合时空混沌系统的线性反馈控制同步曲面

在验证系统的非线性反馈控制时, 系统 (5.4) 和 (5.5) 的阶数选取为 $q_1 = q_2 = q_3 = q = 0.98$. 其他系统参数仍选择为 $\varepsilon = 0.1$, $L = 10$, $a = 10$, $b = 28$ 和 $c = 8/3$. 离散化表示时空耦合 Lorenz 系统, 将迭代步长选择为 $h = 0.01$, 迭代次数选为 600 次. 在 $t = 1\text{s}$ 时对响应系统施加控制, 则驱动系统、响应系统和误差系统的时空图如图 5.4 所示. 可以看出, 随着时间的增加, 误差系统最终收敛到零, 实现了驱动-响应系统的同步.

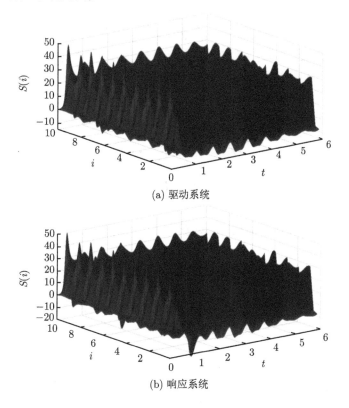

(a) 驱动系统

(b) 响应系统

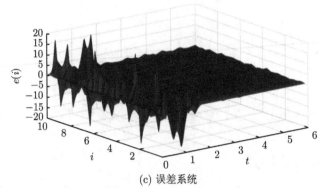

(c) 误差系统

图 5.4　耦合时空混沌系统的非线性反馈控制同步曲面

5.3　带有参数辨识的不同耦合时空混沌系统组合同步

在了解了分数阶时空混沌系统及其同步之后, 为了使同步研究具有更好的普适性和鲁棒性, 本节将进一步考虑同时具有分数阶数、复数变量、不匹配维数等复杂性质的时空混沌系统同步[29].

在实际中, 真实模型并不是以完全整数阶或完全分数阶的形式存在的, 系统的状态变量也不局限于实数变量. 此外, 由于认知有限, 系统也存在了一定程度的不确定性. 本部分将基于耦合时空混沌系统模型, 考虑一个高维复数系统与一个由整数阶系统和分数阶系统形成的组合系统间的同步. 考虑到系统的不确定性, 将在同步过程中对未知系统参数进行辨识. 驱动系统仍采用邻接耦合时空混沌系统模型, 系统可以用如下状态方程进行描述:

$$\dot{\boldsymbol{x}}_i(t) = (1-\varepsilon)\boldsymbol{f}(\boldsymbol{x}_i(t)) + \frac{1}{2}\varepsilon\boldsymbol{f}(\boldsymbol{x}_{i+1}(t)) + \frac{1}{2}\varepsilon\boldsymbol{f}(\boldsymbol{x}_{i-1}(t)), \quad i = 1, 2, \cdots, L, \quad (5.14)$$

其中系统参数 ε, $i(i = 1, 2, \cdots, L)$ 和 L 如 5.3 节中定义. $\boldsymbol{x}_i(t) = [x_{i1}(t), x_{i2}(t), \cdots, x_{in}(t)]^{\mathrm{T}} = [x_{i1s} + x_{i1m}j, x_{i2s} + x_{i2m}j, \cdots, x_{ins} + x_{inm}j]^{\mathrm{T}} \in \mathbf{C}^n$ 为系统 (5.14) 中第 i 个格子的 n 维复数向量. x_{ius} 表示 x_{iu} 的实数部分, x_{ium} 表示 x_{iu} 的虚数部分, $u = 1, 2, \cdots, n, j = \sqrt{-1}$. 采用周期边界条件, 局部系统的动力学行为用 $\boldsymbol{f}$ 表示. 不失一般性, 采用如下超混沌复数 Lorenz 系统 $\boldsymbol{f}$ 作为局部系统

$$\begin{cases} \dot{x}_{i1} = a\left(x_{i2} - x_{i1}\right) + jx_{i4}, \\ \dot{x}_{i2} = cx_{i1} - x_{i2} - x_{i1}x_{i3} + jx_{i4}, \\ \dot{x}_{i3} = \dfrac{1}{2}(\bar{x}_{i1}x_{i2} + x_{i1}\bar{x}_{i2}) - bx_{i3}, \\ \dot{x}_{i4} = \dfrac{1}{2}(\bar{x}_{i1}x_{i2} + x_{i1}\bar{x}_{i2}) - dx_{i4}, \end{cases} \qquad (5.15)$$

其中 $\bar{x}$ 表示 x 的共轭复数. 当 $a=14$, $b=5$, $c=40$ 和 $d=13$ 时, 系统 (5.15) 具有两个正的 Lyapunov 指数, 是超混沌系统. 将系统 (5.15) 的实部和虚部分离, 可以得到等价的实部系统

$$
\begin{cases}
\dot{x}_{i1s} = a\,(x_{i2s} - x_{i1s}), \\
\dot{x}_{i2s} = c x_{i1s} - x_{i2s} - x_{i1s}x_{i3}, \\
\dot{x}_{i3} = x_{i1s}x_{i2s} + x_{i1m}x_{i2m} - b x_{i3}
\end{cases}
\tag{5.16}
$$

和虚部系统

$$
\begin{cases}
\dot{x}_{i1m} = a\,(x_{i2m} - x_{i1m}) + x_{i4}, \\
\dot{x}_{i2m} = c x_{i1m} - x_{i2m} - x_{i1m}x_{i3} + x_{i4}, \\
\dot{x}_{i4} = x_{i1s}x_{i2s} + x_{i1m}x_{i2m} - d x_{i4}.
\end{cases}
\tag{5.17}
$$

由于分离后的系统具有多组变量, 本节将采用两组响应系统分别同步实部系统和虚部系统, 实现多个响应系统与同一驱动系统不同部分的组合同步. 为了具有更好的普适性, 两组响应系统可分别定义为整数阶时空混沌系统

$$
\dot{\boldsymbol{y}}_i\,(t) = (1-\varepsilon)\,\boldsymbol{g}\,(\boldsymbol{y}_i\,(t)) + \frac{1}{2}\varepsilon \boldsymbol{g}\,(\boldsymbol{y}_{i+1}\,(t)) + \frac{1}{2}\varepsilon \boldsymbol{g}\,(\boldsymbol{y}_{i-1}\,(t)), \quad i = 1, 2, \cdots, L
\tag{5.18}
$$

和分数阶时空混沌系统

$$
\frac{\mathrm{d}\boldsymbol{z}_i^{\boldsymbol{q}}(t)}{\mathrm{d}t} = (1-\varepsilon)\,\boldsymbol{h}\,(\boldsymbol{z}_i\,(t)) + \frac{1}{2}\varepsilon \boldsymbol{h}\,(\boldsymbol{z}_{i+1}\,(t)) + \frac{1}{2}\varepsilon \boldsymbol{h}\,(\boldsymbol{z}_{i-1}\,(t)), \quad i = 1, 2, \cdots, L.
\tag{5.19}
$$

系统 (5.19) 中的分数阶向量为 $\boldsymbol{q} = (q_1, q_2, \cdots, q_n)^{\mathrm{T}}$, $\boldsymbol{y}_i(t) = [y_{i1}(t), y_{i2}(t), \cdots, y_{in}(t)]^{\mathrm{T}} \in \mathbf{R}^n$ 和 $\boldsymbol{z}_i(t) = [z_{i1}(t), z_{i2}(t), \cdots, z_{in}(t)]^{\mathrm{T}} \in \mathbf{R}^n$ 为系统 (5.18) 和 (5.19) 中的 n 维实数状态向量. 对应时空混沌模型的局部动力学系统分别采用受控整数阶 Chen 系统 $\dot{\boldsymbol{y}}_i = \boldsymbol{g}(\boldsymbol{y}_i)$,

$$
\begin{cases}
\dot{y}_{i1} = a_1\,(y_{i2} - y_{i1}) + U_{is1}, \\
\dot{y}_{i2} = (c_1 - a_1)y_{i1} - y_{i1}y_{i3} + c_1 y_{i2} + U_{is2}, \\
\dot{y}_{i3} = y_{i1}y_{i2} - b_1 y_{i3} + U_{is3}
\end{cases}
\tag{5.20}
$$

和分数阶 Lü 系统 $\dfrac{\mathrm{d}\boldsymbol{z}_i^{\boldsymbol{q}}}{\mathrm{d}t} = \boldsymbol{h}(\boldsymbol{z}_i)$,

$$
\begin{cases}
\dfrac{\mathrm{d}\boldsymbol{z}_{i1}^{q_1}}{\mathrm{d}t} = a_2(z_{i2} - z_{i1}) + U_{im1}, \\[2mm]
\dfrac{\mathrm{d}\boldsymbol{z}_{i2}^{q_2}}{\mathrm{d}t} = -z_{i1}z_{i3} + c_2 z_{i2} + U_{im2}, \\[2mm]
\dfrac{\mathrm{d}\boldsymbol{z}_{i3}^{q_3}}{\mathrm{d}t} = z_{i1}z_{i2} - b_2 z_{i3} + U_{im3}
\end{cases}
\tag{5.21}
$$

表示. 其中 a_1, b_1, c_1, a_2, b_2 和 c_2 为系统参数, U_{is1}, U_{is2}, U_{is3}, U_{im1}, U_{im2} 和 U_{im3} 为对应系统的待设计控制器. 考虑到实际系统存在不同程度的不确定性, 不失一般性, 假设系统参数 b_1 和 c_1 是未知的, 需要在之后的同步过程中进行辨识.

为了实现如上所述的组合同步, 需要设计对应的控制器分别实现整数系统 (5.20) 和实部系统 (5.16) 之间的同步以及分数阶系统 (5.21) 和虚部系统 (5.17) 之间的同步. 对于整数系统　(5.20)　和实部系统　(5.16),　系统误差向量可以表示为

$$\boldsymbol{E}_{is} = \begin{bmatrix} e_{i1s} \\ e_{i2s} \\ e_{i3} \end{bmatrix} = \begin{bmatrix} y_{i1} - x_{i1s} \\ y_{i2} - x_{i2s} \\ y_{i3} - x_{i3} \end{bmatrix},$$

令控制器向量表示为 $\boldsymbol{U}_{is} = [U_{is1}, U_{is2}, U_{is3}]^{\mathrm{T}} = \boldsymbol{o}_{is} + \boldsymbol{\mu}_{is}$, 其中 $\boldsymbol{o}_{is} = \boldsymbol{f}_s(\boldsymbol{y}_i) - \hat{\boldsymbol{g}}(\boldsymbol{y}_i)$ 表示补偿控制器, $\hat{\boldsymbol{g}}$ 表示带有估计参数 $\hat{b}_1$, $\hat{c}_1$ 的 Chen 系统. $\boldsymbol{\mu}_{is} = [\mu_{is1}, \mu_{is2}, \mu_{is3}]^{\mathrm{T}}$ 表示反馈控制器. 代入补偿控制器到响应系统 (5.20), 则式 (5.20) 与式 (5.16) 的误差系统可以表示为

$$\begin{cases} \dot{e}_{i1s} = a\,(e_{i2s} - e_{i1s}) + \mu_{i1s}, \\ \dot{e}_{i2s} = (c_1 - \hat{c}_1)(y_{i1} + y_{i2}) + ce_{i1s} - e_{i2s} - y_{i1}y_{i3} + x_{i1s}x_{i3} + \mu_{i2s}, \\ \dot{e}_{i3s} = -(b_1 - \hat{b}_1)y_{i3} + y_{i1}y_{i2} + z_{i1}z_{i2} - x_{i1s}x_{i2s} - x_{i1m}x_{i2m} - be_{i3} + \mu_{i3s}. \end{cases}$$

$$(5.22)$$

为了辨识响应系统中的未知参数, 设置参数更新率如下

$$\begin{cases} \dot{\hat{b}}_1 = -\dfrac{1}{L}\sum_{i=1}^{L} y_{i3}e_{i3}, \\ \dot{\hat{c}}_1 = \dfrac{1}{L}\sum_{i=1}^{L} (y_{i2} + y_{i1})e_{i2s}. \end{cases}$$

$$(5.23)$$

采用退步控制的方法设计反馈控制器为

$$\begin{cases} \mu_{i1s} = 0, \\ \mu_{i2s} = -(c - x_{i3})e_{i1s} + y_{i1}e_{i3}, \\ \mu_{i3s} = -z_{i1}e_{i2m} - x_{i2m}e_{i1m}, \end{cases}$$

$$(5.24)$$

则可以得到如下同步控制定理.

定理 5.3　在参数更新率 (5.23) 和反馈控制器 (5.24) 的作用下, 施加补偿后的整数阶系统 (5.20) 将与对应的实部系统 (5.16) 达到同步, 未知参数将在同步过程被辨识.

证明 设定 Lyapunov 函数为

$$V_s(t) = \frac{1}{2} \sum_{i=1}^{L} \boldsymbol{E}_{is}^{\mathrm{T}} \boldsymbol{E}_{is} + \frac{L}{2} \left(\left(b_1 - \hat{b}_1 \right)^2 + (c_1 - \hat{c}_1)^2 \right)$$

$$= \frac{1}{2} \sum_{i=1}^{L} \left(e_{i1s}^2 + e_{i2s}^2 + e_{i3s}^2 \right) + \frac{L}{2} \left(\left(b_1 - \hat{b}_1 \right)^2 + (c_1 - \hat{c}_1)^2 \right).$$

对函数 $V_s(t)$ 取时间导数, 并将误差系统 (5.22) 代入可得

$$\dot{V}_s(t) = \sum_{i=1}^{L} (e_{i1s}\dot{e}_{i1s} + e_{i2s}\dot{e}_{i2s} + e_{i1s}\dot{e}_{i3s}) - L \left(\left(b_1 - \hat{b}_1 \right) \dot{\hat{b}}_1 + (c_1 - \hat{c}_1)\dot{\hat{c}}_1 \right)$$

$$= \sum_{i=1}^{L} \left(e_{i1s}\dot{e}_{i1s} + e_{i2s}\dot{e}_{i1s} + e_{i1s}\dot{e}_{i3s} - \left(b_1 - \hat{b}_1 \right) \dot{\hat{b}}_1 - (c_1 - \hat{c}_1)\dot{\hat{c}}_1 \right)$$

$$= \sum_{i=1}^{L} \left(a \left(e_{i2s} - e_{i1s} \right) e_{i1s} + (c_1 - \hat{c}_1) y_{i1}e_{i2s} + (c_1 - \hat{c}_1) y_{i2}e_{i2s} - e_{i2s}^2 \right.$$

$$\left. - \left(b_1 - \hat{b}_1 \right) y_{i3}e_{i3} + y_{i1}y_{i2}e_{i3} - x_{i1s}x_{i2s}e_{i3} - be_{i3}^2 + \left(b_1 - \hat{b}_1 \right) y_{i3}e_{i3} \right.$$

$$\left. - (c_1 - \hat{c}_1) \left(y_{i2} + y_{i1} \right) e_{i2s} \right)$$

$$= \sum_{i=1}^{L} \left(a \left(e_{i2s} - e_{i1s} \right) e_{i1s} - e_{i2s}^2 + y_{i1}y_{i2}e_{i3} - x_{i1s}x_{i2s}e_{i3} - be_{i3}^2 \right).$$

设关于 e_{is2} 和 $\hat{c}_1$ 的局部 Lyapunov 函数为

$$V_{2s}(t) = \frac{1}{2} \sum_{i=1}^{L} e_{i2s}^2 + L(c_1 - \hat{c}_1)^2.$$

对函数 $V_{2s}(t)$ 求时间导数, 并将误差系统 (5.22) 中关于 e_{is2} 的误差系统部分代入可得

$$\dot{V}_{2x}(t) = \sum_{i=1}^{L} e_{i2s}\dot{e}_{i2s} - L (c_1 - \hat{c}_1) \dot{\hat{c}}_1 = \sum_{i=1}^{L} \left(e_{i2s}\dot{e}_{i2s} - (c_1 - \hat{c}_1)\dot{\hat{c}}_1 \right)$$

$$= \sum_{i=1}^{L} \left((c_1 - \hat{c}_1) y_{i1}e_{i2s} + (c_1 - \hat{c}_1) y_{i2}e_{i2s} - e_{i2s}^2 - (c_1 - \hat{c}_1) \left(y_{i2} + y_{i1} \right) e_{i2s} \right)$$

$$= - \sum_{i=1}^{L} e_{i2s}^2.$$

由 Lyapunov 稳定性理论可知, e_{is2} 将首先收敛到零点, 且未知参数 $\hat{c}_1$ 将收敛到 c_1. 同理, 设定局部 Lyapunov 函数为

$$V_{1s}(t) = \frac{1}{2} \sum_{i=1}^{L} e_{i1s}^2.$$

由于 e_{is2} 将收敛到零点, 则求时间导数后的 Lyapunov 函数为

$$\dot{V}_{1s}(t) = \sum_{i=1}^{L} e_{i1s}\dot{e}_{i1s} = \sum_{i=1}^{L} (a(e_{i2s} - e_{i1s})e_{i1s}) = -a\sum_{i=1}^{L} e_{i1s}^2.$$

可知, e_{is1} 将随着 e_{is2} 之后收敛到零点, 即 $y_{i1} = x_{i1s}$, $y_{i2} = x_{i2s}$. 从而原 Lyapunov 函数的时间导数可以表示为

$$\dot{V}_s(t) = \sum_{i=1}^{L} \left(a(e_{i2s} - e_{i1s})e_{i1s} - e_{i2s}^2 + y_{i1}y_{i2}e_{i3} - x_{i1s}x_{i2s}e_{i3} - be_{i3}^2 \right) = -b\sum_{i=1}^{L} e_{i3}^2.$$

由于 $b > 0$, 表明 e_{is3} 在 e_{is1}, e_{is2} 后收敛到了零点, $\hat{b}_1$ 将收敛到 b_1. 整数系统 (5.20) 将与对应的实部系统 (5.16) 最终达到同步, 证明完毕.

不同于实部系统同步, 虚部系统的响应系统是一个高维时空耦合分数阶混沌系统. 设置控制器为 $U_{im} = [U_{im1}, U_{im2}, U_{im3}]^T = o_{im} + \mu_{im}$, 其中 $o_{im} = f_m(x_{im}) - h(x_{im})$ 为补偿控制器部分, $\mu_{im} = [\mu_{im1}, \mu_{im2}, \mu_{im3}]^T$ 为待设计滑模控制器. 将补偿控制器代入响应系统 (5.21) 中, 对应的虚部误差可以表示为

$$E_{im} = \left[\begin{array}{c} E_{i1m} \\ E_{i2m} \end{array} \right] = \left[\begin{array}{c} e_{i1m} \\ e_{i2m} \\ e_{i4} \end{array} \right] = \left[\begin{array}{c} z_{i1} - x_{i1m} \\ z_{i2} - x_{i2m} \\ z_{i4} - x_{i4} \end{array} \right],$$

其中 $E_{i1m} = e_{i1m}$, $E_{i2m} = [e_{i2m}, e_{i4}]^T$. 带有控制器的误差系统可以表示为

$$\begin{aligned} \frac{\mathrm{d}E_{im}^q}{\mathrm{d}t} &= AE_{im} + F(E_{im}, x_{im}) + \mu(x_{im}, z_i) \\ &= \left(\begin{array}{c} A_1 E_{i1m} + F_1(E_{i1m}, E_{i2m}, x_{im}) \\ A_2 E_{i2m} + F_{21}(E_{i1m}, E_{i2m}, x_{im}) + F_{22}(E_{i1m}, E_{i2m}, x_{im}) \end{array} \right) \\ &\quad + \mu_{im}(x_{im}, z_i), \end{aligned} \tag{5.25}$$

其中 $F = (F_1, F_{21} + F_{22})^T$ 表示误差系统的非线性部分, 非线性函数 $F_{22}(E_{i1m}, E_{i2m}, x_{im})$ 满足如下条件

$$\lim_{E_{i1m}(t) \to 0} F_{22}(E_{i1m}, E_{i2m}, x_{im}) = 0.$$

为了实现虚部系统与响应系统 (5.21) 的同步, 需要设计滑模控制器使得

$$\lim_{t \to \infty} \|\boldsymbol{E}_{im}(t)\| = \lim_{t \to \infty} \|\boldsymbol{E}_{i1m}, \boldsymbol{E}_{i2m}\| = \lim_{t \to \infty} \|e_{i1m}, e_{i2m}, e_{i4}\| = 0.$$

根据误差系统, 定义切换流形为

$$\begin{cases} \boldsymbol{S}_{i1} = C_1 \dfrac{\mathrm{d}\boldsymbol{E}_{i1m}^{q_1-1}}{\mathrm{d}t} - \displaystyle\int_0^t (C_1 \boldsymbol{A}_1 + C_1 \boldsymbol{K}_1)\boldsymbol{E}_{i1m}(\tau)\mathrm{d}\tau, \\[3mm] \boldsymbol{S}_{i2} = C_2 \dfrac{\mathrm{d}\boldsymbol{E}_{i2m}^{q_{2,3}-1}}{\mathrm{d}t} - \displaystyle\int_0^t (C_2 \boldsymbol{A}_2 + C_2 \boldsymbol{K}_2)\boldsymbol{E}_{i2m}(\tau)\mathrm{d}\tau, \end{cases} \tag{5.26}$$

其中 $\boldsymbol{S}_i = (\boldsymbol{S}_{i1}, \boldsymbol{S}_{i2})^{\mathrm{T}}$ 表示滑模面, $\boldsymbol{K} = \mathrm{diag}\,(\boldsymbol{K}_1, \boldsymbol{K}_2) \in \mathbf{R}^{3 \times 3}$ 为满足给定条件的特殊矩阵, $\boldsymbol{C} = \mathrm{diag}\,(C_1, C_2) \neq 0$ 为非奇异矩阵. 当滑模控制器有效时, 将有以下等式成立.

$$\begin{cases} \boldsymbol{S}_{i1} = C_1 \dfrac{\mathrm{d}\boldsymbol{E}_{i1m}^{q_1-1}}{\mathrm{d}t} - \displaystyle\int_0^t (C_1 \boldsymbol{A}_1 + C_1 \boldsymbol{K}_1)\boldsymbol{E}_{i1m}(\tau)\mathrm{d}\tau = 0, \\[3mm] \boldsymbol{S}_{i2} = C_2 \dfrac{\mathrm{d}\boldsymbol{E}_{i2m}^{q_{2,3}-1}}{\mathrm{d}t} - \displaystyle\int_0^t (C_2 \boldsymbol{A}_2 + C_2 \boldsymbol{K}_2)\boldsymbol{E}_{i2m}(\tau)\mathrm{d}\tau = 0 \end{cases} \tag{5.27}$$

和

$$\begin{cases} \dot{\boldsymbol{S}}_{i1} = C_1 \dfrac{\mathrm{d}\boldsymbol{E}_{i1m}^{q_1}}{\mathrm{d}t} - (C_1 \boldsymbol{A}_1 + C_1 \boldsymbol{K}_1)\boldsymbol{E}_{i1m}(\tau) = 0, \\[3mm] \dot{\boldsymbol{S}}_{i2} = C_2 \dfrac{\mathrm{d}\boldsymbol{E}_{i2m}^{q_{2,3}}}{\mathrm{d}t} - (C_2 \boldsymbol{A}_2 + C_2 \boldsymbol{K}_2)\boldsymbol{E}_{i2m}(\tau) = 0. \end{cases} \tag{5.28}$$

将误差系统 (5.25) 代入等式 (5.28) 中, 可以得到

$$\dot{\boldsymbol{S}}_i = \boldsymbol{C}\,(\boldsymbol{A}\boldsymbol{E}_{im} + \boldsymbol{F}\,(\boldsymbol{x}_{im}) + \boldsymbol{\mu}_{im}\,(\boldsymbol{x}_{im}, \boldsymbol{z}_i)) - (\boldsymbol{C}\boldsymbol{A} + \boldsymbol{C}\boldsymbol{K})\boldsymbol{E}_2(t)$$

$$= \boldsymbol{C}\,(\boldsymbol{F}\,(\boldsymbol{x}_{im}) - \boldsymbol{K}\boldsymbol{E}_{im} + \boldsymbol{\mu}_{im}\,(\boldsymbol{x}_{im}, \boldsymbol{z}_i))$$

$$= \begin{pmatrix} C_1\,(\boldsymbol{F}_1\,(\boldsymbol{E}_{i1m}, \boldsymbol{E}_{i2m}, \boldsymbol{x}_{im}) - \boldsymbol{K}_1 \boldsymbol{E}_{i1m}) \\ C_2\,(\boldsymbol{F}_{21}\,(\boldsymbol{E}_{i1m}, \boldsymbol{E}_{i2m}, \boldsymbol{x}_{im}) + \boldsymbol{F}_{22}\,(\boldsymbol{E}_{i1m}, \boldsymbol{E}_{i2m}, \boldsymbol{x}_{im}) - \boldsymbol{K}_2 \boldsymbol{E}_{i2m}) \end{pmatrix}$$

$$+ \boldsymbol{\mu}_{im}\,(\boldsymbol{x}_{im}, \boldsymbol{z}_i) = 0.$$

由于 $\boldsymbol{C}$ 是非奇异矩阵, 故可得等价控制器为

$$\boldsymbol{\mu}_{eq}\,(\boldsymbol{x}_{im}, \boldsymbol{z}_i) = \begin{pmatrix} \boldsymbol{K}_1 \boldsymbol{E}_{i1m} - \boldsymbol{F}_1\,(\boldsymbol{E}_{i1m}, \boldsymbol{E}_{i2m}, \boldsymbol{x}_{im}) \\ \boldsymbol{K}_2 \boldsymbol{E}_{i2m} - \boldsymbol{F}_{21}\,(\boldsymbol{E}_{i1m}, \boldsymbol{E}_{i2m}, \boldsymbol{x}_{im}) - \boldsymbol{F}_{22}\,(\boldsymbol{E}_{i1m}, \boldsymbol{E}_{i2m}, \boldsymbol{x}_{im}) \end{pmatrix}.$$

假设 $\boldsymbol{E}_{i1m}$ 先于误差 $\boldsymbol{E}_{i2m}$ 收敛到零, 则对应的等价控制器可以描述为

$$\boldsymbol{\mu}_{eq}\left(\boldsymbol{x}_{im}, \boldsymbol{z}_i\right) = \begin{pmatrix} \boldsymbol{K}_1 \boldsymbol{E}_{i1m} - \boldsymbol{F}_1\left(\boldsymbol{E}_{i1m}, \boldsymbol{E}_{i2m}, \boldsymbol{x}_{im}\right) \\ \boldsymbol{K}_2 \boldsymbol{E}_{i2m} - \boldsymbol{F}_{21}\left(\boldsymbol{E}_{i1m}, \boldsymbol{E}_{i2m}, \boldsymbol{x}_{im}\right) \end{pmatrix}.$$

在等价控制器的作用下, 误差系统 (5.25) 转化为

$$\begin{aligned}
\frac{\mathrm{d}\boldsymbol{E}_{im}^q}{\mathrm{d}t} &= \begin{pmatrix} \dfrac{\mathrm{d}\boldsymbol{E}_{i1m}^{q_1-1}}{\mathrm{d}t} \\[3mm] \dfrac{\mathrm{d}\boldsymbol{E}_{i2m}^{q_{2,3}-1}}{\mathrm{d}t} \end{pmatrix} \\
&= \begin{pmatrix} \boldsymbol{A}_1 \boldsymbol{E}_{i1m} + \boldsymbol{F}_1 + \boldsymbol{K}_1 \boldsymbol{E}_{i1m} - \boldsymbol{F}_1 \\ \boldsymbol{A}_2 \boldsymbol{E}_{i2m} + \boldsymbol{F}_{21} + \boldsymbol{F}_{22} + \boldsymbol{K}_2 \boldsymbol{E}_{i2m} - \boldsymbol{F}_{21} - \boldsymbol{F}_{22} \end{pmatrix} \\
&= \begin{pmatrix} \left(\boldsymbol{A}_1 + \boldsymbol{K}_1\right) \boldsymbol{E}_{i1m} \\ \left(\boldsymbol{A}_2 + \boldsymbol{K}_2\right) \boldsymbol{E}_{i2m} \end{pmatrix},
\end{aligned}$$

根据分数阶稳定性理论, 通过选择合适的矩阵反馈矩阵 $\boldsymbol{K}_1$ 使得 $\boldsymbol{A}_1 + \boldsymbol{K}_1$ 的辐角满足 $|\arg\lambda_1| > \pi q_1/2$, 可以得到 $\lim\limits_{t\to\infty} \boldsymbol{E}_{i1m}(t) = 0$. 同理, 在 $\boldsymbol{E}_{i1m}$ 收敛到零后, 选择合适的矩阵 $\boldsymbol{K}_2$ 使得 $\boldsymbol{A}_1 + \boldsymbol{K}_2$ 的辐角满足 $|\arg\lambda_{2,3}| > \pi \max(q_2, q_3)/2$, 可得 $\lim\limits_{t\to\infty} \boldsymbol{E}_{i2m}(t) = 0$.

基于以上分析, 可得如下滑模控制器定理成立.

定理 5.4　在滑模控制器

$$\boldsymbol{\mu}_{im} = -\theta_i(\boldsymbol{C})^{-1} \|\boldsymbol{C}\| \left(\|\boldsymbol{K}\boldsymbol{E}_{im}\| + \|\boldsymbol{F}'\|\right)\mathrm{sign}(\boldsymbol{S}_i)$$

的作用下, 施加补偿的分数阶响应系统 (5.21) 与对应虚部系统 (5.17) 将实现同步. 其中, sign( ) 表示符号函数, 向量 $\boldsymbol{F}' = (F_1, F_{21})^{\mathrm{T}}$, $\theta_i, i = 1, 2, \cdots, L$ 为满足 $\theta_i > 1$ 的常数.

证明　设定 Lyapunov 函数为

$$V_m(t) = \frac{1}{2} \sum_{i=1}^{L} \left(\boldsymbol{S}_{i1}^{\mathrm{T}}(t)\boldsymbol{S}_{i1}(t) + \boldsymbol{S}_{i2}^{\mathrm{T}}(t)\boldsymbol{S}_{i2}(t)\right).$$

对函数 $V_m(t)$ 取时间导数可得

$$\dot{V}_m(t)$$

$$= \sum_{i=1}^{L} \left(\boldsymbol{S}_{i1}^{\mathrm{T}}(t)\dot{\boldsymbol{S}}_{i1}(t) + \boldsymbol{S}_{i2}^{\mathrm{T}}(t)\dot{\boldsymbol{S}}_{i2}(t)\right)$$

$$
\begin{aligned}
&= \sum_{i=1}^{L} \left(\boldsymbol{S}_{i1}^{\mathrm{T}}(t) \left(\boldsymbol{C}_1 \frac{\mathrm{d} \boldsymbol{E}_{i1m}^{q_1}}{\mathrm{d}t} - (\boldsymbol{C}_1 \boldsymbol{A}_1 + \boldsymbol{C}_1 \boldsymbol{K}_1) \boldsymbol{E}_{i1m}(t) \right) \right. \\
&\quad \left. + \boldsymbol{S}_{i2}^{\mathrm{T}}(t) \left(\boldsymbol{C}_2 \frac{\mathrm{d} \boldsymbol{E}_{i2m}^{q_{2,3}}}{\mathrm{d}t} - (\boldsymbol{C}_2 \boldsymbol{A}_2 + \boldsymbol{C}_2 \boldsymbol{K}_2) \boldsymbol{E}_{i2m}(t) \right) \right) \\
&= \sum_{i=1}^{L} (\boldsymbol{S}_{i1}^{\mathrm{T}} \boldsymbol{C}_1 \boldsymbol{F}_1 - \theta_i (\boldsymbol{C}_1)^{-1} \|\boldsymbol{C}_1\| (\|\boldsymbol{K}_1 \boldsymbol{E}_{i1m}\| + \|\boldsymbol{F}_1\|) \operatorname{sign}(\boldsymbol{S}_{i1}) - \boldsymbol{K}_1 \boldsymbol{E}_{i1m} \\
&\quad + \boldsymbol{S}_{i2}^{\mathrm{T}} \boldsymbol{C}_2 (\boldsymbol{F}_{21} + \boldsymbol{F}_{22} - \theta_i (\boldsymbol{C}_2)^{-1} \|\boldsymbol{C}_2\| (\|\boldsymbol{K}_2 \boldsymbol{E}_{i2m}\| + \|\boldsymbol{F}_{21}\|) \operatorname{sign}(\boldsymbol{S}_{i2}) - \boldsymbol{K}_2 \boldsymbol{E}_{i2m})) \\
&\leqslant \sum_{i=1}^{L} \left(-\theta_i \|\boldsymbol{C}_1\| (\|\boldsymbol{K}_1 \boldsymbol{E}_{i1m}\| + \|\boldsymbol{F}_1\|) \boldsymbol{S}_{i1}^{\mathrm{T}} \operatorname{sign}(\boldsymbol{S}_{i1}) \right. \\
&\quad - \theta_i \|\boldsymbol{C}_2\| (\|\boldsymbol{K}_2 \boldsymbol{E}_{i2m}\| + \|\boldsymbol{F}_2\|) \boldsymbol{S}_{i2}^{\mathrm{T}} \operatorname{sign}(\boldsymbol{S}_{i2}) \\
&\quad + (\|\boldsymbol{C}_1\| \|\boldsymbol{F}_1\| + \|\boldsymbol{C}_1\| \|\boldsymbol{K}_1 \boldsymbol{E}_{i1m}\|) \|\boldsymbol{S}_{i1}\| + (\|\boldsymbol{C}_2\| \|\boldsymbol{F}_{21}\| + \|\boldsymbol{C}_2\| \|\boldsymbol{F}_{22}\| \\
&\quad \left. + \|\boldsymbol{C}_2\| \|\boldsymbol{K}_2 \boldsymbol{E}_{i2m}\|) \|\boldsymbol{S}_{i2}\| \right).
\end{aligned}
$$

当误差 $\boldsymbol{E}_{i1m} = e_{i1m}$ 先于 $\boldsymbol{E}_{i2m} = (e_{i2m}, e_{i4})^{\mathrm{T}}$ 收敛到零时, 由于 $\theta_i > 1$ 及 $\boldsymbol{S}_i^{\mathrm{T}} \operatorname{sign}(\boldsymbol{S}_i) \geqslant \|\boldsymbol{S}_i\|$, $V_m(t)$ 的时间导数转化为

$$
\begin{aligned}
\dot{V}_m(t) &\leqslant \sum_{i=1}^{L} ((1 - \theta_i)(\|\boldsymbol{C}_1\| (\|\boldsymbol{K}_1 \boldsymbol{E}_{i1m}\| + \|\boldsymbol{F}_1\|) \|\boldsymbol{S}_{i1}\| \\
&\quad + \|\boldsymbol{C}_2\| (\|\boldsymbol{K}_2 \boldsymbol{E}_{i2m}\| + \|\boldsymbol{F}_{21}\|) \|\boldsymbol{S}_{i2}\|)) \\
&\leqslant (1 - \theta_{\min}) \sum_{i=1}^{L} (\|\boldsymbol{C}_1\| (\|\boldsymbol{K}_1 \boldsymbol{E}_{i1m}\| + \|\boldsymbol{F}_1\|) \|\boldsymbol{S}_{i1}\| \\
&\quad + \|\boldsymbol{C}_2\| (\|\boldsymbol{K}_2 \boldsymbol{E}_{i2m}\| + \|\boldsymbol{F}_{21}\|) \|\boldsymbol{S}_{i2}\|) < 0,
\end{aligned}
$$

其中 $\theta_{\min} = \min\{\theta_1, \theta_2, \cdots, \theta_L\}$. 根据 Lyapunov 稳定性理论, 可知在滑模控制器的作用下, 系统 (5.21) 与虚部系统 (5.17) 将实现同步, 证明完毕.

不失一般性, 在数值仿真部分, 复数系统 (5.14)、整数阶系统 (5.18) 及分数阶系统 (5.19) 的初值由计算机随机给出. 耦合时空系统的耦合强度为 $\varepsilon = 0.5$, 耦合系统数为 $L = 10$, 估计参数初值为 $\hat{b}_1 = 6$, $\hat{c}_1 = 22$, 分数阶系统阶数定义为 $q_1 = 0.93$, $q_2 = 0.95$ 和 $q_3 = 0.94$. 在仿真中, 采用预估校正的方法来离散化表示分数阶系统, 迭代步长选为 $h = 0.0025$. 为了让待识别参数尽快得到识别, 在迭代开始时就施加反馈控制器. 整数阶系统 (5.18) 与实部系统的同步误差图如图 5.5 所示.

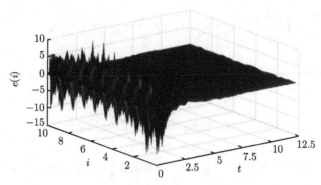

图 5.5　整数阶系统与复数系统实部的同步误差曲面

在整数阶系统与实部系统的同步过程中, 局部系统的误差曲线及系统的未知参数辨识曲线如图 5.6 所示. 由图 5.6 可以看出, 局部系统误差收敛到了零, 且未知参数得到了有效辨识.

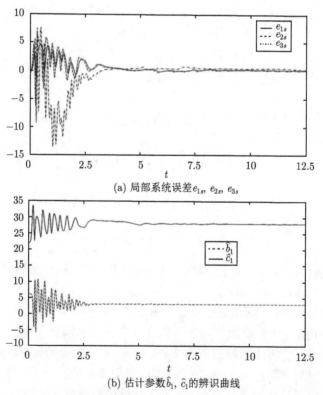

(a) 局部系统误差 e_{1s}, e_{2s}, e_{3s}

(b) 估计参数 $\hat{b}_1$, $\hat{c}_1$ 的辨识曲线

图 5.6　参数辨识曲线及局部系统的误差曲线

进一步考虑分数阶系统 (5.19) 与虚部系统的同步. 为了更清晰地观察同步,

在 $t = 0.75\mathrm{s}$ 时对分数阶系统施加控制. 分数阶系统 (5.19) 与虚部系统的同步误差如图 5.7 所示.

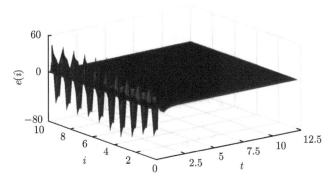

图 5.7 分数阶系统与复数系统虚部的同步误差曲面

从图 5.7 可以看出, 分数阶系统和虚部系统的误差曲线较早地收敛到了零点. 考虑到系统初值随机给定, 为了更清晰地观察同步, 可任选一局部误差系统进行观察, 局部系统的误差曲线如图 5.8 所示.

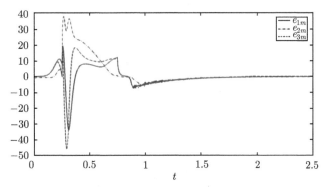

图 5.8 局部系统的误差曲线

图 5.8 表明局部系统误差 e_{1m}, e_{2m} 和 e_{3m} 收敛到了零点, 局部系统间实现了同步. 对比图 5.5 和图 5.7 可以发现, 分数阶系统的同步行为具有更好的鲁棒性. 这是由于在实部系统同步过程中, 需要对未知参数进行辨识. 由于施加了更多的控制, 且参数都已知, 虚部系统比实部系统更早地实现了同步.

5.4 本章小结

本章在分析局部混沌系统性质的基础上, 通过设置网络耦合, 构建了具有时空特性的耦合映射格子系统. 并依据分数微分学理论, 对分数阶时空混沌系统进行了建模. 采用线性反馈控制和非线性反馈控制, 设计了分数阶时空混沌系统的同步控制器. 最后, 进一步考虑了时空混沌系统具有分数阶数、复数变量、未知参数和不匹配维数时的情形, 提出了带有参数辨识的不同类耦合时空混沌系统同步, 并设计了自适应控制器和滑模控制器, 实现了系统同步. 同时设计了参数辨识率, 对同步过程中的未知参数进行了有效辨识, 理论分析和数值仿真表明了该方案的有效性.

参 考 文 献

[1] 王金兰, 陈光旨. 时空混沌系统的主动-间隙耦合同步 [J]. 物理学报, 1999(9): 1605-1610.

[2] 马文麒. 耦合 Lorenz 振子的同步混沌分岔 [J]. 北华大学学报 (自然科学版), 2001, 2(4): 289-293.

[3] 刘振泽, 田彦涛, 宋彦. 基于变量耦合的混沌系统同步方法 [C]. 全国复杂动态网络学术论坛论文集, 2005.

[4] 蔡国梁, 黄娟娟. 超混沌 Chen 系统和超混沌 Roessler 系统的异结构同步 [J]. 物理学报, 2006, 55(8): 3997-4004.

[5] 刘维清, 杨俊忠, 肖井华. Experimental observation of partial amplitude death in coupled chaotic oscillators[J]. 中国物理 B：英文版, 2006(10): 2260-2265.

[6] 赵灵冬, 陈菊芳. 预测反馈法控制时空混沌系统的理论及实验研究 [J]. 东北师大学报 (自然科学版), 2006, 38(3): 50-54.

[7] 程尊水, 辛友明, 邢建民, 等. 一种新的超混沌 Lorenz 系统 [J]. 科学技术与工程, 2009, 9(8): 2134-2136.

[8] 张平伟, 尹训昌, 李娟. Lorenz 混沌系统与其超混沌系统的同步与反同步 [J]. 电路与系统学报, 2011, 16(2): 119-121.

[9] Fen M O. Persistence of Chaos in Coupled Lorenz Systems[J]. Chaos Solitons & Fractals, 2017, 95: 200-205.

[10] Wontchui T T, Effa J Y, Fouda H P E, et al. Coupled Lorenz oscillators near the Hopf boundary: Multistability, intermingled basins, and quasiriddling[J]. Physical Review E, 2017, 96(6): 062203.

[11] Yoshimura K. Multichannel digital communications by the synchronization of globally coupled chaotic systems[J]. Physical Review E, 1999, 60(2): 1648-1657.

[12] 杨承辉, 周宇鹏, 徐超. 改进的耦合同步罗仑兹混沌遮掩保密通信电路 [J]. 苏州科技学院学报 (自然科学版), 2008, 25(2): 70-73.

[13] Wang X, Wang M. Chaos synchronization via unidirectional coupling and its application to secure communication [J]. International Journal of Modern Physics B, 2009, 23(32): 5949-5964.

[14] 许碧荣. 蔡氏混沌系统网络的混沌同步及其保密通信 [J]. 信息与控制, 2010, 39(1): 54-58.

[15] 卢辉斌, 刘海莺. 基于耦合混沌系统的彩色图像加密算法 [J]. 计算机应用, 2010, 30(7): 1812-1814.

[16] Zhang F F. Complete synchronization of coupled multiple-time-delay complex chaotic system with applications to secure communication[J]. Acta Physica Polonica B, 2015, 46(8): 1473.

[17] 郭祖华, 徐立新, 张晓. 并行图像耦合超混沌系统的图像加密算法 [J]. 计算机工程与设计, 2015(5): 1170-1175.

[18] Zhang J, Zhang L, An X, et al. Adaptive coupled synchronization among three coupled chaos systems and its application to secure communications[J]. Eurasip Journal on Wireless Communications and Networking, 2016, 2016(1): 134.

[19] Ran Q W, Wang L, Ma J, et al. A quantum color image encryption scheme based on coupled hyper-chaotic Lorenz system with three impulse injections[J]. Quantum Information Processing, 2018, 17(8): 188.

[20] Gao X, Yu J. Synchronization of two coupled fractional-order chaotic oscillators[J]. Chaos, Solitons and Fractals, 2005, 26(1): 141-145.

[21] 邵仕泉, 高心, 刘兴文. 两个耦合的分数阶 Chen 系统的混沌投影同步控制 [J]. 物理学报, 2007, 56(12): 6815-6819.

[22] 隋丽丽, 王鲜霞, 刘瑞芹. 分数阶超混沌 Lü 系统的一步耦合同步研究 [J]. 华北科技学院学报, 2011, 8(1): 68-70.

[23] Delshad S S, Asheghan M M, Beheshti M H. Synchronization of N-coupled incommensurate fractional-order chaotic systems with ring connection[J]. Communications in Nonlinear Science & Numerical Simulation, 2011, 16(9): 3815-3824.

[24] 王锦成. 分数阶超混沌 Chen 系统的组合同步 [J]. 兰州文理学院学报 (自然科学版), 2015, 29(3): 12-14.

[25] 林洁, 翁妹清. 复数域上混沌系统的修正函数投影同步 [J]. 闽南师范大学学报 (自然科学版), 2015, 28(2): 12-20.

[26] Jian J, Wan P. Lagrange α-exponential stability and α-exponential convergence for fractional-order complex-valued neural networks[J]. Neural Networks the Official Journal of the International Neural Network Society, 2017, 91: 1-10.

[27] Zhang Y, Wang X, Liu L, et al. Fractional order spatiotemporal chaos with delay in spatial nonlinear coupling[J]. International Journal of Bifurcation and Chaos, 2018, 28(2): 1850020.

[28] Wang X Y, Zhang H. Chaotic synchronization of fractional-order spatiotemporal coupled lorenz system [J]. International Journal of Modern Physics C, 2012, 23(10): 1250067.

[29] Zhang H, Wang X Y, Lin X H. Combination synchronisation of different kinds of spatiotemporal coupled systems with unknown parameters[J]. IET Control Theory & Applications, 2014, 8(7): 471-478.

第 6 章　混沌神经网络及神经网络同步

6.1　引　　言

神经网络是一类特殊的复杂网络系统, 相比于时空混沌系统, 神经网络中节点间的耦合方式并不规则, 激励函数既可以是混沌系统, 也可以是其他非线性函数. 故神经网络的同步和稳定性研究更为复杂[1-11]. 此外, 网络节点间信息传输的速度有限和网络可能存在阻塞, 造成了网络节点状态的演化不仅依赖于当前时刻的状态, 还与过去某一时刻或某段时刻的状态有关, 故而神经网络中普遍存在着延时[12-16]. 此外, 类似于混沌系统中的参数未知, 由于人们认识能力有限和神经网络信息反馈的延迟, 神经网络的拓扑信息很可能是未知的或部分未知的, 需要加以辨识. 因此, 综合考虑神经网络的延时和不确定性等复杂性在研究神经网络的同步中显得尤为重要.

目前, 关于神经网络稳定性和周期性的分析较多, 而对混沌神经网络大多是通过对混沌神经元进行构造和通过调节神经网络参数来对神经网络进行研究, 但是关于混沌神经网络的同步控制则相对较少. 此外, 在关于神经网络的前期研究中, 人们探讨的系统多是整数阶的, 而分数阶混沌神经网络的研究则更加困难, 有待进一步探索. 因此本章在前人研究的基础上, 对混沌神经网络和时滞神经网络及其反同步进行介绍, 并探讨了分数阶神经网络的同步问题.

6.2　神经网络系统介绍

神经网络是一类复杂的动态系统, 类似于前文中介绍的混沌系统及其动力学分析, 通过选取不同的网络权值, 神经网络系统可以呈现出许多不同的复杂动态行为, 如周期振荡、分岔和混沌. 本节将依据网络中是否存在延时, 介绍两类混沌神经网络, 并描述和刻画其动力学方程和状态图像.

本章研究了一类循环延迟混沌神经网络系统, 可以用如下的延迟微分方程描述:

$$\dot{x}_i(t) = -c_i x_i(t) + \sum_{j=1}^{n} a_{ij} f_j(x_j(t)) + \sum_{j=1}^{n} b_{ij} f_j(x_j(t - \tau_{ij})), \qquad (6.1)$$

这里 $n \geqslant 2$ 表示神经网络中的神经元的个数, x_i 表示第 i 个神经元的状态变量.

式 (6.1) 也可以改写成如下的形式:

$$\dot{\boldsymbol{x}}(t) = -\boldsymbol{C}\boldsymbol{x}(t) + \boldsymbol{A}\boldsymbol{f}(\boldsymbol{x}(t)) + \boldsymbol{B}\boldsymbol{f}(\boldsymbol{x}(t-\tau)), \tag{6.2}$$

其中 $\boldsymbol{x}(t) = (x_1(t), \cdots, x_n(t))^{\mathrm{T}} \in \mathbf{R}^n$ 为神经网络的状态矢量, $\boldsymbol{C} = \mathrm{diag}(c_1, \cdots, c_n)$ 为一个对角矩阵, $c_i > 0\,(i = 1, 2, \cdots, n)$; 权重矩阵 $\boldsymbol{A} = (a_{ij})_{n \times n}$ 表示神经网络中神经元之间相互联系的强度, 延迟权重矩阵 $\boldsymbol{B} = (b_{ij})_{n \times n}$ 表示具有延迟参数 τ 的网络中神经元之间的联系强度. 激励函数 $\boldsymbol{f}(\boldsymbol{x}(t)) = [f_1(x_1(t)), \cdots, f_n(x_n(t))]^{\mathrm{T}}$ 表示神经元之间相互作用的方式. 式 (6.1) 的初始条件为 $x_i(t) = \phi_i(t) \in C([-\tau, 0], \mathbf{R})$, 其中 $C([-\tau, 0], \mathbf{R})$ 为 $[-\tau, 0]$ 到 $\mathbf{R}$ 中所有连续函数的集合.

例 6.1 考虑一类典型的含有两个神经元的 Hopfield 神经网络, 由于不考虑时间延迟, 其动态方程描述如下:

$$\dot{\boldsymbol{x}}(t) = -\boldsymbol{C}\boldsymbol{x}(t) + \boldsymbol{A}\boldsymbol{f}(\boldsymbol{x}(t)) + \boldsymbol{B}, \tag{6.3}$$

其中

$$\boldsymbol{x}(t) = \begin{bmatrix} x_1(t) \\ x_2(t) \end{bmatrix}, \quad \boldsymbol{C} = \begin{bmatrix} 1 & 0 \\ 0 & 1 \end{bmatrix}, \quad \boldsymbol{A} = \begin{bmatrix} 2.0 & -1.2 \\ 1.2 & 2.0 \end{bmatrix},$$

$$\boldsymbol{B} = \begin{bmatrix} 4.04\sin(\pi t/2) \\ 0 \end{bmatrix}, \quad \boldsymbol{f}(\boldsymbol{x}(t)) = \begin{bmatrix} (|x_1+1| - |x_1-1|)/2 \\ (|x_2+1| - |x_2-1|)/2 \end{bmatrix},$$

选取系统的初值为 $\boldsymbol{x}_0(t) = [0.1, -0.1]^{\mathrm{T}}$, 迭代步长选取为 $h = 0.001$, 迭代次数选取为 $N = 500000$. 此时该 Hopfield 神经网络的混沌吸引子如图 6.1 所示.

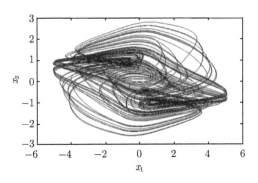

图 6.1 Hopfield 神经网络的混沌吸引子

接下来, 继而考虑带有时间延迟的混沌神经网络系统. 延时神经网络的动力学状态方程和状态图像如下例所示.

例 6.2　考虑一类典型的含有两个神经元的延时 Hopfield 神经网络, 其动态方程描述如式

$$\dot{\boldsymbol{x}}(t) = -\boldsymbol{C}\boldsymbol{x}(t) + \boldsymbol{A}\boldsymbol{f}(\boldsymbol{x}(t)) + \boldsymbol{B}\boldsymbol{f}(\boldsymbol{x}(t-1)) \tag{6.4}$$

所示, 其中

$$\boldsymbol{x}(t) = \begin{bmatrix} x_1(t) \\ x_2(t) \end{bmatrix}, \quad \boldsymbol{C} = \begin{bmatrix} 1 & 0 \\ 0 & 1 \end{bmatrix}, \quad \boldsymbol{A} = \begin{bmatrix} 1+\pi/4 & 20 \\ 0.1 & 1+\pi/4 \end{bmatrix},$$

$$\boldsymbol{B} = \begin{bmatrix} -1.3\sqrt{2}\pi/4 & 0.1 \\ 0.1 & -1.3\sqrt{2}\pi/4 \end{bmatrix}, \quad \boldsymbol{f}(\boldsymbol{x}(t)) = \begin{bmatrix} (|x_1+1| - |x_1-1|)/2 \\ (|x_2+1| - |x_2-1|)/2 \end{bmatrix},$$

选取系统的初值为 $\boldsymbol{x}_0(t) = [0.4, 0.6]^{\mathrm{T}}$, 迭代步长选取为 $h = 0.005$, 迭代次数选取为 $N = 200000$. 此时该延迟 Hopfield 神经网络的混沌吸引子一如图 6.2 所示.

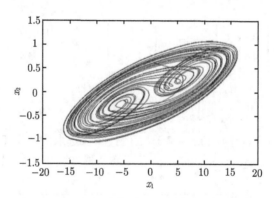

图 6.2　延迟 Hopfield 神经网络的混沌吸引子一

例 6.3　考虑如上两个神经元的延时 Hopfield 神经网络 (6.4), 其中

$$\boldsymbol{x}(t) = \begin{bmatrix} x_1(t) \\ x_2(t) \end{bmatrix}, \quad \boldsymbol{C} = \begin{bmatrix} 1 & 0 \\ 0 & 1 \end{bmatrix}, \quad \boldsymbol{A} = \begin{bmatrix} 2 & -0.1 \\ -5 & 2 \end{bmatrix},$$

$$\boldsymbol{B} = \begin{bmatrix} -1.5 & -0.1 \\ 0.2 & -1.5 \end{bmatrix}, \quad \boldsymbol{f}(\boldsymbol{x}(t)) = \begin{bmatrix} \tanh(x_1) \\ \tanh(x_2) \end{bmatrix}.$$

选取系统的初值为 $\boldsymbol{x}_0(t) = [0.1, -0.1]^{\mathrm{T}}$, 迭代步长选取为 $h = 0.005$, 迭代次数选取为 $N = 200000$. 此时该延迟 Hopfield 神经网络的混沌吸引子二如图 6.3 所示.

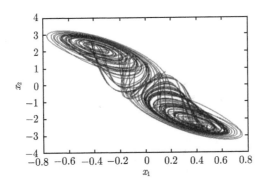

图 6.3 延迟 Hopfield 神经网络的混沌吸引子二

6.3 混沌神经网络反同步控制示例

在了解了混沌神经网络系统及其动力学行为之后, 本节将进一步考虑对应神经网络的控制和同步问题. 针对例 6.2 所示的混沌神经网络系统, 其对应的同步行为如下例所示[17].

例 6.4 考虑例 6.2 中系统 (6.4) 作为驱动神经网络, 对应的响应延迟细胞神经网络的动态方程设为

$$\dot{\boldsymbol{y}}(t) = -\boldsymbol{C}\boldsymbol{y}(t) + \boldsymbol{A}\boldsymbol{f}(\boldsymbol{y}(t)) + \boldsymbol{B}\boldsymbol{f}(\boldsymbol{y}(t-1)) + \boldsymbol{u}, \tag{6.5}$$

选取控制增益矩阵

$$\boldsymbol{\varOmega} = \left[\begin{array}{cc} -25 & 4 \\ 4 & -40 \end{array}\right],$$

可以得出其特征根 $\lambda_{\min} = -41$, $\lambda_{\max} = -24$. 设计混沌神经网络同步误差为 $e_i(t) = x_i(t) + y_i(t)$, 此时, 主从延迟细胞神经网络能够达到反同步. 选取主从神经网络的初值分别为 $[x_1(t_0), x_2(t_0)] = [0.4, 0.6]$ 和 $[y_1(t_0), y_2(t_0)] = [0.1, -0.1]$, $t_0 \leqslant 0$, 同步误差图像如图 6.4 所示.

类似地, 考虑如例 6.3 所示的混沌神经网络系统, 其对应的同步行为如下例所示[17].

例 6.5 考虑例 6.3 中系统 (6.4) 作为驱动神经网络, 其中

$$\boldsymbol{x}(t) = \left[\begin{array}{c} x_1(t) \\ x_2(t) \end{array}\right], \quad \boldsymbol{C} = \left[\begin{array}{cc} 1 & 0 \\ 0 & 1 \end{array}\right], \quad \boldsymbol{A} = \left[\begin{array}{cc} 2 & -0.1 \\ -5 & 3 \end{array}\right],$$

$$\boldsymbol{B} = \left[\begin{array}{cc} -1.5 & -0.1 \\ 0.2 & -1.5 \end{array}\right], \quad \boldsymbol{f}(\boldsymbol{x}(t)) = \left[\begin{array}{c} \tanh(x_1) \\ \tanh(x_2) \end{array}\right],$$

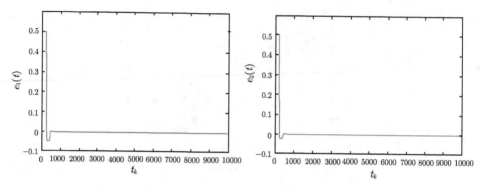

图 6.4　延迟 Hopfield 神经网络的同步误差曲线一

选取对应的响应延迟细胞神经网络的动态方程设计为系统 (6.5), 系统参数和网络激励函数如上所示. 选取控制增益矩阵

$$\boldsymbol{\Omega} = \begin{bmatrix} -16 & 2 \\ 2 & -25 \end{bmatrix},$$

可以得出其特征根 $\lambda_{\min} = -25.4244$, $\lambda_{\max} = -15.5756$. 设计混沌神经网络同步误差为 $e_i(t) = x_i(t) + y_i(t)$, 此时, 主-从延迟细胞神经网络能够达到反同步. 选取主从神经网络的初始值分别为 $[x_1(t_0), x_2(t_0)] = [0.4, 0.6]$ 和 $[y_1(t_0), y_2(t_0)] = [0.1, -0.1]$, $t_0 \leqslant 0$, 同步误差图像如图 6.5 所示.

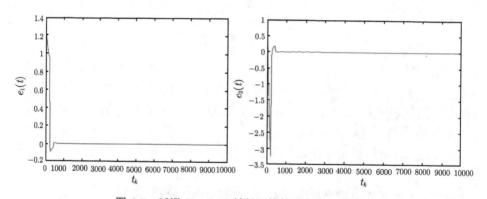

图 6.5　延迟 Hopfield 神经网络的同步误差曲线二

6.4　分数阶神经网络系统同步

在探究了传统混沌神经网络及其反同步之后, 我们将进一步分析分数阶神经网络系统及其同步[18]. 系统具有分数阶并不是混沌系统所特有的性质, 类似于分

数阶时空混沌系统, 本节以具有分数阶数的系统作为局部系统, 采用网络耦合的方式构建分数阶神经网络. 考虑神经网络系数矩阵和连接矩阵不确定的情形, 对区间不确定分数阶神经网络进行同步控制器设计.

采用如前文所示的 Caputo 微分定义, 可以得到如下分数阶区间不确定神经网络模型:

$$\frac{\mathrm{d}^\alpha \boldsymbol{x}_i(t)}{\mathrm{d}t^\alpha} = \boldsymbol{A}^* \boldsymbol{x}_i(t) + \boldsymbol{F}(\boldsymbol{x}_i(t)) + \sum_{j=1}^N G_{ij} \boldsymbol{\Gamma} \boldsymbol{x}_i(t), \quad i = 1, 2, \cdots, N, \tag{6.6}$$

其中 $\boldsymbol{x}_i(t)$ 表示第 i 个节点在 t 时刻的状态向量, $\alpha \in (0,2)$ 表示系统的分数阶. $\boldsymbol{F}(\cdot)$ 表示非线性有界函数, 矩阵 $\boldsymbol{A}^*$ 表示带有区间不确定性参数的内部耦合矩阵, $\boldsymbol{\Gamma}$ 表示外部不确定矩阵, $\boldsymbol{G} = (G_{ij})_{N \times N}$ 表示行和为零的对称矩阵, 表示网络节点间的外部耦合, 即

$$G_{ii} = - \sum_{j=1, j\neq i}^N G_{ij}, \quad i, j = 1, 2, \cdots, N, \quad G_{ij} = G_{ji} \geqslant 0, \quad i \neq j.$$

为了方便后面的讨论, 假定如下假设条件成立.

假设 6.1 系统 (6.6) 中的非线性函数 $\boldsymbol{F}(\cdot)$ 满足

$$\boldsymbol{F}(\boldsymbol{x}_i(t)) = \boldsymbol{f}(\boldsymbol{x}_i(t)) \boldsymbol{x}_i(t),$$

其中

$$\boldsymbol{f}(\boldsymbol{x}_i(t)) = \boldsymbol{\Phi}(t),$$

$$\boldsymbol{\Phi}(t) \in \boldsymbol{\Phi}' = [\underline{\boldsymbol{\Phi}}, \bar{\boldsymbol{\Phi}}] = \left\{ [\varphi_{ij}(t)] : \forall \varphi_{ij}(t) \in \left[\underline{\varphi}_{ij}, \bar{\varphi}_{ij}\right], 1 \leqslant i, j \leqslant n \right\},$$

$$\underline{\boldsymbol{\Phi}} = \left[\underline{\varphi}_{ij}\right]_{n \times n}, \quad \bar{\boldsymbol{\Phi}} = [\bar{\varphi}_{ij}]_{n \times n}, \quad \underline{\varphi}_{ij} \leqslant \varphi_{ij}(t) \leqslant \bar{\varphi}_{ij}, \quad 1 \leqslant i, j \leqslant n.$$

根据假设 6.1, 系统 (6.6) 可转化为

$$\frac{\mathrm{d}^\alpha \boldsymbol{x}_i(t)}{\mathrm{d}t^\alpha} = \boldsymbol{A} \boldsymbol{x}_i(t) + \sum_{j=1}^N G_{ij} \boldsymbol{\Gamma} \boldsymbol{x}_j(t), \quad i = 1, 2, \cdots, N, \tag{6.7}$$

其中矩阵 $\boldsymbol{A} = \boldsymbol{A}^* + \boldsymbol{\Phi}(t)$. 不确定矩阵 $\boldsymbol{A}$ 及 $\boldsymbol{\Gamma}$ 分别满足

$$\boldsymbol{A} \in \boldsymbol{A}^I = [\underline{\boldsymbol{A}}, \bar{\boldsymbol{A}}] = \{[a_{ij}] : \forall a_{ij} \in [\underline{a}_{ij}, \bar{a}_{ij}], 1 \leqslant i, j \leqslant n\},$$

$$\boldsymbol{\Gamma} \in \boldsymbol{\Gamma}^I = [\underline{\boldsymbol{\Gamma}}, \bar{\boldsymbol{\Gamma}}] = \{[\iota_{ij}] : \forall \iota_{ij} \in [\underline{\iota}_{ij}, \bar{\iota}_{ij}], 1 \leqslant i, j \leqslant n\},$$

其中 $\boldsymbol{A} = [\underline{a}_{ij}]_{n\times n}$, $\bar{\boldsymbol{A}} = [\bar{a}_{ij}]_{n\times n}$. 矩阵 $\underline{\boldsymbol{A}}$ 及 $\bar{\boldsymbol{A}}$ 中的对应项满足 $\underline{a}_{ij} \leqslant a_{ij} \leqslant \bar{a}_{ij}$, $1 \leqslant i, j \leqslant n$. 类似地, $\underline{\boldsymbol{\Gamma}} = [\underline{\iota}_{ij}]_{n\times n}$, $\bar{\boldsymbol{\Gamma}} = [\bar{\iota}_{ij}]_{n\times n}$, $\underline{\iota}_{ij} \leqslant \iota_{ij} \leqslant \bar{\iota}_{ij}$, $1 \leqslant i, j \leqslant n$. 为了方便起见, 需要给出如下引理.

引理 6.1[19]　对于任意具有合适维数的矩阵 $\boldsymbol{X}$ 和 $\boldsymbol{Y}$, 存在正的常数 $\varepsilon > 0$ 使得

$$\boldsymbol{X}^{\mathrm{T}}\boldsymbol{Y} + \boldsymbol{Y}^{\mathrm{T}}\boldsymbol{X} \leqslant \varepsilon\boldsymbol{X}^{\mathrm{T}}\boldsymbol{X} + \frac{1}{\varepsilon}\boldsymbol{Y}^{\mathrm{T}}\boldsymbol{Y}.$$

引理 6.2[20]　对于确定实矩阵 $\boldsymbol{A} \in \mathbf{R}^{n\times n}$, 分数阶系统 $(\mathrm{d}^{\alpha}\boldsymbol{x}(t)/\mathrm{d}t^{\alpha}) = \boldsymbol{A}\boldsymbol{x}(t)$ 的渐近稳定性等价于

$$|\arg(\mathrm{spec}(\boldsymbol{A}))| > \alpha(\pi/2),$$

其中 $\mathrm{spec}(\boldsymbol{A})$ 表示矩阵 $\boldsymbol{A}$ 的特征谱.

引理 6.3[20]　对于确定实矩阵 $\boldsymbol{A} \in \mathbf{R}^{n\times n}$, 分数阶 $1 \leqslant \alpha < 2$, 当且仅当存在正定矩阵 $\boldsymbol{P} > 0$ $(\boldsymbol{P} \in \mathbf{R}^{n\times n})$ 使得

$$\begin{pmatrix} (\boldsymbol{A}\boldsymbol{P} + \boldsymbol{P}\boldsymbol{A}^{\mathrm{T}})\sin\theta & \cdot \\ (\boldsymbol{P}\boldsymbol{A}^{\mathrm{T}} - \boldsymbol{A}\boldsymbol{P})\cos\theta & (\boldsymbol{A}\boldsymbol{P} + \boldsymbol{P}\boldsymbol{A}^{\mathrm{T}})\sin\theta \end{pmatrix} < 0,$$

其中 $\theta = \pi(1 - \alpha/2)$, 则 $|\arg(\mathrm{spec}(\boldsymbol{A}))| > \alpha(\pi/2)$ 成立.

引理 6.4[21]　对于确定实矩阵 $\boldsymbol{A} \in \mathbf{R}^{n\times n}$, 分数阶 $0 < \alpha < 1$, 当且仅当存在两个实对称正定矩阵 $\boldsymbol{P}_{k1} \in \mathbf{R}^{n\times n}$, $k = 1, 2$ 及两个斜对称矩阵 $\boldsymbol{P}_{k2} \in \mathbf{R}^{n\times n}$, $k = 1, 2$, 使得

$$\sum_{i=1}^{2}\sum_{j=1}^{2}\mathrm{Sym}\{\boldsymbol{\Theta}_{ij}\otimes(\boldsymbol{A}\boldsymbol{P}_{ij})\} < 0$$

及

$$\begin{bmatrix} \boldsymbol{P}_{11} & \boldsymbol{P}_{12} \\ -\boldsymbol{P}_{12} & \boldsymbol{P}_{11} \end{bmatrix} > 0, \quad \begin{bmatrix} \boldsymbol{P}_{21} & \boldsymbol{P}_{22} \\ -\boldsymbol{P}_{22} & \boldsymbol{P}_{21} \end{bmatrix} > 0,$$

其中

$$\boldsymbol{\Theta}_{11} = \begin{bmatrix} \sin\theta & -\cos\theta \\ \cos\theta & \sin\theta \end{bmatrix}, \quad \boldsymbol{\Theta}_{12} = \begin{bmatrix} \cos\theta & \sin\theta \\ -\sin\theta & \cos\theta \end{bmatrix},$$

$$\boldsymbol{\Theta}_{21} = \begin{bmatrix} \sin\theta & \cos\theta \\ -\cos\theta & \sin\theta \end{bmatrix}, \quad \boldsymbol{\Theta}_{22} = \begin{bmatrix} -\cos\theta & \sin\theta \\ -\sin\theta & -\cos\theta \end{bmatrix}, \quad \theta = \alpha\pi/2,$$

则分数阶系统 $\mathrm{d}^{\alpha}\boldsymbol{x}(t)/\mathrm{d}t^{\alpha} = \boldsymbol{A}\boldsymbol{x}(t)$ 渐近稳定.

此外, 对于区间不确定矩阵 $\boldsymbol{A}$ 和 $\boldsymbol{\Gamma}$, 需给出以下定义.

$$A^I = \{A = A_0 + D_A F_A E_A | F_A \in H_A\}, \quad \Gamma^I = \{\Gamma = \Gamma_0 + D_\Gamma F_\Gamma E_\Gamma | F_\Gamma \in H_\Gamma\},$$

其中

$$F_A F_A^{\mathrm{T}} < I, \quad F_\Gamma F_\Gamma^{\mathrm{T}} < I, \quad A_0 = \frac{1}{2}\left(\underline{A} + \bar{A}\right), \quad \Delta A = \frac{1}{2}\left(\bar{A} - \underline{A}\right) = \{\gamma_{ij}\}_{n \times n},$$

$$\Gamma_0 = \frac{1}{2}\left(\underline{\Gamma} + \bar{\Gamma}\right), \quad \Delta \Gamma = \frac{1}{2}\left(\bar{\Gamma} - \underline{\Gamma}\right) = \{\varsigma_{ij}\}_{n \times n},$$

$$H_A = \{\mathrm{diag}\,(\delta_{11}, \cdots, \delta_{1n}, \cdots, \delta_{n1}, \cdots, \delta_{nn}) \in \mathbf{R}^{n^2 \times n^2}, |\delta_{ij}| \leqslant 1, 1 \leqslant i, j \leqslant n\},$$

$$H_\Gamma = \{\mathrm{diag}\,(\eta_{11}, \cdots, \eta_{1n}, \cdots, \eta_{n1}, \cdots, \eta_{nn}) \in \mathbf{R}^{n^2 \times n^2}, |\eta_{ij}| \leqslant 1, 1 \leqslant i, j \leqslant n\}.$$

$$D_A = [\sqrt{\gamma_{11}}e_1^n \cdots \sqrt{\gamma_{1n}}e_1^n \cdots \sqrt{\gamma_{n1}}e_n^n \cdots \sqrt{\gamma_{nn}}e_n^n]_{n \times n^2},$$

$$E_A = [\sqrt{\gamma_{11}}e_1^n \cdots \sqrt{\gamma_{1n}}e_1^n \cdots \sqrt{\gamma_{n1}}e_n^n \cdots \sqrt{\gamma_{nn}}e_n^n]_{n^2 \times n}^{\mathrm{T}},$$

$$D_\Gamma = \left[\sqrt{\beta_{11}}e_1^n \cdots \sqrt{\beta_{1n}}e_1^n \cdots \sqrt{\beta_{n1}}e_n^n \cdots \sqrt{\beta_{nn}}e_n^n\right]_{n \times n^2},$$

$$E_\Gamma = \left[\sqrt{\beta_{11}}e_1^n \cdots \sqrt{\beta_{1n}}e_1^n \cdots \sqrt{\beta_{n1}}e_n^n \cdots \sqrt{\beta_{nn}}e_n^n\right]_{n^2 \times n}^{\mathrm{T}},$$

这里 $e_i^n \in \mathbf{R}^n$ 表示第 i 个元素为 1, 其他元素为 0 的列向量.

根据假设 6.1 和 Kronecker 积的相关概念, 分数阶神经网络 (6.7) 可以转化为

$$\frac{\mathrm{d}^\alpha \boldsymbol{x}\,(t)}{\mathrm{d}t^\alpha} = \boldsymbol{\mathcal{A}} \boldsymbol{x}\,(t), \tag{6.8}$$

其中 $\boldsymbol{\mathcal{A}} = (I \otimes A + G \otimes \Gamma)$. 考虑到 $f\,(x_i\,(t))$ 和系统参数是有界的, 可以计算得到对应的边界条件, 进而采用引理 6.3 得到 $1 \leqslant \alpha < 2$ 时神经网络的稳定性条件. 具体结论和推导过程如定理 6.1 所示.

定理 6.1　若存在一个正定对称矩阵 $P > 0\,(P \in \mathbf{R}^{n \times n})$ 和两个实数 $\varepsilon_1 > 0$, $\varepsilon_2 > 0$, 使得

$$\Pi = \begin{pmatrix} \Pi_{11} & \cdot & \cdot & \cdot & \cdot & \cdot \\ \Pi_{21} & \Pi_{22} & \cdot & \cdot & \cdot & \cdot \\ I \otimes E_A P & 0 & -\varepsilon_1 I & \cdot & \cdot & \cdot \\ 0 & I \otimes E_A P & 0 & -\varepsilon_1 I & \cdot & \cdot \\ I \otimes E_\Gamma P & 0 & 0 & 0 & -\varepsilon_2 I & \cdot \\ 0 & I \otimes E_\Gamma P & 0 & 0 & 0 & -\varepsilon_2 I \end{pmatrix} < 0, \tag{6.9}$$

其中

$$\boldsymbol{\Pi}_{11} = \boldsymbol{\Pi}_{22} = \left(\boldsymbol{I}\otimes\boldsymbol{A}_0\boldsymbol{P} + \boldsymbol{G}\otimes\boldsymbol{\Gamma}_0\boldsymbol{P} + \boldsymbol{I}\otimes\boldsymbol{P}\boldsymbol{A}_0^{\mathrm{T}} + \boldsymbol{G}\otimes\boldsymbol{P}\boldsymbol{\Gamma}_0^{\mathrm{T}}\right)\sin\theta$$
$$+ \varepsilon_1\boldsymbol{I}\otimes\boldsymbol{D}_A\boldsymbol{D}_A^{\mathrm{T}} + \varepsilon_2\boldsymbol{G}\boldsymbol{G}\otimes\boldsymbol{D}_{\boldsymbol{\Gamma}}\boldsymbol{D}_{\boldsymbol{\Gamma}}^{\mathrm{T}},$$
$$\boldsymbol{\Pi}_{21} = \boldsymbol{\Pi}_{12} = \left(\boldsymbol{I}\otimes\boldsymbol{P}\boldsymbol{A}_0^{\mathrm{T}} + \boldsymbol{G}\otimes\boldsymbol{P}\boldsymbol{\Gamma}_0^{\mathrm{T}} - \boldsymbol{I}\otimes\boldsymbol{A}_0\boldsymbol{P} - \boldsymbol{G}\otimes\boldsymbol{\Gamma}_0\boldsymbol{P}\right)\cos\theta,$$
$$\theta = \pi(1 - \alpha/2),$$

则分数阶数为 $1\leqslant\alpha<2$ 的区间不确定神经网络 (6.8) 渐近稳定.

证明 为了方便表示, 定义矩阵 $\boldsymbol{\mathcal{P}} = \boldsymbol{I}\otimes\boldsymbol{P}$, 其中 $\boldsymbol{P}$ 为一正定对称矩阵, $\boldsymbol{I}$ 为单位矩阵. 经过简单计算可得

$$\boldsymbol{\mathcal{A}}\boldsymbol{\mathcal{P}} = (\boldsymbol{I}\otimes\boldsymbol{A} + \boldsymbol{G}\otimes\boldsymbol{\Gamma})(\boldsymbol{I}\otimes\boldsymbol{P}) = \boldsymbol{I}\otimes\boldsymbol{A}\boldsymbol{P} + \boldsymbol{G}\otimes\boldsymbol{\Gamma}\boldsymbol{P}$$
$$= \boldsymbol{I}\otimes(\boldsymbol{A}_0 + \boldsymbol{D}_A\boldsymbol{F}_A\boldsymbol{E}_A)\boldsymbol{P} + \boldsymbol{G}\otimes(\boldsymbol{\Gamma}_0 + \boldsymbol{D}_{\boldsymbol{\Gamma}}\boldsymbol{F}_{\boldsymbol{\Gamma}}\boldsymbol{E}_{\boldsymbol{\Gamma}})\boldsymbol{P} \tag{6.10}$$

和

$$\boldsymbol{\mathcal{P}}\boldsymbol{\mathcal{A}}^{\mathrm{T}} = (\boldsymbol{I}\otimes\boldsymbol{P})(\boldsymbol{I}\otimes\boldsymbol{A} + \boldsymbol{G}\otimes\boldsymbol{\Gamma})^{\mathrm{T}} = \boldsymbol{I}\otimes\boldsymbol{P}\boldsymbol{A}^{\mathrm{T}} + \boldsymbol{G}\otimes\boldsymbol{P}\boldsymbol{\Gamma}^{\mathrm{T}}$$
$$= \boldsymbol{I}\otimes\boldsymbol{P}(\boldsymbol{A}_0 + \boldsymbol{D}_A\boldsymbol{F}_A\boldsymbol{E}_A)^{\mathrm{T}} + \boldsymbol{G}\otimes\boldsymbol{P}(\boldsymbol{\Gamma}_0 + \boldsymbol{D}_{\boldsymbol{\Gamma}}\boldsymbol{F}_{\boldsymbol{\Gamma}}\boldsymbol{E}_{\boldsymbol{\Gamma}})^{\mathrm{T}}. \tag{6.11}$$

根据引理 6.2 和引理 6.3, 结合等式 (6.10) 和 (6.11), 可以得到

$$\begin{pmatrix} (\boldsymbol{\mathcal{A}}\boldsymbol{\mathcal{P}} + \boldsymbol{\mathcal{P}}\boldsymbol{\mathcal{A}}^{\mathrm{T}})\sin\theta & \bullet \\ (\boldsymbol{\mathcal{P}}\boldsymbol{\mathcal{A}}^{\mathrm{T}} - \boldsymbol{\mathcal{A}}\boldsymbol{\mathcal{P}})\cos\theta & (\boldsymbol{\mathcal{A}}\boldsymbol{\mathcal{P}} + \boldsymbol{\mathcal{P}}\boldsymbol{\mathcal{A}}^{\mathrm{T}})\sin\theta \end{pmatrix}$$
$$= \begin{pmatrix} \boldsymbol{\Omega}_{11} & \boldsymbol{\Omega}_{12} \\ \boldsymbol{\Omega}_{21} & \boldsymbol{\Omega}_{22} \end{pmatrix}$$
$$+ \mathrm{Sym}\left\{\begin{pmatrix} \boldsymbol{I}\otimes(\boldsymbol{D}_A\boldsymbol{F}_A\boldsymbol{E}_A\boldsymbol{P})\sin\theta & \boldsymbol{I}\otimes(\boldsymbol{D}_A\boldsymbol{F}_A\boldsymbol{E}_A\boldsymbol{P})\cos\theta \\ -\boldsymbol{I}\otimes(\boldsymbol{D}_A\boldsymbol{F}_A\boldsymbol{E}_A\boldsymbol{P})\cos\theta & \boldsymbol{I}\otimes(\boldsymbol{D}_A\boldsymbol{F}_A\boldsymbol{E}_A\boldsymbol{P})\sin\theta \end{pmatrix}\right\}$$
$$+ \mathrm{Sym}\left\{\begin{pmatrix} \boldsymbol{G}\otimes(\boldsymbol{D}_{\boldsymbol{\Gamma}}\boldsymbol{F}_{\boldsymbol{\Gamma}}\boldsymbol{E}_{\boldsymbol{\Gamma}}\boldsymbol{P})\sin\theta & \boldsymbol{G}\otimes(\boldsymbol{D}_{\boldsymbol{\Gamma}}\boldsymbol{F}_{\boldsymbol{\Gamma}}\boldsymbol{E}_{\boldsymbol{\Gamma}}\boldsymbol{P})\cos\theta \\ -\boldsymbol{G}\otimes(\boldsymbol{D}_{\boldsymbol{\Gamma}}\boldsymbol{F}_{\boldsymbol{\Gamma}}\boldsymbol{E}_{\boldsymbol{\Gamma}}\boldsymbol{P})\cos\theta & \boldsymbol{G}\otimes(\boldsymbol{D}_{\boldsymbol{\Gamma}}\boldsymbol{F}_{\boldsymbol{\Gamma}}\boldsymbol{E}_{\boldsymbol{\Gamma}}\boldsymbol{P})\sin\theta \end{pmatrix}\right\}, \tag{6.12}$$

其中

$$\boldsymbol{\Omega}_{11} = \boldsymbol{\Omega}_{22} = \left(\boldsymbol{I}\otimes\boldsymbol{A}_0\boldsymbol{P} + \boldsymbol{G}\otimes\boldsymbol{\Gamma}_0\boldsymbol{P} + \boldsymbol{I}\otimes\boldsymbol{P}\boldsymbol{A}_0^{\mathrm{T}} + \boldsymbol{G}\otimes\boldsymbol{P}\boldsymbol{\Gamma}_0^{\mathrm{T}}\right)\sin\theta,$$
$$\boldsymbol{\Omega}_{21} = \boldsymbol{\Omega}_{12} = \left(\boldsymbol{I}\otimes\boldsymbol{P}\boldsymbol{A}_0^{\mathrm{T}} + \boldsymbol{G}\otimes\boldsymbol{P}\boldsymbol{\Gamma}_0^{\mathrm{T}} - \boldsymbol{I}\otimes\boldsymbol{A}_0\boldsymbol{P} - \boldsymbol{G}\otimes\boldsymbol{\Gamma}_0\boldsymbol{P}\right)\cos\theta,$$
$$\theta = \pi(1 - \alpha/2).$$

考虑等式 (6.12) 的右半部分, 由引理 6.1 可得

$$
\mathrm{Sym}\left\{\begin{pmatrix} I\otimes(D_AF_AE_AP)\sin\theta & I\otimes(D_AF_AE_AP)\cos\theta \\ -I\otimes(D_AF_AE_AP)\cos\theta & I\otimes(D_AF_AE_AP)\sin\theta \end{pmatrix}\right\}
$$

$$
=\mathrm{Sym}\left\{\begin{pmatrix} (I\otimes D_A)(I\otimes F_A)(I\otimes E_AP)\sin\theta & (I\otimes D_A)(I\otimes F_A)(I\otimes E_AP)\cos\theta \\ -(I\otimes D_A)(I\otimes F_A)(I\otimes E_AP)\cos\theta & (I\otimes D_A)(I\otimes F_A)(I\otimes E_AP)\sin\theta \end{pmatrix}\right\}
$$

$$
=\mathrm{Sym}\left\{\begin{pmatrix} (I\otimes D_A)\sin\theta & (I\otimes D_A)\cos\theta \\ -(I\otimes D_A)\cos\theta & (I\otimes D_A)\sin\theta \end{pmatrix}\begin{pmatrix} I\otimes F_A & 0 \\ 0 & I\otimes F_A \end{pmatrix}\begin{pmatrix} I\otimes E_AP & 0 \\ 0 & I\otimes E_AP \end{pmatrix}\right\}
$$

$$
\leqslant \varepsilon_1\begin{pmatrix} (I\otimes D_A)\sin\theta & (I\otimes D_A)\cos\theta \\ -(I\otimes D_A)\cos\theta & (I\otimes D_A)\sin\theta \end{pmatrix}\begin{pmatrix} (I\otimes D_A)\sin\theta & (I\otimes D_A)\cos\theta \\ -(I\otimes D_A)\cos\theta & (I\otimes D_A)\sin\theta \end{pmatrix}^{\mathrm{T}}
$$

$$
+\varepsilon_1^{-1}\begin{pmatrix} I\otimes E_AP & 0 \\ 0 & I\otimes E_AP \end{pmatrix}\begin{pmatrix} I\otimes E_AP & 0 \\ 0 & I\otimes E_AP \end{pmatrix}^{\mathrm{T}}. \tag{6.13}
$$

类似地, 有

$$
\mathrm{Sym}\left\{\begin{pmatrix} G\otimes(D_\Gamma F_\Gamma E_\Gamma P)\sin\theta & G\otimes(D_\Gamma F_\Gamma E_\Gamma P)\cos\theta \\ -G\otimes(D_\Gamma F_\Gamma E_\Gamma P)\cos\theta & G\otimes(D_\Gamma F_\Gamma E_\Gamma P)\sin\theta \end{pmatrix}\right\}
$$

$$
\leqslant \varepsilon_2\begin{pmatrix} (G\otimes D_\Gamma)\sin\theta & (G\otimes D_\Gamma)\cos\theta \\ -(G\otimes D_\Gamma)\cos\theta & (G\otimes D_\Gamma)\sin\theta \end{pmatrix}\begin{pmatrix} (G\otimes D_\Gamma)\sin\theta & (G\otimes D_\Gamma)\cos\theta \\ -(G\otimes D_\Gamma)\cos\theta & (G\otimes D_\Gamma)\sin\theta \end{pmatrix}^{\mathrm{T}}
$$

$$
+\varepsilon_2^{-1}\begin{pmatrix} I\otimes E_\Gamma P & 0 \\ 0 & I\otimes E_\Gamma P \end{pmatrix}\begin{pmatrix} I\otimes E_\Gamma P & 0 \\ 0 & I\otimes E_\Gamma P \end{pmatrix}^{\mathrm{T}}. \tag{6.14}
$$

将不等式 (6.13) 和 (6.14) 代入系统 (6.12) 中, 并考虑同步条件 (6.9), 可得

$$
\begin{pmatrix} (\mathcal{AP}+\mathcal{PA}^{\mathrm{T}})\sin\theta & \cdot \\ (\mathcal{PA}^{\mathrm{T}}-\mathcal{AP})\cos\theta & (\mathcal{AP}+\mathcal{PA}^{\mathrm{T}})\sin\theta \end{pmatrix}
$$

$$
\leqslant \begin{pmatrix} \Pi_{11} & \Pi_{12} \\ \Pi_{21} & \Pi_{22} \end{pmatrix}+\varepsilon_1^{-1}\begin{pmatrix} I\otimes E_AP & 0 \\ 0 & I\otimes E_AP \end{pmatrix}\begin{pmatrix} I\otimes E_AP & 0 \\ 0 & I\otimes E_AP \end{pmatrix}^{\mathrm{T}}
$$

$$
+\varepsilon_2^{-1}\begin{pmatrix} I\otimes E_\Gamma P & 0 \\ 0 & I\otimes E_\Gamma P \end{pmatrix}\begin{pmatrix} I\otimes E_\Gamma P & 0 \\ 0 & I\otimes E_\Gamma P \end{pmatrix}^{\mathrm{T}}<0. \tag{6.15}
$$

从而分数阶区间不确定神经网络 (6.8) 渐近稳定, 证明完毕.

定理 6.1 只是给出了分数阶区间不确定神经网络的稳定性判据, 而大多数神经网络自身并不满足该判据. 因此, 本节将进一步考虑对神经网络施加外部控制时的情况.

考虑如下带有外部控制的神经网络模型：

$$\frac{\mathrm{d}^{\alpha}\boldsymbol{x}_i(t)}{\mathrm{d}t^{\alpha}} = \boldsymbol{A}\boldsymbol{x}_i(t) + \sum_{j=1}^{N} G_{ij}\boldsymbol{\Gamma}\boldsymbol{x}_j(t) + \boldsymbol{B}\boldsymbol{u}_i(t), \quad i = 1, 2, \cdots, N, \quad (6.16)$$

其中 $\boldsymbol{B} \in \mathbf{R}^n$ 为已知系数向量, $\boldsymbol{u}_i(t) = \boldsymbol{K}\boldsymbol{x}_i(t)$ 为外部控制器. 定义 $\boldsymbol{\mathcal{A}}' = (\boldsymbol{I} \otimes (\boldsymbol{A} + \boldsymbol{B}\boldsymbol{K}) + \boldsymbol{G} \otimes \boldsymbol{\Gamma})$, 则式 (6.16) 可以表示为 $\dfrac{\mathrm{d}^{\alpha}\boldsymbol{x}(t)}{\mathrm{d}t^{\alpha}} = \boldsymbol{\mathcal{A}}'\boldsymbol{x}(t)$. 根据定理 6.1, 可以得到如下推论.

推论 6.1　若存在正定对称矩阵 $\boldsymbol{P} > 0\,(\boldsymbol{P} \in \mathbf{R}^{n \times n})$, 矩阵 $\boldsymbol{Q} \in \mathbf{R}^{1 \times n}$ 和两个实数 $\varepsilon_1 > 0, \varepsilon_2 > 0$, 使得

$$\boldsymbol{\Pi}^{\mathrm{T}} = \begin{pmatrix} \boldsymbol{\Pi}_{11}^{\mathrm{T}} & \cdot & \cdot & \cdot & \cdot & \cdot \\ \boldsymbol{\Pi}_{21}' & \boldsymbol{\Pi}_{22}^{\mathrm{T}} & \cdot & \cdot & \cdot & \cdot \\ \boldsymbol{I} \otimes \boldsymbol{E}_A \boldsymbol{P} & 0 & -\varepsilon_1 \boldsymbol{I} & \cdot & \cdot & \cdot \\ 0 & \boldsymbol{I} \otimes \boldsymbol{E}_A \boldsymbol{P} & 0 & -\varepsilon_1 \boldsymbol{I} & \cdot & \cdot \\ \boldsymbol{I} \otimes \boldsymbol{E}_{\boldsymbol{\Gamma}} \boldsymbol{P} & 0 & 0 & 0 & -\varepsilon_2 \boldsymbol{I} & \cdot \\ 0 & \boldsymbol{I} \otimes \boldsymbol{E}_{\boldsymbol{\Gamma}} \boldsymbol{P} & 0 & 0 & 0 & -\varepsilon_2 \boldsymbol{I} \end{pmatrix} < 0, \quad (6.17)$$

其中

$$\boldsymbol{\Pi}_{11} = \left(\boldsymbol{I} \otimes \boldsymbol{A}_0 \boldsymbol{P} + \boldsymbol{G} \otimes \boldsymbol{\Gamma}_0 \boldsymbol{P} + \boldsymbol{I} \otimes \boldsymbol{P}\boldsymbol{A}_0^{\mathrm{T}} + \boldsymbol{G} \otimes \boldsymbol{P}\boldsymbol{\Gamma}_0^{\mathrm{T}} + \boldsymbol{I} \otimes \boldsymbol{Q} + \boldsymbol{I} \otimes \boldsymbol{Q}^{\mathrm{T}}\right)\sin\theta$$
$$+ \varepsilon_1 \boldsymbol{I} \otimes \boldsymbol{D}_A \boldsymbol{D}_A^{\mathrm{T}} + \varepsilon_2 \boldsymbol{G}\boldsymbol{G} \otimes \boldsymbol{D}_{\boldsymbol{\Gamma}} \boldsymbol{D}_{\boldsymbol{\Gamma}}^{\mathrm{T}},$$

$$\boldsymbol{\Pi}_{22}' = \boldsymbol{\Pi}_{11}',$$

$$\boldsymbol{\Pi}_{21}' = \boldsymbol{\Pi}_{12}' = \left(\boldsymbol{I} \otimes \boldsymbol{P}\boldsymbol{A}_0^{\mathrm{T}} + \boldsymbol{G} \otimes \boldsymbol{P}\boldsymbol{\Gamma}_0^{\mathrm{T}} + \boldsymbol{I} \otimes \boldsymbol{Q}^{\mathrm{T}} - \boldsymbol{I} \otimes \boldsymbol{A}_0 \boldsymbol{P}\right.$$
$$\left. - \boldsymbol{G} \otimes \boldsymbol{\Gamma}_0 \boldsymbol{P} - \boldsymbol{I} \otimes \boldsymbol{Q}\right)\cos\theta,$$

$$\boldsymbol{Q} = \boldsymbol{K}\boldsymbol{P},$$

则分数阶数为 $1 \leqslant \alpha < 2$ 的受控区间不确定神经网络 (6.16) 渐近稳定.

定理 6.1 和推论 6.1 关注的是分数阶 $1 \leqslant \alpha < 2$ 时的情形. 此时, 稳定域是一个凸集. 而当 $0 < \alpha < 1$ 时, 稳定域是一个非凸集. 接下来, 本节将进一步考虑分数阶 $0 < \alpha < 1$ 时, 神经网络 (6.8) 的稳定性问题, 稳定性结论和具体推导如定理 6.2 所示.

定理 6.2　若存在一个正定对称矩阵 $\boldsymbol{P} > 0\,(\boldsymbol{P} \in \mathbf{R}^{n \times n})$ 和两个实数 $\varepsilon_1 > 0$, $\varepsilon_2 > 0$, 使得

$$\Omega = \begin{pmatrix} \boldsymbol{\Omega}_{11} & \cdot & \cdot \\ \boldsymbol{I} \otimes \boldsymbol{E_A P} & -\frac{1}{2}\varepsilon_1 \boldsymbol{I} & \cdot \\ \boldsymbol{I} \otimes \boldsymbol{E_\Gamma P} & 0 & -\frac{1}{2}\varepsilon_2 \boldsymbol{I} \end{pmatrix} < 0, \tag{6.18}$$

其中

$$\boldsymbol{\Omega}_{11} = \sum_{i=1}^{2}\{\mathrm{Sym}\{\boldsymbol{\Theta}_i \otimes (\boldsymbol{I} \otimes \boldsymbol{A_0 P} + \boldsymbol{G} \otimes \boldsymbol{\Gamma_0 P})\}$$

$$+\varepsilon_1\left(\boldsymbol{I} \otimes \boldsymbol{D_A D_A^{\mathrm{T}}}\right) + \varepsilon_2\left(\boldsymbol{I} \otimes \boldsymbol{GG} \otimes \boldsymbol{D_\Gamma D_\Gamma^{\mathrm{T}}}\right)\},$$

$$\theta = \alpha\pi/2, \quad \boldsymbol{\Theta}_1 = \begin{bmatrix} \sin\theta & -\cos\theta \\ \cos\theta & \sin\theta \end{bmatrix}, \quad \boldsymbol{\Theta}_2 = \begin{bmatrix} \sin\theta & \cos\theta \\ -\cos\theta & \sin\theta \end{bmatrix},$$

则分数阶数为 $0 < \alpha < 1$ 的区间不确定神经网络 (6.8) 渐近稳定.

证明 当 $0 < \alpha < 1$ 时, 根据引理 6.2 和引理 6.4, 设 $\boldsymbol{P}_{21} = \boldsymbol{P}_{11} = \boldsymbol{P}$, $\boldsymbol{P}_{22} = \boldsymbol{P}_{12} = 0$ 及 $\boldsymbol{\mathcal{P}} = \boldsymbol{I} \otimes \boldsymbol{P}$, 可得如果存在一个对称正定矩阵 $\boldsymbol{P} > 0$ 使得

$$\sum_{i=1}^{2}\mathrm{Sym}\{\boldsymbol{\Theta}_i \otimes \boldsymbol{\mathcal{AP}}\} < 0, \tag{6.19}$$

则系统 (6.7) 渐近稳定. 不等式 (6.19) 的左边可以表示为

$$\sum_{i=1}^{2}\mathrm{Sym}\{\boldsymbol{\Theta}_i \otimes \boldsymbol{\mathcal{AP}}\}$$

$$= \sum_{i=1}^{2}\mathrm{Sym}\{\boldsymbol{\Theta}_i \otimes (\boldsymbol{I} \otimes \boldsymbol{A} + \boldsymbol{G} \otimes \boldsymbol{\Gamma})(\boldsymbol{I} \otimes \boldsymbol{P})\}$$

$$= \sum_{i=1}^{2}\mathrm{Sym}\{\boldsymbol{\Theta}_i \otimes (\boldsymbol{I} \otimes \boldsymbol{AP} + \boldsymbol{G} \otimes \boldsymbol{\Gamma P})\}$$

$$= \sum_{i=1}^{2}\mathrm{Sym}\{\boldsymbol{\Theta}_i \otimes (\boldsymbol{I} \otimes \boldsymbol{A_0 P} + \boldsymbol{G} \otimes \boldsymbol{\Gamma_0 P})\}$$

$$+ \sum_{i=1}^{2}\mathrm{Sym}\{\boldsymbol{\Theta}_i \otimes (\boldsymbol{I} \otimes (\boldsymbol{D_A F_A E_A P}) + \boldsymbol{G} \otimes (\boldsymbol{D_\Gamma F_\Gamma E_\Gamma P}))\}. \tag{6.20}$$

考虑等式 (6.20) 的右半部分, 可以得到

$$\sum_{i=1}^{2} \mathrm{Sym}\left\{\boldsymbol{\Theta}_i \otimes (\boldsymbol{I} \otimes (\boldsymbol{D_A F_A E_A P}) + \boldsymbol{G} \otimes (\boldsymbol{D_\Gamma F_\Gamma E_\Gamma P}))\right\}$$

$$= \sum_{i=1}^{2} \mathrm{Sym}\left\{(\boldsymbol{\Theta}_i \otimes \boldsymbol{I} \otimes \boldsymbol{D_A})(\boldsymbol{I} \otimes \boldsymbol{F_A})(\boldsymbol{I} \otimes \boldsymbol{E_A P})\right.$$

$$\left. + (\boldsymbol{\Theta}_i \otimes \boldsymbol{G} \otimes \boldsymbol{D_\Gamma})(\boldsymbol{I} \otimes \boldsymbol{F_\Gamma})(\boldsymbol{I} \otimes \boldsymbol{E_\Gamma P})\right\}$$

$$\leqslant \sum_{i=1}^{2}\left\{\varepsilon_1 (\boldsymbol{\Theta}_i \otimes \boldsymbol{I} \otimes \boldsymbol{D_A})(\boldsymbol{\Theta}_i \otimes \boldsymbol{I} \otimes \boldsymbol{D_A})^{\mathrm{T}} + \varepsilon_1^{-1}(\boldsymbol{I} \otimes \boldsymbol{E_A P})^{\mathrm{T}}(\boldsymbol{I} \otimes \boldsymbol{E_A P})\right.$$

$$\left. + \varepsilon_2 (\boldsymbol{\Theta}_i \otimes \boldsymbol{G} \otimes \boldsymbol{D_\Gamma})(\boldsymbol{\Theta}_i \otimes \boldsymbol{G} \otimes \boldsymbol{D_\Gamma})^{\mathrm{T}} + \varepsilon_2^{-1}(\boldsymbol{I} \otimes \boldsymbol{E_\Gamma P})^{\mathrm{T}}(\boldsymbol{I} \otimes \boldsymbol{E_\Gamma P})\right\}$$

$$= \sum_{i=1}^{2}\left\{\varepsilon_1 (\boldsymbol{\Theta}_i \boldsymbol{\Theta}_i^{\mathrm{T}} \otimes \boldsymbol{I} \otimes \boldsymbol{D_A D_A^{\mathrm{T}}}) + \varepsilon_1^{-1}(\boldsymbol{I} \otimes \boldsymbol{E_A P})^{\mathrm{T}}(\boldsymbol{I} \otimes \boldsymbol{E_A P})\right.$$

$$\left. + \varepsilon_2 (\boldsymbol{\Theta}_i \boldsymbol{\Theta}_i^{\mathrm{T}} \otimes \boldsymbol{GG} \otimes \boldsymbol{D_\Gamma D_\Gamma^{\mathrm{T}}}) + \varepsilon_2^{-1}(\boldsymbol{I} \otimes \boldsymbol{E_\Gamma P})^{\mathrm{T}}(\boldsymbol{I} \otimes \boldsymbol{E_\Gamma P})\right\}, \tag{6.21}$$

其中 $\boldsymbol{\Theta}_i \boldsymbol{\Theta}_i^{\mathrm{T}} = \boldsymbol{I}$. 将不等式 (6.21) 代入式 (6.20), 同时考虑同步条件 (6.18), 可得

$$\sum_{i=1}^{2} \mathrm{Sym}\{\boldsymbol{\Theta}_i \otimes \boldsymbol{\mathcal{A} P}\}$$

$$\leqslant \sum_{i=1}^{2} \mathrm{Sym}\left\{\boldsymbol{\Theta}_i \otimes (\boldsymbol{I} \otimes \boldsymbol{A_0 P} + \boldsymbol{G} \otimes \boldsymbol{\Gamma_0 P})\right\} + 2\varepsilon_1 (\boldsymbol{I} \otimes \boldsymbol{D_A D_A^{\mathrm{T}}})$$

$$+ 2\varepsilon_2 (\boldsymbol{GG} \otimes \boldsymbol{D_\Gamma D_\Gamma^{\mathrm{T}}}) + 2\varepsilon_1^{-1}(\boldsymbol{I} \otimes \boldsymbol{E_A P})^{\mathrm{T}}(\boldsymbol{I} \otimes \boldsymbol{E_A P})$$

$$+ 2\varepsilon_2^{-1}(\boldsymbol{I} \otimes \boldsymbol{E_\Gamma P})^{\mathrm{T}}(\boldsymbol{I} \otimes \boldsymbol{E_\Gamma P}) < 0, \tag{6.22}$$

从而分数阶区间不确定神经网络 (6.8) 渐近稳定, 证明完毕.

　　类似于 $1 \leqslant \alpha < 2$ 时的情形, 当 $0 < \alpha < 1$ 时, 对于施加外部控制后的受控分数阶神经网络 (6.16), 可根据定理 6.2 得到如下推论.

　　推论 6.2　若存在正定对称矩阵 $\boldsymbol{P} > 0\,(\boldsymbol{P} \in \mathbf{R}^{n \times n})$, 矩阵 $\boldsymbol{Q} \in \mathbf{R}^{1 \times n}$ 和两个实数 $\varepsilon_1 > 0, \varepsilon_2 > 0$, 使得

$$\boldsymbol{\Omega}' = \begin{bmatrix} \boldsymbol{\Omega}'_{11} & \cdot & \cdot \\ \boldsymbol{I} \otimes \boldsymbol{E_A P} & -\dfrac{1}{2}\varepsilon_1 \boldsymbol{I} & \cdot \\ \boldsymbol{I} \otimes \boldsymbol{E_\Gamma P} & 0 & -\dfrac{1}{2}\varepsilon_2 \boldsymbol{I} \end{bmatrix} < 0, \tag{6.23}$$

其中

$$\Omega_{11}' = \sum_{i=1}^{2} \left\{ \mathrm{Sym} \left\{ \boldsymbol{\Theta}_i \otimes (\boldsymbol{I} \otimes \boldsymbol{A}_0 \boldsymbol{P} + \boldsymbol{G} \otimes \boldsymbol{\Gamma}_0 \boldsymbol{P} + \boldsymbol{I} \otimes \boldsymbol{Q}) \right\} \right.$$

$$\left. + \varepsilon_1 \boldsymbol{I} \otimes \boldsymbol{D}_A \boldsymbol{D}_A^{\mathrm{T}} + \varepsilon_2 \boldsymbol{I} \otimes \boldsymbol{G} \boldsymbol{G} \otimes \boldsymbol{D}_{\boldsymbol{\Gamma}} \boldsymbol{D}_{\boldsymbol{\Gamma}}^{\mathrm{T}} \right\},$$

$$\theta = \alpha\pi/2, \quad \boldsymbol{\Theta}_1 = \begin{bmatrix} \sin\theta & -\cos\theta \\ \cos\theta & \sin\theta \end{bmatrix}, \quad \boldsymbol{\Theta}_2 = \begin{bmatrix} \sin\theta & \cos\theta \\ -\cos\theta & \sin\theta \end{bmatrix}, \quad \boldsymbol{Q} = \boldsymbol{KP},$$

则分数阶数为 $0 < \alpha < 1$ 的受控区间不确定神经网络 (6.16) 渐近稳定.

在仿真实验中, 将对分数阶数 $1 \leqslant \alpha < 2$ 和 $0 < \alpha < 1$ 时的神经网络分别进行讨论. 考虑到实际神经网络往往不会自行实现同步, 故而考虑施加外部控制器时的情况. 考虑一个神经元由分数阶 Duffing 混沌振子表示的区间不确定神经网络, 节点动力学方程可以表示为

$$\begin{cases} \dfrac{\mathrm{d}^{\alpha} x}{\mathrm{d} t^{\alpha}} = y, \\ \dfrac{\mathrm{d}^{\alpha} y}{\mathrm{d} t^{\alpha}} = ay + bx + cx^3 + d\cos(\omega t), \end{cases} \tag{6.24}$$

其中 $\alpha = 1.2$, $a = -1/25$, $b = 1/5$, $c = -8/15$, $d = 0$. 假设系统受控一段时间后, 节点变量 $-2 < x < 2$. 则此时非线性部分 cx^3 在有限范围内有界, 且内部区间耦合矩阵可以表示为

$$\boldsymbol{A}_0 = \begin{bmatrix} 0 & 1 \\ \dfrac{1}{5} & -\dfrac{1}{25} \end{bmatrix}, \quad \Delta \boldsymbol{A} = \begin{bmatrix} 0 & 0 \\ 1.0667 & 0 \end{bmatrix},$$

选择外部耦合矩阵为

$$\boldsymbol{G} = \begin{bmatrix} -2 & 1 & 1 \\ 1 & -2 & 1 \\ 1 & 1 & -2 \end{bmatrix}, \quad \boldsymbol{\Gamma}_0 = \begin{bmatrix} 0.03 & 0.015 \\ 0.02 & 0.075 \end{bmatrix}, \quad \Delta \boldsymbol{\Gamma} = \begin{bmatrix} 0.01 & 0.005 \\ 0.015 & 0.05 \end{bmatrix}.$$

借助线性矩阵不等式工具箱, 根据定理 6.1 判据, 在不施加控制的情况下没有可行解. 设 $\boldsymbol{B}_0 = (0.8, 0.7)^{\mathrm{T}}$, 由推论 6.1 可得

$$\boldsymbol{P} = \begin{bmatrix} 0.0169 & -0.0130 \\ -0.0130 & 1.5551 \end{bmatrix}, \quad \varepsilon_1 = 1.7149, \quad \varepsilon_2 = 1.8126,$$

对应的控制增益向量为 $\boldsymbol{K} = (-25.819, -1.2077)^{\mathrm{T}}$. 选择系统初值为 $(x_1, y_1, x_2, y_2, x_3, y_3) = (3, 4, 5, 8, 8, 6)$, 则受控神经网络状态变量如图 6.6 所示.

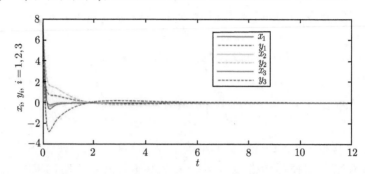

图 6.6　节点为分数阶 Duffing 振子的区间不确定神经网络受控状态变化曲线

从图 6.6 可以看出, 受控神经网络的节点状态均收敛到了零点, 实现了神经网络节点间的内部同步.

由于以上结论都是建立在假设 6.1 成立的情况下, 而假设成立的条件较为严格. 根据定理 6.2, 不考虑假设条件成立, 采用类似文献 [22] 的方法, 对节点为分数阶复数混沌系统的区间不确定神经网络进行仿真. 复数混沌系统模型为

$$
\begin{cases}
\dfrac{\mathrm{d}^{\alpha} u_1}{\mathrm{d} t^{\alpha}} = -a u_1 + u_3 \left(u_5 + b\right), \\[2mm]
\dfrac{\mathrm{d}^{\alpha} u_2}{\mathrm{d} t^{\alpha}} = -a u_2 + u_4 \left(u_5 + b\right), \\[2mm]
\dfrac{\mathrm{d}^{\alpha} u_3}{\mathrm{d} t^{\alpha}} = -a u_3 + u_1 \left(u_5 - b\right), \\[2mm]
\dfrac{\mathrm{d}^{\alpha} u_4}{\mathrm{d} t^{\alpha}} = -a u_4 + u_2 \left(u_5 - b\right), \\[2mm]
\dfrac{\mathrm{d}^{\alpha} u_5}{\mathrm{d} t^{\alpha}} = 1 - \left(u_1 u_3 + u_2 u_4\right),
\end{cases}
\tag{6.25}
$$

选择 $\alpha = 0.9$, $a \in [0.7, 0.9]$ 及 $b \in [1.6, 2.0]$, 则内部区间不确定矩阵可以表示为

$$
\boldsymbol{A}_0 = \begin{bmatrix}
-0.8 & 0 & 1.8 & 0 & 0 \\
0 & -0.8 & 0 & 1.8 & 0 \\
-1.8 & 0 & -0.8 & 0 & 0 \\
0 & -1.8 & 0 & -0.8 & 0 \\
0 & 0 & 0 & 0 & 0
\end{bmatrix}, \quad
\Delta \boldsymbol{A} = \begin{bmatrix}
0.1 & 0 & 0.2 & 0 & 0 \\
0 & 0.1 & 0 & 0.2 & 0 \\
0.2 & 0 & 0.1 & 0 & 0 \\
0 & 0.2 & 0 & 0.1 & 0 \\
0 & 0 & 0 & 0 & 0
\end{bmatrix}.
$$

令外部耦合矩阵为 $\boldsymbol{G} = \begin{bmatrix} -1 & 1 \\ 1 & -1 \end{bmatrix}$, 外部区间不确定矩阵为

$$\boldsymbol{\Gamma}_0 = \begin{bmatrix} 0.05 & 0.025 & 0.1 & 0.08 & 0.02 \\ 0.02 & 0.085 & 0.015 & 0.07 & 0.085 \\ 0.065 & 0 & 0.045 & 0.04 & 0.07 \\ 0.05 & 0.025 & 0.065 & 0.07 & 0.045 \\ 0.025 & 0.07 & 0.015 & 0.065 & 0.05 \end{bmatrix},$$

$$\Delta\boldsymbol{\Gamma} = \begin{bmatrix} 0.01 & 0.005 & 0.05 & 0.05 & 0.01 \\ 0.01 & 0.035 & 0.005 & 0.01 & 0.005 \\ 0.015 & 0 & 0.005 & 0.02 & 0.01 \\ 0.01 & 0.005 & 0.015 & 0.01 & 0.015 \\ 0.015 & 0.02 & 0.005 & 0.015 & 0.01 \end{bmatrix}.$$

采用线性矩阵不等式工具箱及推论 6.2, 设 $\boldsymbol{B} = (0.9, 0.9, 0.8, 0.7, 0.9)^{\mathrm{T}}$, 则可得可行解为

$$\boldsymbol{P} = \begin{bmatrix} 21.4489 & -4.3986 & -3.1030 & -0.7412 & -9.7703 \\ -4.3986 & 22.9846 & -0.7216 & 0.0378 & -7.3315 \\ -3.1030 & -0.7216 & 26.1658 & -2.2011 & 3.7715 \\ -0.7412 & 0.0378 & -2.2011 & 24.4409 & 5.4331 \\ -9.7703 & -7.3315 & 3.7715 & 5.4331 & 25.3419 \end{bmatrix},$$

$$\varepsilon_1 = 56.8724, \quad \varepsilon_2 = 62.2457,$$

对应的控制增益向量为

$$\boldsymbol{K} = (-0.72285, -0.49487, -0.15971, 0.20663, -0.87731)^{\mathrm{T}}.$$

令混沌神经网络初值 $(x_1, y_1, z_1, u_1, v_1) = (3, 4, 12, 8, 7)$ 及 $(x_2, y_2, z_2, u_2, v_2) = (5, 8, 7, 4, 9)$, 则神经网络的受控节点状态变化曲线如图 6.7 所示. 从图 6.7 可以

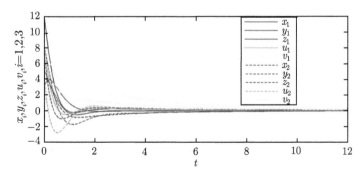

图 6.7 节点为分数阶复数混沌系统的区间不确定神经网络受控状态变化曲线

看出, 受控混沌神经网络的节点状态均收敛到了零点, 实现了网络节点间的内部同步.

6.5　本 章 小 结

本章对神经网络的概念和模型进行了分析与介绍, 继而对普通混沌神经网络和时滞混沌神经网络进行了建模与动力学分析. 在此基础上, 对混沌神经网络的反同步控制进行模拟和仿真. 最后, 将分数微分学应用于基于网络耦合的神经网络络系统, 得到了分数阶神经网络模型. 考虑了神经网络同时具有不确定系数矩阵和连接矩阵的情况, 采用 LMI 方法, 设计了分数阶区间不确定神经网络的内部同步判据, 并进一步得到了神经网络控制器设计方法. 数值仿真表明了同步判据的有效性.

参 考 文 献

[1] Chen T. Global exponential stability of delayed Hopfield neural networks[J]. Journal of the International Neural Network Society, 2001, 14(8): 977-980.

[2] 马润年, 张强, 许进. 离散 Hopfield 神经网络的稳定性研究 [J]. 电子学报, 2002, 30(7): 1089-1091.

[3] 廖晓昕, 傅予力, 高健, 等. 具有反应扩散的 Hopfield 神经网络的稳定性 [J]. 电子学报, 2000, 28(1): 78-80.

[4] 戴先中, 刘国海. 两变频调速电机系统的神经网络逆同步控制 [J]. 自动化学报, 2005, 31(6): 890-900.

[5] Xu J, Pi D, Cao Y Y, et al. On stability of neural networks by a Lyapunov functional-based approach[J]. IEEE Transactions on Circuits & Systems I Regular Papers, 2007, 54(4): 912-924.

[6] 唐漾, 方建安. 离散和分布时变时滞混沌神经网络广义投影同步 [J]. 复杂系统与复杂性科学, 2009, 6(2): 56-63.

[7] Singh V. Novel global robust stability criterion for neural networks with delay[J]. Chaos, Solitons and Fractals, 2009, 41(1): 348-353.

[8] 张小红, 朱艳平, 王曦. 细胞神经网络超混沌同步系统性能分析及应用 [J]. 计算机应用与软件, 2009, 26(3): 97-100.

[9] Wang H, Yu Y, Wen G, et al. Stability analysis of fractional-order neural networks with time delay[J]. Neural Processing Letters, 2015, 42(2): 479-500.

[10] 张天骐, 赵军桃, 江晓磊. 基于多主分量神经网络的同步 DS-CDMA 伪码盲估计 [J]. 系统工程与电子技术, 2016, 38(11): 2638-2647.

[11] Wang H, Duan S, Huang T, et al. Synchronization of memristive delayed neural networks via hybrid impulsive control[J]. Neurocomputing, 2017, 267: 615-623.

[12] 王炎, 廖晓峰, 吴中福, 等. 一个带时延神经网络的分岔现象研究 [J]. 电子科学学刊, 2000, 22(6): 972-977.

[13] 廖晓峰, 吴中福, 王康, 等. 带分布时延神经网络: 从稳定到振荡再到稳定的动力学现象 [J]. 电子与信息学报, 2001, 23(7): 687-692.

[14] 陈从颜, 宋文忠. 一类二阶时延神经网络的分岔分析和控制 [J]. 控制理论与应用, 2003, 20(1): 45-48.

[15] Cao J, Wang J. Global asymptotic and robust stability of recurrent neural networks with time delays[J]. IEEE Transactions on Circuits and Systems I: Regular Papers, 2005, 52(2): 417-426.

[16] Singh V. Novel global robust stability criterion for neural networks with delay[J]. Chaos, Solitons and Fractals, 2009, 41(1): 348-353.

[17] 孟娟, 王兴元. 一类延迟混沌神经网络的鲁棒反同步 [J]. 计算物理, 2008, 25(2): 247-252.

[18] Zhang H, Wang X Y, Lin X H. Stability and control of fractional chaotic complex networks with mixed interval uncertainties[J]. Asian Journal of Control, 2017, 19(1): 106-115.

[19] Khargonekar P P, Petersen I R, Zhou K. Robust stabilization of uncertain linear systems: quadratic stabilizability and H∞ control theory [J]. IEEE Transactions on Automatic Control, 1990, 35(3): 356-361.

[20] Lu J G, Chen G R. Robust stability and stabilization of fractional-order interval systems: an LMI approach [J]. IEEE Transactions on Automatic Control, 2009, 54(6): 1294-1299.

[21] Lu J G, Chen Y Q. Robust stability and stabilization of fractional-order interval systems with the fractional order: The $0 < \alpha < 1$ case [J]. IEEE Transactions on Automatic Control, 2010, 55(1): 152-158.

[22] Mahmoud G M, Aly S A, Farghaly A A. On chaos synchronization of a complex two coupled dynamos system [J]. Chaos Solitons & Fractals, 2007, 33(1): 178-187.

第 7 章　系统复杂性及复数神经网络同步

7.1　引　　言

在神经网络的同步研究当中, 除了神经网络本身所具有的非线性性质非常复杂之外, 还受到了许多内在和外在的复杂性条件的影响[1-8]. 例如, 在神经网络中, 神经元之间信号的传递需要一定的时间, 故而普遍存在一定的时间延迟. 又比如, 神经网络的状态和结构是一个动态的过程, 复杂的内外部因素随时可能导致网络拓扑结构发生变化而使网络状况部分或完全未知. 再比如说, 第 6 章介绍的分数阶神经网络系统, 即描述了自然界中非整数阶网络系统的特性.

关于神经网络的同步和控制的研究, 在近年来取得了相当丰富的成果. 这些研究的内容不仅涉及了神经网络当中的多种复杂性问题, 还对网络同步和控制的各种方法[9-18] 及网络中各种类型的同步控制问题[19-25] 进行了详尽分析. 值得注意的是, 现有关于神经网络同步和控制的研究大多集中于整数阶实数系统模型, 而系统状态为复数变量的系统则更为接近实际[26-32]. 因此本章在前人研究的基础上, 将结合神经网络中存在的多种复杂条件, 对状态变量为复数的神经网络模型进行研究, 探究其控制和同步行为.

7.2　复数神经网络滑模控制同步

复数系统是实数系统的推广和延伸, 性质较实数系统更为复杂, 更接近于现实系统, 所以在复数域内考虑神经网络同步将更有意义. 类似于复数混沌系统的研究, 本节将采用滑模控制的方法设计复数神经网络的同步[33]. 考虑以下整数阶复数神经网络动力学模型:

$$\dot{x}_i(t) = -b_i x_i(t) + f(x_i(t)) + \sum_{k=1}^{N} a_{ik} x_k(t) + I_i, \quad i = 1, 2, \cdots, N, \quad (7.1)$$

其中 $x_i(t)$ 表示第 i 个神经元在 t 时刻的状态变量, $f(x_i(t))$ 表示第 i 个神经元在 t 时刻的非线性函数, $i = 1, 2, \cdots, N$ 表示神经元索引, N 表示神经网络中神经元个数. I_i 表示外部输入, $\boldsymbol{B} = \mathrm{diag}(b_1, b_2, \cdots, b_N) > 0$ 表示一对角矩阵, $\boldsymbol{A} = (a_{ik})_{N \times N}$ 表示权值矩阵. 由于状态变量为复数, 包含实部和虚部两部

分, 即 $x_i(t) = x_i^r(t) + jx_i^p(t)$. 其中 $x_i^r(t)$ 表示 $x_i(t)$ 的实部, $x_i^p(t)$ 表示 $x_i(t)$ 的虚部, $j = \sqrt{-1}$. 类似地, 复数非线性函数和外部输入可以表示为 $f(x_i(t)) = f^r(x_i(t)) + jf^p(x_i(t))$ 和 $I_i = I_i^r + jI_i^p$. 将复数神经网络 (7.1) 的实部和虚部分离, 可以得到两个等价的实值网络为

$$
\begin{cases}
\dot{x}_i^r(t) = -b_i x_i^r(t) + f^r(x_i(t)) + \displaystyle\sum_{k=1}^{N} a_{ik} x_k^r(t) + I_i^r, \\
\dot{x}_i^p(t) = -b_i x_i^p(t) + f^p(x_i(t)) + \displaystyle\sum_{k=1}^{N} a_{ik} x_k^p(t) + I_i^p.
\end{cases}
\tag{7.2}
$$

基于给定的复数神经网络, 分别定义节点的模相 $M(x_i(t)) = \sqrt{(x_i^r(t))^2 + (x_i^p(t))^2}$, $P(x_i) = \arctan(x_i^p(t)/x_i^r(t))$, $x_i^r(t) \neq 0$, $i = 1, 2, \cdots, N$. 不失一般性, 以下关于复数系统的同步讨论将包括完全同步、内部模相同步和外部模相同步.

考虑一个自组织复数系统为

$$
\begin{cases}
\dot{\bar{x}}^r(t) = -b\bar{x}^r + f^r(\bar{x}) + \bar{I}^r, \\
\dot{\bar{x}}^p(t) = -b\bar{x}^p + f^p(\bar{x}) + \bar{I}^p.
\end{cases}
\tag{7.3}
$$

对于复数神经网络 (7.2) 和参考系统 (7.3), 可以得到如下内部模相同步定义.

定义 7.1 当有如下等式成立时

$$
\begin{cases}
\displaystyle\lim_{t \to \infty} \|M(x_i(t)) - M(\bar{x}(t))\| = 0, \\
\displaystyle\lim_{t \to \infty} \|P(x_i(t)) - P(\bar{x}(t))\| = 0,
\end{cases}
i = 1, 2, \cdots, N,
$$

称复数神经网络 (7.2) 中的节点达到关于参考系统 (7.3) 的内部模相同步. 其中 $\bar{x}$ 表示满足等式 (7.3) 的复数平衡点.

除了内部模相同步之外, 考虑 (7.2) 为驱动网络, 设立受控响应复数神经网络为

$$
\begin{cases}
\dot{y}_i^r(t) = -b_i y_i^r(t) + f^r(y_i(t)) + \displaystyle\sum_{k=1}^{N} a_{ik} y_k^r(t) + I_i^r + u_{is}^r, \\
\dot{y}_i^p(t) = -b_i y_i^p(t) + f^p(y_i(t)) + \displaystyle\sum_{k=1}^{N} a_{ik} y_k^p(t) + I_i^p + u_{is}^p,
\end{cases}
\tag{7.4}
$$

其中 u_{is}^r 和 u_{is}^p 为待设计滑模控制器. 根据驱动-响应模型, 可以给出不同复数神经网络之间完全同步和模相同步的定义.

定义 7.2　当有如下等式成立时

$$
\begin{cases}
\lim\limits_{t\to\infty} \|y_i^r(t) - x_i^r(t)\| = 0, \\
\lim\limits_{t\to\infty} \|y_i^p(t) - x_i^p(t)\| = 0,
\end{cases}
\quad i = 1, 2, \cdots, N,
$$

称驱动复数神经网络 (7.2) 与响应复数神经网络 (7.4) 实现了完全同步.

定义 7.3　当有如下等式成立时

$$
\begin{cases}
\lim\limits_{t\to\infty} \|M\left(y_i(t)\right) - M\left(x_i(t)\right)\| = 0, \\
\lim\limits_{t\to\infty} \|P\left(y_i(t)\right) - P\left(x_i(t)\right)\| = 0,
\end{cases}
\quad i = 1, 2, \cdots, N,
$$

称驱动复数神经网络 (7.2) 与响应复数神经网络 (7.4) 实现了对应节点间的模相同步.

由驱动-响应神经网络 (7.2) 和 (7.4) 可得其误差系统为

$$
\begin{cases}
\dot{e}_i^r(t) = -b_i e_i^r(t) + f^r(y_i(t)) - f^r(x_i(t)) + \sum\limits_{k=1}^{N} a_{ik} e_k^r(t) + u_{is}^r, \\
\dot{e}_i^p(t) = -b_i e_i^p(t) + f^p(y_i(t)) - f^p(x_i(t)) + \sum\limits_{k=1}^{N} a_{ik} e_k^p(t) + u_{is}^p,
\end{cases}
\tag{7.5}
$$

其中 $e_i^r(t) = y_i^r(t) - x_i^r(t)$ 和 $e_i^p(t) = y_i^p(t) - x_i^p(t)$ 分别为实部误差和虚部误差. 为了方便起见, 定义非线性函数为

$$
F_1(e_i^r, x_i, y_i) = f^r(y_i(t)) - f^r(x_i(t)) + \sum_{k=1}^{N} a_{ik} e_k^r(t)
$$

和

$$
F_2(e_i^p, x_i, y_i) = f^p(y_i(t)) - f^p(x_i(t)) + \sum_{k=1}^{N} a_{ik} e_k^p(t).
$$

根据误差系统 (7.5), 定义切换流形为

$$
\begin{cases}
S_i^r(t) = c_i^r e_i^r(t) - \displaystyle\int_0^t (c_i^r b_{i1} + c_i^r k_{i1}) e_i^r(\tau) \mathrm{d}\tau, \\
S_i^p(t) = c_i^p e_i^p(t) - \displaystyle\int_0^t (c_i^p b_{i2} + c_i^p k_{i2}) e_i^p(\tau) \mathrm{d}\tau,
\end{cases}
\tag{7.6}
$$

其中 c_i^r 和 c_i^p 为非零常数, k_{i1} 和 k_{i2} 为满足给定条件的增益. 为了确保滑模控制的有效性, 切换流形需满足

$$
\begin{cases}
S_i^r(t) = c_i^r e_i^r(t) - \displaystyle\int_0^t (c_i^r b_{i1} + c_i^r k_{i1}) e_i^r(\tau)\mathrm{d}\tau = 0, \\
S_i^p(t) = c_i^p e_i^p(t) - \displaystyle\int_0^t (c_i^p b_{i2} + c_i^p k_{i2}) e_i^p(\tau)\mathrm{d}\tau = 0
\end{cases}
\tag{7.7}
$$

和

$$
\begin{cases}
\dot{S}_i^r = c_i^r \dot{e}_i^r(t) - (c_i^r b_{i1} + c_i^r k_{i1}) e_i^r(t) = 0, \\
\dot{S}_i^p = c_i^p \dot{e}_i^p(t) - (c_i^p b_{i2} + c_i^p k_{i2}) e_i^p(t) = 0.
\end{cases}
\tag{7.8}
$$

将误差系统 (7.5) 代入式 (7.8) 中, 可得

$$
\begin{cases}
\dot{S}_i^r = c_i^r(b_{i1}e_i^r(t) + F_1(e_i^r, x_i, y_i) + u_{is}^r) - (c_i^r b_{i1} + c_i^r k_{i1}) e_i^r(t) = 0, \\
\dot{S}_i^p = c_i^p(b_{i2}e_i^p(t) + F_2(e_i^p, x_i, y_i) + u_{is}^p) - (c_i^p b_{i2} + c_i^p k_{i2}) e_i^p(t) = 0,
\end{cases}
\tag{7.9}
$$

因为 c_i^r 和 c_i^p 为非零常数, 可得如下等价控制器为

$$
\begin{cases}
u_{ie}^r = k_{i1}e_i^r(t) - F_1(e_i^r, e_i^p, x_i, y_i), \\
u_{ie}^p = k_{i2}e_i^p(t) - F_2(e_i^r, e_i^p, x_i, y_i).
\end{cases}
\tag{7.10}
$$

代入误差控制器, 则误差系统 (7.5) 转化为

$$
\dot{e}_i = \begin{bmatrix} (b_{i1} + k_{i1})e_i^r \\ (b_{i2} + k_{i2})e_i^p \end{bmatrix},
$$

其中误差向量 $e_i = (e_i^r, e_i^p)^{\mathrm{T}}$. 根据 Lyapunov 稳定性理论, 选择合适的 k_{i1} 和 k_{i2}, 使得 $b_{i1} + k_{i1}$ 和 $b_{i2} + k_{i2}$ 负定, 则驱动-响应神经网络 (7.2) 和 (7.4) 渐近同步. 基于以上分析, 进一步采用滑模控制方法设计同步控制器, 有如下定理成立.

定理 7.1 驱动-响应神经网络 (7.2) 和 (7.4) 将在滑模控制器

$$
\begin{cases}
u_{is}^r = -\theta_1(c_i^r)^{-1} \|c_i^r\| (\|k_{i1}e_i^r(t)\| + \|F_1\|)\mathrm{sign}(S_i^r), \\
u_{is}^p = -\theta_2(c_i^p)^{-1} \|c_i^p\| (\|k_{i2}e_i^p(t)\| + \|F_2\|)\mathrm{sign}(S_i^p)
\end{cases}
\tag{7.11}
$$

的作用下达到完全同步, 其中 $\mathrm{sign}(\cdot)$ 为符号函数, θ_1 和 θ_2 为大于 1 的常数.

证明 设 Lyapunov 函数为

$$
V(t) = \sum_{i=1}^N \left\{ \frac{1}{2}(S_i^r(t))^{\mathrm{T}} S_i^r(t) + \frac{1}{2}(S_i^p(t))^{\mathrm{T}} S_i^p(t) \right\},
$$

则其关于式 (7.8) 的时间导数为

$$\dot{V}(t) = \sum_{i=1}^{N} \left\{ (S_i^r(t))^{\mathrm{T}} \dot{S}_i^r(t) + (S_i^p(t))^{\mathrm{T}} \dot{S}_i^p(t) \right\}$$

$$= \sum_{i=1}^{N} \left\{ (S_i^r(t))^{\mathrm{T}} (c_i^r \dot{e}_i^r(t) - (c_i^r b_{i1} + c_i^r k_{i1}) e_i^r(t)) + (S_i^p(t))^{\mathrm{T}} (c_i^p \dot{e}_i^p(t) \right.$$

$$\left. - (c_i^p b_{i2} + c_i^p k_{i2}) e_i^p(t)) \right\}$$

$$= \sum_{i=1}^{N} \left\{ (S_i^r(t))^{\mathrm{T}} \left(c_i^r \left(F_1 - \theta_1 (c_i^r)^{-1} \| c_i^r \| \left(\| k_{i1} e_i^r(t) \| + \| F_1 \| \right) \mathrm{sign} \left(S_i^r(t) \right) \right) \right.$$

$$- c_i^r k_{i1} e_i^r(t))$$

$$+ (S_i^p(t))^{\mathrm{T}} \left(c_i^p \left(F_2 - \theta_2 (c_i^p)^{-1} \| c_i^p \| \left(\| k_{i2} e_i^p(t) \| + \| F_2 \| \right) \mathrm{sign} \left(S_i^p(t) \right) \right) \right.$$

$$\left. - c_i^p k_{i2} e_i^p(t)) \right\}$$

$$\leqslant \sum_{i=1}^{N} \left\{ -\theta_1 \| c_i^r \| \left(\| k_{i1} e_i^r(t) \| + \| F_1 \| \right) (S_i^r(t))^{\mathrm{T}} \mathrm{sign}(S_i^r) - \theta_2 \| c_i^p \| \left(\| k_{i2} e_i^p(t) \| \right. \right.$$

$$+ \| F_2 \|) (S_i^p(t))^{\mathrm{T}} \mathrm{sign}(S_i^p) + \left(\| c_i^r \| \| F_1 \| + \| c_i^r \| \| k_{i1} e_i^r(t) \| \right) \| S_i^r(t) \|$$

$$+ \left. \left(\| c_i^p \| \| F_2 \| + \| c_i^p \| \| k_{i2} e_i^p(t) \| \right) \| S_i^p(t) \| \right\}.$$

因为 $(S_i^r(t))^{\mathrm{T}} \mathrm{sign}(S_i^r) \geqslant \| S_i^r \|$, $(S_i^p(t))^{\mathrm{T}} \mathrm{sign}(S_i^p) \geqslant \| S_i^p \|$ 及 θ_1, θ_2 为大于 1 的常数, 所以 Lyapunov 函数的时间导数

$$\dot{V}(t) \leqslant \sum_{i=1}^{N} \left\{ (1 - \theta_1) \| c_i^r \| \left(\| k_{i1} e_i^r(t) \| + \| F_1 \| \right) \| S_i^r(t) \| \right.$$

$$\left. + (1 - \theta_2) \| c_i^p \| \left(\| k_{i2} e_i^p(t) \| + \| F_2 \| \right) \| S_i^p(t) \| \right\} < 0,$$

由此可知, 定理 7.1 成立, 证明完毕.

对于复数系统而言, 复数变量具有不同于实值变量的性质, 如复数具有模和相. 对于复数神经网络而言, 研究其节点的模相同步行为, 与研究其完全同步行为同样重要. 本节将进一步采用如上滑模控制器设计方法, 考察复数神经网络的模相同步问题.

定义模相矩阵为 $\boldsymbol{\Theta}(\cdot) = (M(\cdot), P(\cdot))^{\mathrm{T}}$, $\boldsymbol{x}_i = (x_i^r, x_i^p)^{\mathrm{T}}$ 和 $\boldsymbol{y}_i = (y_i^r, y_i^p)^{\mathrm{T}}$, 则

驱动-响应神经网络 (7.2) 和 (7.4) 的模相误差系统为

$$
\dot{e}_i = \boldsymbol{D\Theta}(y_i)\dot{y}_i - \boldsymbol{D\Theta}(x_i)\dot{x}_i
$$

$$
= \begin{bmatrix} \dfrac{y_i^r}{M(y_i)} & \dfrac{y_i^p}{M(y_i)} \\[2mm] \dfrac{-y_i^p}{M^2(y_i)} & \dfrac{y_i^r}{M^2(y_i)} \end{bmatrix} \times \begin{bmatrix} -b_i y_i^r + f^r(y_i) + \sum\limits_{k=1}^{N} a_{ik} y_k^r + I_i^r + u_{is}^r \\[4mm] -b_i y_i^p + f^p(y_i) + \sum\limits_{k=1}^{N} a_{ik} y_k^p + I_i^p + u_{is}^p \end{bmatrix}
$$

$$
- \begin{bmatrix} \dfrac{x_i^r}{M(x_i)} & \dfrac{x_i^p}{M(x_i)} \\[2mm] \dfrac{-x_i^p}{M^2(x_i)} & \dfrac{x_i^r}{M^2(x_i)} \end{bmatrix} \times \begin{bmatrix} -b_i x_i^r + f^r(x_i) + \sum\limits_{k=1}^{N} a_{ik} x_k^r + I_i^r \\[4mm] -b_i x_i^p + f^p(x_i) + \sum\limits_{k=1}^{N} a_{ik} x_k^p + I_i^p \end{bmatrix}
$$

$$
= \begin{bmatrix} \dfrac{-b_i M^2(y_i) + f_y^r(t) + \sum\limits_{k=1}^{N} a_{ik} y^r(t) + I_x^r + U_y^r}{M(y_i)} \\[8mm] \dfrac{-b_i M^2(x_i) + f_x^r(t) + \sum\limits_{k=1}^{N} a_{ik} x^r(t) + I_x^r}{M(x_i)} \\[8mm] \dfrac{f_y^p(t) + \sum\limits_{k=1}^{N} a_{ik} y^p(t) + I_y^p + U_y^p}{M^2(y_i)} - \dfrac{f_x^p(t) + \sum\limits_{k=1}^{N} a_{ik} x^p(t) + I_x^p}{M^2(x_i)} \end{bmatrix}
$$

$$
= \begin{bmatrix} \Gamma_{i1} e_i^M + F_1(e_i^M, e_i^P, x_i, y_i) + \dfrac{U_y^r}{M(y_i)} \\[4mm] \Gamma_{i2} e_i^P + F_2(e_i^M, e_i^P, x_i, y_i) + \dfrac{U_y^p}{M^2(y_i)} \end{bmatrix}, \tag{7.12}
$$

其中 $e_i = (e_i^M, e_i^P)^{\mathrm{T}}$ 为模相误差, $\boldsymbol{D\Theta}(\cdot)$ 为 $\boldsymbol{\Theta}(\cdot)$ 的雅可比矩阵. $\Gamma_{i1} = -b_i$, $\Gamma_{i2} = 0$, $F_1(e_i^M, e_i^P, x_i, y_i)$ 和 $F_2(e_i^M, e_i^P, x_i, y_i)$ 为误差系统的非线性项. 关于神经网络 (7.2) 和 (7.4) 的其他项定义如下

$$
f_x^r(t) = f_r(x_i)x_i^r + f_p(x_i)x_i^p, \quad f_x^p(t) = f_p(x_k)x_i^r - f_r(x_i)x_i^p, \quad x^r(t) = x_i^r x_k^r + x_i^p x_k^p,
$$

$$
x^p(t) = x_i^r x_k^p - x_i^p x_k^r, \quad I_x^r = I_i^r x_i^r + I_i^p x_i^p, \quad I_x^p = I_i^p x_i^r - I_i^r x_i^p.
$$

$$
f_y^r(t) = f_r(y_i)y_i^r + f_p(y_i)y_i^p, \quad f_y^p(t) = f_p(y_k)y_i^r - f_r(y_i)y_i^p, \quad y^r(t) = y_i^r y_k^r + y_i^p y_k^p,
$$

$$y^p(t) = y_i^r y_k^p - y_i^p y_k^r, \quad I_y^r = I_i^r y_i^r + I_i^p y_i^p, \quad I_y^p = I_i^p y_i^r - I_i^r y_i^p.$$

设计混合控制器为 $U_y^r = u_{is}^r y_i^r + u_{is}^p y_i^p$ 和 $U_y^p = u_{is}^p y_i^r - u_{is}^r y_i^p$. 为了进一步得到滑模控制器, 设计转换流形为

$$
\begin{cases}
S_i^M = C_i^M e_i^M - \int_0^t (C_i^M \Gamma_{i1} + C_i^M K_{i1}) e_i^M(\tau) \mathrm{d}\tau, \\
S_i^P = C_i^P e_i^P - \int_0^t (C_i^P \Gamma_{i2} + C_i^P K_{i2}) e_i^P(\tau) \mathrm{d}\tau,
\end{cases}
\tag{7.13}
$$

其中 C_i^M 和 C_i^P 为非零常数, K_{i1} 和 K_{i2} 为满足给定条件的增益. 为了保证滑模控制的有效性, 需满足如下条件

$$
\begin{cases}
S_i^M = C_i^M e_i^M - \int_0^t (C_i^M \Gamma_{i1} + C_i^M K_{i1}) e_i^M(\tau) \mathrm{d}\tau = 0, \\
S_i^P = C_i^P e_i^P - \int_0^t (C_i^P \Gamma_{i2} + C_i^P K_{i2}) e_i^P(\tau) \mathrm{d}\tau = 0
\end{cases}
\tag{7.14}
$$

和

$$
\begin{cases}
\dot{S}_i^M = C_i^M \dot{e}_i^M - (C_i^M \Gamma_{i1} + C_i^M K_{i1}) e_i^M(t) = 0, \\
\dot{S}_i^P = C_i^P \dot{e}_i^P - (C_i^P \Gamma_{i2} + C_i^P K_{i2}) e_i^P(t) = 0.
\end{cases}
\tag{7.15}
$$

代入误差系统 (7.12) 到 (7.15) 中, 可得

$$
\begin{cases}
\dot{S}_i^M = C_i^M \left(\Gamma_{i1} e_i^M(t) + F_1(e_i^M, e_i^P, x_i, y_i) + \dfrac{U_y^r}{M(y_i)} \right) - (C_i^M \Gamma_{i1} + C_i^M K_{i1}) e_i^M(t) = 0, \\
\dot{S}_i^P = C_i^P \left(\Gamma_{i2} e_i^P(t) + F_2(e_i^M, e_i^P, x_i, y_i) + \dfrac{U_y^p}{M^2(y_i)} \right) - (C_i^P \Gamma_{i2} + C_i^P K_{i2}) e_i^P(t) = 0,
\end{cases}
\tag{7.16}
$$

因为 C_i^M 和 C_i^P 为非零常数, 故有如下等价控制器为

$$
\begin{cases}
U_{eq}^r = K_{i1} M(y_i) e_i^M(t) - M(y_i) F_1(e_i^M, e_i^P, x_i, y_i), \\
U_{eq}^p = K_{i2} M^2(y_i) e_i^P(t) - M^2(y_i) F_2(e_i^M, e_i^P, x_i, y_i).
\end{cases}
\tag{7.17}
$$

在等价控制器 (7.17) 的作用下, 模相误差系统转化为

$$
\dot{e}_i = \left[\begin{array}{c} (\Gamma_{i1} + K_{i1}) e_i^M \\ (\Gamma_{i2} + K_{i2}) e_i^P \end{array} \right],
$$

根据 Lyapunov 稳定性理论, 通过选择合适的参数 K_{i1} 和 K_{i2} 使得 $\Gamma_{i1}+K_{i1}$ 和 $\Gamma_{i2}+K_{i2}$ 负定, 则驱动-响应神经网络 (7.2) 和 (7.4) 渐近模相同步. 基于以上分析, 进一步采用滑模控制方法设计控制器, 有如下定理成立.

定理 7.2 驱动-响应神经网络 (7.2) 和 (7.4) 将在滑模控制器

$$
\begin{cases}
u_{is}^r = \{-\theta_1 M(y_i)(C_i^M)^{-1}\left\|C_i^M\right\|(\left\|K_{i1}e_i^M(t)\right\|+\|F_1\|)\mathrm{sign}(S_i^M)y_i^r \\
\quad +\theta_2 M^2(y_i)(C_i^P)^{-1}\left\|C_i^P\right\|(\left\|K_{i2}e_i^P(t)\right\|+\|F_2\|)\mathrm{sign}(S_i^P)y_i^p\}/M^2(y_i), \\
u_{is}^p = \{-\theta_1 M(y_i)(C_i^M)^{-1}\left\|C_i^M\right\|(\left\|K_{i1}e_i^M(t)\right\|+\|F_1\|)\mathrm{sign}(S_i^M)y_i^p \\
\quad -\theta_2 M^2(y_i)(C_i^P)^{-1}\left\|C_i^P\right\|(\left\|K_{i2}e_i^P(t)\right\|+\|F_2\|)\mathrm{sign}(S_i^P)y_i^r\}/M^2(y_i)
\end{cases}
\tag{7.18}
$$

的作用下实现模相同步, 其中 $\mathrm{sign}(\cdot)$ 为符号函数, θ_1 和 θ_2 为大于 1 的常数.

证明 在滑模控制器 (7.18) 的作用下, 组合控制器变为

$$
\begin{cases}
U_y^r = -\theta_1 M(y_i)(C_i^M)^{-1}\left\|C_i^M\right\|(\left\|K_{i1}e_i^M(t)\right\|+\|F_1\|)\mathrm{sign}(S_i^M), \\
U_y^p = -\theta_2 M^2(y_i)(C_i^P)^{-1}\left\|C_i^P\right\|(\left\|K_{i2}e_i^P(t)\right\|+\|F_2\|)\mathrm{sign}(S_i^P).
\end{cases}
\tag{7.19}
$$

设置对应的 Lyapunov 函数为

$$
V(t)=\sum_{i=1}^N\left\{\frac{1}{2}(S_i^M(t))^{\mathrm{T}}S_i^M(t)+\frac{1}{2}(S_i^P(t))^{\mathrm{T}}S_i^P(t)\right\},
$$

则

$$
\dot V(t)=\sum_{i=1}^N\left\{\left(S_i^M(t)\right)^{\mathrm{T}}\dot S_i^M(t)+\left(S_i^P(t)\right)^{\mathrm{T}}\dot S_i^P(t)\right\}
$$

$$
=\sum_{i=1}^N\left\{\left(S_i^M(t)\right)^{\mathrm{T}}\left(C_i^M\dot e_i^M-(C_i^M\Gamma_{i1}+C_i^M K_{i1})e_i^M(t)\right)\right.
$$

$$
\left.+\left(S_i^P(t)\right)^{\mathrm{T}}\left(C_i^P\dot e_i^P-(C_i^P\Gamma_{i2}+C_i^P K_{i2})e_i^P(t)\right)\right\}
$$

$$
=\sum_{i=1}^N\left\{\left(S_i^M(t)\right)^{\mathrm{T}}\left(C_i^M\left(F_1-\theta_1(C_i^M)^{-1}\left\|C_i^M\right\|(\left\|K_{i1}e_i^M(t)\right\|\right.\right.\right.
$$

$$
\left.+\|F_1\|)\mathrm{sign}(S_i^M)\right)-C_i^M K_{i1}e_i^M(t))
$$

$$
+\left(S_i^P(t)\right)^{\mathrm{T}}\left(C_i^P\left(F_2-\theta_2(C_i^P)^{-1}\left\|C_i^P\right\|(\left\|K_{i2}e_i^P(t)\right\|+\|F_2\|)\mathrm{sign}(S_i^P)\right)\right.
$$

$$-C_i^P K_{i2} e_i^P(t)) \big\}$$

$$\leqslant \sum_{i=1}^{N} \big\{ -\theta_1 \left\| C_i^M \right\| (\left\| K_{i1} e_i^M(t) \right\| + \left\| F_1 \right\|)(S_i^M(t))^{\mathrm{T}} \mathrm{sign}(S_i^M)$$

$$- \theta_2 \left\| C_i^P \right\| (\left\| K_{i2} e_i^P(t) \right\| + \left\| F_2 \right\|)(S_i^P(t))^{\mathrm{T}} \mathrm{sign}(S_i^P)$$

$$+ (\left\| C_i^M \right\| \left\| F_1 \right\| + \left\| C_i^M \right\| \left\| K_{i1} e_i^M(t) \right\|) \left\| S_i^M(t) \right\|$$

$$+ (\left\| C_i^P \right\| \left\| F_2 \right\| + \left\| C_i^P \right\| \left\| K_{i2} e_i^P(t) \right\|) \left\| S_i^P(t) \right\| \big\} .$$

由于 $(S_i^M(t))^{\mathrm{T}} \mathrm{sign}(S_i^M) \geqslant \left\| S_i^M \right\|$, $(S_i^P(t))^{\mathrm{T}} \mathrm{sign}(S_i^P) \geqslant \left\| S_i^P \right\|$ 且 θ_1, θ_2 为大于 1 的常数. 故 Lyapunov 函数的时间导数为

$$\dot{V}(t) \leqslant \sum_{i=1}^{N} \big\{ (1 - \theta_1) \left\| C_i^M \right\| (\left\| K_{i1} e_i^M(t) \right\| + \left\| F_1 \right\|) \left\| S_i^M(t) \right\|$$

$$+ (1 - \theta_2) \left\| C_i^P \right\| (\left\| K_{i2} e_i^P(t) \right\| + \left\| F_2 \right\|) \left\| S_i^P(t) \right\| \big\} < 0,$$

由此可知, 定理 7.2 成立, 证明完毕.

在此基础上, 进一步考虑同一复数神经网络的内部模相同步问题. 对于如下受控复数神经网络

$$\begin{cases} \dot{x}_i^r(t) = -b_i x_i^r + f^r(x_i) + \sum_{k=1}^{N} a_{ik} x_k^r + I_i^r + u_{is}^r, \\ \dot{x}_i^p(t) = -b_i x_i^p + f^p(x_i) + \sum_{k=1}^{N} a_{ik} x_k^p + I_i^p + u_{is}^p, \end{cases} \tag{7.20}$$

可设计对应的内部节点模相同步, 同步误差系统为

$$\dot{e}_i = \boldsymbol{D\Theta}(x_i)\dot{\boldsymbol{x}}_i - \boldsymbol{D\Theta}(\bar{x})\dot{\bar{\boldsymbol{x}}}$$

$$= \begin{bmatrix} \dfrac{x_i^r}{M(x_i)} & \dfrac{x_i^p}{M(x_i)} \\ \dfrac{-x_i^p}{M^2(x_i)} & \dfrac{x_i^r}{M^2(x_i)} \end{bmatrix} \times \begin{bmatrix} -b_i x_i^r + f^r(x_i) + \sum\limits_{k=1}^{N} a_{ik} x_k^r + I_i^r + u_{is}^r \\ -b_i x_i^p + f^p(x_i) + \sum\limits_{k=1}^{N} a_{ik} x_k^p + I_i^p + u_{is}^p \end{bmatrix}$$

$$- \begin{bmatrix} \dfrac{\bar{x}^r}{M(\bar{x})} & \dfrac{\bar{x}^p}{M(\bar{x})} \\ \dfrac{-\bar{x}^p}{M^2(\bar{x})} & \dfrac{\bar{x}^r}{M^2(\bar{x})} \end{bmatrix} \times \begin{bmatrix} -b\bar{x}^r + f^r(\bar{x}) + \bar{I}^r \\ -b\bar{x}^p + f^p(\bar{x}) + \bar{I}^p \end{bmatrix}$$

$$= \begin{bmatrix} \dfrac{-b_i M^2(x_i) + f_x^r(t) + \displaystyle\sum_{k=1}^{N} a_{ik} x^r(t) + I_x^r + U_x^r}{M(x_i)} - \dfrac{-bM^2(\bar{x}) + f_{\bar{x}}^r(t) + I_{\bar{x}}^r}{M(\bar{x})} \\[3mm] \dfrac{f_x^p(t) + \displaystyle\sum_{k=1}^{N} a_{ik} x^p(t) + I_x^p + U_x^p}{M^2(x_i)} - \dfrac{f_{\bar{x}}^p(t) + I_{\bar{x}}^p}{M^2(\bar{x})} \end{bmatrix}$$

$$= \begin{bmatrix} \varGamma_{i1} e_i^M + \bar{F}_1(e_i^M, e_i^P, x_i, y_i) + \dfrac{U_x^r}{M(x_i)} \\[3mm] \varGamma_{i2} e_i^P + \bar{F}_2(e_i^M, e_i^P, x_i, y_i) + \dfrac{U_x^p}{M^2(x_i)} \end{bmatrix}, \tag{7.21}$$

其中 $\bar{\boldsymbol{x}} = (\bar{x}^r, \bar{x}^p)^{\mathrm{T}}$. 由 (7.21) 可以看出, 误差系统仍然分为线性部分、非线性部分和待设计控制器. 采用类似定理 7.2 的方法, 可以得到如下内部模相同步推论.

推论 7.1 在滑模控制器

$$\begin{cases} u_{is}^r = \{ -\theta_1 M(x_i)(C_i^M)^{-1} \left\| C_i^M \right\| (\left\| K_{i1} e_i^M(t) \right\| + \left\| \bar{F}_1 \right\|) \mathrm{sign}(S_i^M) y_i^r \\ \qquad + \theta_2 M^2(x_i)(C_i^P)^{-1} \left\| C_i^P \right\| (\left\| K_{i2} e_i^P(t) \right\| + \left\| \bar{F}_2 \right\|) \mathrm{sign}(S_i^P) y_i^p \} / M^2(x_i), \\ u_{is}^p = \{ -\theta_1 M(x_i)(C_i^M)^{-1} \left\| C_i^M \right\| (\left\| K_{i1} e_i^M(t) \right\| + \left\| \bar{F}_1 \right\|) \mathrm{sign}(S_i^M) y_i^p \\ \qquad - \theta_2 M^2(x_i)(C_i^P)^{-1} \left\| C_i^P \right\| (\left\| K_{i2} e_i^P(t) \right\| + \left\| \bar{F}_2 \right\|) \mathrm{sign}(S_i^P) y_i^r \} / M^2(x_i) \end{cases} \tag{7.22}$$

的作用下, 复数神经网络 (7.20) 中的节点将达到关于神经元 (7.3) 的内部模相同步. $\bar{F}_1$ 和 $\bar{F}_2$ 为对应于内部模相同步的非线性函数.

不失一般性, 在数值仿真部分将对复数神经网络的完全同步和模相同步进行仿真. 考虑复数神经网络 (7.2) 和 (7.4), 神经元个数设置为 10, 权值矩阵

$$\boldsymbol{A} = \begin{bmatrix} -5 & 1 & 1 & 1 & 0 & 1 & 0 & 0 & 1 & 0 \\ 0 & -3 & 1 & 1 & 0 & 0 & 1 & 0 & 0 & 0 \\ 1 & 0 & -3 & 0 & 0 & 1 & 0 & 1 & 0 & 0 \\ 0 & 1 & 1 & -5 & 0 & 1 & 1 & 0 & 1 & 0 \\ 1 & 0 & 1 & 0 & -2 & 0 & 0 & 0 & 0 & 0 \\ 0 & 0 & 0 & 0 & 0 & -1 & 0 & 0 & 0 & 1 \\ 1 & 0 & 1 & 0 & 1 & 0 & -5 & 1 & 0 & 1 \\ 0 & 0 & 0 & 0 & 0 & 1 & 0 & -1 & 0 & 0 \\ 0 & 0 & 1 & 0 & 1 & 0 & 0 & 1 & -3 & 0 \\ 0 & 0 & 0 & 1 & 0 & 1 & 0 & 0 & 0 & -2 \end{bmatrix},$$

激励函数定义为 $f(x) = x(x-3)$, 外部输入为 $I_i^r = \sin(t)$ 和 $I_i^p = \cos(t)$, 系数 $b_i = 2$. 根据定理 7.1, 采用如上参数和随机初值, 可得神经网络完全同步误差曲面如图 7.1 和图 7.2 所示.

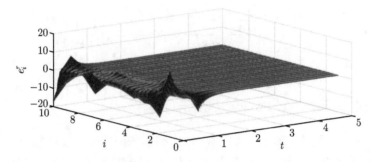

图 7.1　复数神经网络 (7.2) 和 (7.4) 的实部误差曲面

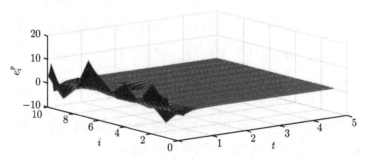

图 7.2　复数神经网络 (7.2) 和 (7.4) 的虚部误差曲面

因为误差 e_i^r 和 e_i^p 的目标是收敛到零, 而考虑到计算机精度有限, 故假设当 $|e_i^r|$ 和 $|e_i^p|$ 小于 e^{-7} 时, 即认为神经网络达到同步. 采用随机初值, 在迭代时间达到 5s 时, $|e_i^r|$ $(i = 1, 2, \cdots, 10)$ 分别为 $1.6312 \times e^{-8}$, $7.1233 \times e^{-10}$, $2.9479 \times e^{-9}$, $5.1693 \times e^{-9}$, $1.7435 \times e^{-10}$, $1.1359 \times e^{-9}$, $4.4745 \times e^{-9}$, $2.6578 \times e^{-10}$, $6.3679 \times e^{-9}$ 和 $5.1906 \times e^{-9}$. 类似地, $|e_i^p|$ $(i = 1, 2, \cdots, 10)$ 分别为 $2.0123 \times e^{-9}$, $2.0503 \times e^{-8}$, $4.1759 \times e^{-10}$, $2.2969 \times e^{-10}$, $1.3603 \times e^{-10}$, $6.4242 \times e^{-10}$, $6.4148 \times e^{-8}$, $2.9335 \times e^{-10}$, $2.8511 \times e^{-10}$ 和 $4.8022 \times e^{-10}$. 数值仿真表明了控制器的有效性.

类似于完全同步, 为了实现神经网络模相同步, 设置复数神经网络 (7.2) 和 (7.4) 的神经元个数为 15, 激励函数定义为 $f(x) = (x-1)^2$, 外部输入为 $I_i^r = \cos(t)$ 和 $I_i^p = \sin(t)$, 系数 $b_i = 3$, 权值矩阵为

$$A = \begin{bmatrix} -6 & 0 & 1 & 1 & 0 & 0 & 1 & 0 & 0 & 1 & 0 & 1 & 1 & 0 & 0 \\ 1 & -8 & 0 & 0 & 1 & 0 & 1 & 1 & 0 & 0 & 1 & 1 & 0 & 1 & 1 \\ 1 & 1 & -8 & 0 & 1 & 0 & 0 & 1 & 0 & 1 & 0 & 1 & 1 & 0 & 1 \\ 0 & 1 & 0 & -5 & 0 & 1 & 0 & 0 & 1 & 0 & 1 & 0 & 1 & 0 & 0 \\ 1 & 0 & 1 & 0 & -6 & 0 & 1 & 0 & 1 & 0 & 1 & 0 & 0 & 1 & 0 \\ 0 & 1 & 0 & 1 & 0 & -3 & 0 & 0 & 0 & 0 & 0 & 1 & 0 & 0 & 0 \\ 0 & 0 & 0 & 0 & 1 & 0 & -2 & 0 & 0 & 0 & 0 & 0 & 1 & 0 & 0 \\ 1 & 0 & 1 & 1 & 0 & 1 & 0 & -8 & 0 & 1 & 0 & 1 & 1 & 0 & 1 \\ 0 & 1 & 0 & 1 & 0 & 1 & 0 & 1 & -7 & 0 & 1 & 0 & 1 & 1 & 0 \\ 0 & 0 & 1 & 0 & 0 & 0 & 0 & 0 & 0 & -3 & 0 & 1 & 0 & 0 & 1 \\ 0 & 0 & 1 & 0 & 1 & 0 & 0 & 1 & 0 & 0 & -4 & 0 & 1 & 0 & 0 \\ 0 & 1 & 0 & 1 & 1 & 1 & 0 & 1 & 0 & 1 & 0 & -7 & 0 & 1 & 0 \\ 1 & 0 & 1 & 0 & 1 & 0 & 0 & 0 & 1 & 0 & 1 & 0 & -7 & 1 & 1 \\ 0 & 1 & 0 & 0 & 0 & 0 & 1 & 0 & 0 & 0 & 0 & 1 & 0 & -3 & 0 \\ 0 & 0 & 0 & 1 & 0 & 0 & 1 & 0 & 1 & 1 & 0 & 0 & 0 & 0 & -4 \end{bmatrix}.$$

根据定理 7.2, 选取随机初值, 神经网络模相同步误差曲面如图 7.3 和图 7.4

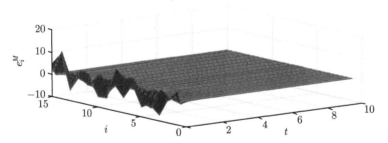

图 7.3 复数神经网络 (7.2) 和 (7.4) 的模误差曲面

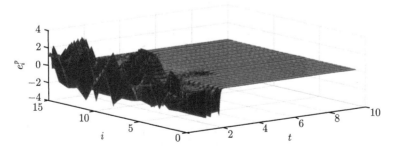

图 7.4 复数神经网络 (7.2) 和 (7.4) 的相误差曲面

所示. 而考虑到计算机精度有限, 故而假设当 $\left|e_i^M\right|$ 和 $\left|e_i^P\right|$ 小于 e^{-6} 时, 系统达到模相同步. 随着系统的迭代, 在 10s 时, $\left|e_i^M\right|$ $(i = 1, 2, \cdots, 15)$ 分别为 $1.6759 \times e^{-8}$, $6.936 \times e^{-7}$, $2.5258 \times e^{-8}$, $2.6772 \times e^{-8}$, $1.7784 \times e^{-8}$, $3.1478 \times e^{-8}$, $2.3462 \times e^{-8}$, $3.1398 \times e^{-8}$, $1.5855 \times e^{-8}$, $9.4742 \times e^{-9}$, $9.0634 \times e^{-9}$, $2.2997 \times e^{-8}$, $4.2727 \times e^{-7}$, $2.7255 \times e^{-8}$ 和 $1.4784 \times e^{-8}$. 类似地, $\left|e_i^P\right|$ $(i = 1, 2, \cdots, 15)$ 分别为 $1.3569 \times e^{-8}$, $5.9244 \times e^{-7}$, $3.5253 \times e^{-8}$, $2.549 \times e^{-8}$, $1.4357 \times e^{-8}$, $1.5913 \times e^{-8}$, $1.0845 \times e^{-8}$, $1.7846 \times e^{-8}$, $2.5633 \times e^{-8}$, $6.844 \times e^{-9}$, $1.8493 \times e^{-8}$, $2.9088 \times e^{-8}$, $2.8526 \times e^{-7}$, $1.5994 \times e^{-8}$, $1.4902 \times e^{-8}$. 数值仿真表明了控制器的有效性.

7.3　复数神经网络延时模相同步

在考虑了复数神经网络的同步和模相同步后, 本节将进一步考虑复数神经网络具有延时和未知拓扑参数的情形[34]. 通过设计延时复数神经网络模相同步控制器和参数辨识率, 实现延时复数神经网络模相同步和结构辨识, 使同步具有较好的鲁棒性. 由于实际网络中存在延时和参数不确定等复杂性因素, 考虑以下延时复数神经网络动力学模型:

$$\dot{x}_i(t) = -c_i x_i(t) + f\left(x_i(t)\right) + \sum_{k=1}^N a_{ik} x_k(t) + \sum_{k=1}^N b_{ik} x_k(t - \tau) + I_i, \quad i = 1, 2, \cdots, N \tag{7.23}$$

及对应的响应神经网络模型:

$$\dot{y}_i(t) = -c_i y_i(t) + f\left(y_i(t)\right) + \sum_{k=1}^N a_{ik} y_k(t) + \sum_{k=1}^N b_{ik} y_k(t - \tau) + I_i + u_i, \quad i = 1, 2, \cdots, N, \tag{7.24}$$

其中 $\boldsymbol{x}(t) = (x_1(t), x_2(t), \cdots, x_N(t))$, $y(t) = (y_1(t), y_2(t), \cdots, y_N(t))$, $x_i(t)$ 和 $y_i(t)$ 表示复数神经元. 为了方便起见, 将 $x_i(t)$ 和 $y_i(t)$ 简单表示为 x_i 和 y_i. 则复数变量和函数可表示为 $x_i = x_{ir} + j x_{ip}$, $y_i = y_{ir} + j y_{ip}$ 和 $f(x_i) = f_r(x_i) + j f_p(x_i)$. x_{ir} 是 x_i 的实部, x_{ip} 是 x_i 的虚部, $j = \sqrt{-1}$, τ 为延时, $I_i = I_{ir} + j I_{ip}$ 是外部输入, $u_i = u_{ir} + j u_{ip}$ 为待设计控制器. $\boldsymbol{C} = \text{diag}(c_1, c_2, \cdots, c_N) > 0$ 为一个对角矩阵, $\boldsymbol{A} = (a_{ik})_{N \times N}$ 和 $\boldsymbol{B} = (b_{ik})_{N \times N}$ 为连接权矩阵.

分离复数神经网络的实部和虚部, 可以得到对应的驱动神经网络模型为

$$\begin{cases} \dot{x}_{ir}(t) = -c_i x_{ir} + f_r(x_i) + \sum_{k=1}^N a_{ik} x_{kr} + \sum_{k=1}^N b_{ik} x_{kr}(t-\tau) + I_{ir}, & i = 1, 2, \cdots, N, \\ \dot{x}_{ip}(t) = -c_i x_{ip} + f_p(x_i) + \sum_{k=1}^N a_{ik} x_{kp} + \sum_{k=1}^N b_{ik} x_{kp}(t-\tau) + I_{ip}, & i = 1, 2, \cdots, N, \end{cases} \tag{7.25}$$

类似地, 受控响应神经网络模型为

$$
\begin{cases}
\dot{y}_{ir}=-c_iy_{ir}+f_r(y_i)+\sum_{k=1}^{N}a_{ik}y_{kr}+\sum_{k=1}^{N}b_{ik}y_{kr}(t-\tau)+I_{ir}+u_{ir}, & i=1,2,\cdots,N, \\
\dot{y}_{ip}=-c_iy_{ip}+f_p(y_i)+\sum_{k=1}^{N}a_{ik}y_{kp}+\sum_{k=1}^{N}b_{ik}y_{kp}(t-\tau)+I_{ip}+u_{ip}, & i=1,2,\cdots,N.
\end{cases}
\tag{7.26}
$$

分别定义驱动-响应神经网络系统的模和相为

$$
M(x_i)=\sqrt{x_{ir}^2+x_{ip}^2}, \quad M(y_i)=\sqrt{y_{ir}^2+y_{ip}^2}, \quad i=1,2,\cdots,N
$$

和

$$
P(x_i)=\arctan(x_{ip}/x_{ir}), \quad x_{ir}\neq 0,
$$
$$
P(y_i)=\arctan(y_{ip}/y_{ir}), \quad y_{ir}\neq 0, \quad i=1,2,\cdots,N.
$$

对应的模相矩阵可以表示成 $\boldsymbol{\Theta}(x_i)=(M(x_i),P(x_i))^{\mathrm{T}}$ 和 $\boldsymbol{\Theta}(y_i)=(M(y_i),P(y_i))^{\mathrm{T}}, i=1,2,\cdots,N$. 模相误差为 $e_{im}=M(y_i)-M(x_i)$ 和 $e_{ip}=P(y_i)-P(x_i)$. 为了使得延时复数神经网络实现模相同步, 时变延时需满足如下假设.

假设 7.1 时变延时函数 $\tau(t)$ 是可微的且满足不等式 $0\leqslant\dot{\tau}(t)\leqslant\phi<1$, 其中 ϕ 表示一个正整数.

基于如上驱动-响应复数神经网络 (7.25) 和 (7.26), 可得对应的模相误差系统为

$$
\dot{e}_i(t)=\boldsymbol{D\Theta}(y_i)\dot{\boldsymbol{y}}_i-\boldsymbol{D\Theta}(x_i)\dot{\boldsymbol{x}}_i
$$

$$
=\begin{bmatrix} \dfrac{y_{ir}}{M(y_i)} & \dfrac{y_{ip}}{M(y_i)} \\[2mm] \dfrac{-y_{ip}}{M^2(y_i)} & \dfrac{y_{ir}}{M^2(y_i)} \end{bmatrix}
$$

$$
\cdot\begin{bmatrix} -c_iy_{ir}+f_r(y_i)+\sum\limits_{k=1}^{N}a_{ik}y_{kr}+\sum\limits_{k=1}^{N}b_{ik}y_{kr}(t-\tau)+I_{ir}+u_{ir} \\[3mm] -c_iy_{ip}+f_p(y_i)+\sum\limits_{k=1}^{N}a_{ik}y_{kp}+\sum\limits_{k=1}^{N}b_{ik}y_{kp}(t-\tau)+I_{ip}+u_{ip} \end{bmatrix}
$$

$$
-\begin{bmatrix} \dfrac{x_{ir}}{M(x_i)} & \dfrac{x_{ip}}{M(x_i)} \\[2mm] \dfrac{-x_{ip}}{M^2(x_i)} & \dfrac{x_{ir}}{M^2(x_i)} \end{bmatrix}\begin{bmatrix} -c_ix_{ir}+f_r(x_i)+\sum\limits_{k=1}^{N}a_{ik}x_{kr}+\sum\limits_{k=1}^{N}b_{ik}x_{kr}(t-\tau)+I_{ir} \\[3mm] -c_ix_{ip}+f_p(x_i)+\sum\limits_{k=1}^{N}a_{ik}x_{kp}+\sum\limits_{k=1}^{N}b_{ik}x_{kp}(t-\tau)+I_{ip} \end{bmatrix}
$$

$$
=\left[
\begin{array}{c}
\dfrac{-c_iM^2(y_i)+f^r(y_i)+\displaystyle\sum_{k=1}^{N}a_{ik}y_{i,k}^r(t)+\sum_{k=1}^{N}b_{ik}y_{i,k}^r(\tau)+I^r(y_i)+U^r(y_i)}{M(y_i)} \\[4mm]
\dfrac{f^p(y_i)+\displaystyle\sum_{k=1}^{N}a_{ik}y_{i,k}^p(t)+\sum_{k=1}^{N}b_{ik}y_{i,k}^p(\tau)+I^p(y_i)+U^p(y_i)}{M^2(y_i)}
\end{array}
\right]
$$

$$
-\left[
\begin{array}{c}
\dfrac{-c_iM^2(x_i)+f^r(x_i)+\displaystyle\sum_{k=1}^{N}a_{ik}x_{i,k}^r(t)+\sum_{k=1}^{N}b_{ik}x_{i,k}^r(\tau)+I^r(x_i)}{M(x_i)} \\[4mm]
\dfrac{f^p(x_i)+\displaystyle\sum_{k=1}^{N}a_{ik}x_{i,k}^p(t)+\sum_{k=1}^{N}b_{ik}x_{i,k}^p(\tau)+I^p(x_i)}{M^2(x_i)}
\end{array}
\right],
$$

$$(7.27)$$

其中 $\boldsymbol{x}_i=(x_{im},x_{ip})^{\mathrm{T}}$, $\boldsymbol{y}_i=(y_{im},y_{ip})^{\mathrm{T}}$ 和 $\boldsymbol{e}_i=(e_{im},e_{ip})^{\mathrm{T}}$. $\boldsymbol{D\Theta}(\cdot)$ 为 $\boldsymbol{\Theta}(\cdot)$ 的雅可比矩阵, 交叉项表示为

$$
f^r(x_i)=f_r(x_i)x_{ir}+f_p(x_i)x_{ip},\quad f^p(x_i)=f_p(x_i)x_{ir}-f_r(x_i)x_{ip},
$$

$$
x_{i,k}^r(t)=x_{ir}x_{kr}+x_{ip}x_{kp},
$$

$$
x_{i,k}^p(t)=x_{ir}x_{kp}-x_{ip}x_{kr},\quad x_{i,k}^r(\tau)=x_{ir}x_{kr}(t-\tau)+x_{ip}x_{kp}(t-\tau),
$$

$$
x_{i,k}^p(\tau)=x_{ir}x_{kp}(t-\tau)-x_{ip}x_{kr}(t-\tau),\quad I^r(x_i)=I_{ir}x_{ir}+I_{ip}x_{ip},\quad I^p(x_i)=I_{ip}x_{ir}-I_{ir}x_{ip},
$$

$$
f^r(y_i)=f_r(y_i)y_{ir}+f_p(y_i)y_{ip},\quad f^p(y_i)=f_p(y_i)y_{ir}-f_r(y_i)y_{ip},
$$

$$
y_{i,k}^r(t)=y_{ir}y_{kr}+y_{ip}y_{kp},
$$

$$
y_{i,k}^p(t)=y_{ir}y_{kp}-y_{ip}y_{kr},\quad y_{i,k}^r(\tau)=y_{ir}y_{kr}(t-\tau)+y_{ip}y_{kp}(t-\tau),
$$

$$
y_{i,k}^p(\tau)=y_{ir}y_{kp}(t-\tau)-y_{ip}y_{kr}(t-\tau),\quad I^r(y_i)=I_{ir}y_{ir}+I_{ip}y_{ip},\quad U^r(y_i)=u_{ir}y_{ir}+u_{ip}y_{ip},
$$

$$
I^p(y_i)=I_{ip}y_{ir}-I_{ir}y_{ip},\quad U^p(y_i)=u_{ip}y_{ir}-u_{ir}y_{ip}.
$$

为了方便表示, 定义如下变量

$$
\begin{cases}
\begin{aligned}
A_i ={}& \dfrac{M(y_i)\left(f^r(x_i) + \displaystyle\sum_{k=1}^{N} a_{ik}x_{i,k}^r(t) + \sum_{k=1}^{N} b_{ik}x_{i,k}^r(\tau) + I^r(x_i)\right)}{M(x_i)} \\
& - \left(f^r(y_i) + \sum_{k=1}^{N} a_{ik}y_{i,k}^r(t) \right. \\
& \left. + \sum_{k=1}^{N} b_{ik}(y_{i,k}^r(\tau) - M(y_i)e_{im}(t-\tau)) + I^r(y_i)\right) - d_{i1}M(y_i)e_{im}(t), \\
B_i ={}& \dfrac{M^2(y_i)\left(f^p(x_i) + \displaystyle\sum_{k=1}^{N} a_{ik}x_{i,k}^p(t) + \sum_{k=1}^{N} b_{ik}x_{i,k}^p(\tau) + I^p(x_i)\right)}{M^2(x_i)} \\
& - \left(f^p(y_i) + \sum_{k=1}^{N} a_{ik}y_{i,k}^p(t) \right. \\
& \left. + \sum_{k=1}^{N} b_{ik}(y_{i,k}^p(\tau) - M^2(y_i)e_{ip}(t-\tau)) + I^p(y_i)\right) - d_{i2}M^2(y_i)e_{ip}(t),
\end{aligned}
\end{cases}
\tag{7.28}
$$

其中, d_{i1} 和 d_{i2} 为自适应反馈控制增益. 根据如上定义, 可得以下模相同步定理.

定理 7.3 驱动-响应延时神经网络 (7.25) 和 (7.26) 将在控制器

$$
\begin{cases}
u_{ir} = \dfrac{A_i y_{ir} - B_i y_{ip}}{M^2(y_i)}, \\[2mm]
u_{ip} = \dfrac{A_i y_{ip} + B_i y_{ir}}{M^2(y_i)},
\end{cases}
\qquad i = 1, 2, \cdots, N,
\tag{7.29}
$$

$$
\dot{d}_{i1} = \delta_{i1}e_{im}^{\mathrm{T}}e_{im}, \quad \dot{d}_{i2} = \delta_{i2}e_{ip}^{\mathrm{T}}e_{ip}, \quad i = 1, 2, \cdots, N
\tag{7.30}
$$

的作用下达到模相同步, 其中 $\delta_{i1} > 0$, $\delta_{i2} > 0$.

证明 将反馈控制器 (7.29) 代入误差系统 (7.27) 中, 经计算可得受控误差系统为 $\dot{e}_{im}(t) = -c_i e_{im}(t) + \displaystyle\sum_{k=1}^{N} b_{ik}e_{im}(t-\tau) - d_{i1}e_{im}(t)$ 和 $\dot{e}_{ip}(t) = \displaystyle\sum_{k=1}^{N} b_{ik}e_{ip}(t-\tau) - d_{i2}e_{ip}(t)$. 设 $V(t, x_t, y_t)$ 为一个泛函, 其中 x_t 和 y_t 为定义在 $[-\tau(t), 0]$ 上的函数. $x_t(\theta) = x(t+\theta)$, $y_t(\theta) = y(t+\theta)$, $-\tau(t) \leqslant \theta \leqslant 0$. 将泛函简化表示为 $V(t) = V(t, x_t, y_t)$, 可得

$$
V(t) = \frac{1}{2}\sum_{i=1}^{N} e_{im}^{\mathrm{T}}(t)e_{im}(t) + \frac{1}{2}\sum_{i=1}^{N} e_{ip}^{\mathrm{T}}(t)e_{ip}(t) + \frac{1}{2}\sum_{i=1}^{N} \frac{(d_{i1}-d_1)^2}{\delta_{i1}}
$$

$$+ \frac{1}{2} \sum_{i=1}^{N} \frac{(d_{i2}-d_2)^2}{\delta_{i2}} + \frac{N}{2(1-\phi)} \int_{t-\tau(t)}^{t} \sum_{i=1}^{N} (e_{im}^{\mathrm{T}}(\theta)e_{im}(\theta) + e_{ip}^{\mathrm{T}}(\theta)e_{ip}(\theta)) \mathrm{d}\theta,$$

其中 $d_1 > 0$, $d_2 > 0$ 为待设计常数. 按照误差系统 (7.27) 对 $V(t)$ 求时间导数, 并将控制器 (7.29) 代入, 可得

$$\dot{V}(t) = \sum_{i=1}^{N} e_{im}^{\mathrm{T}}(t)\dot{e}_{im}(t) + \sum_{i=1}^{N} e_{ip}^{\mathrm{T}}(t)\dot{e}_{ip}(t) + \sum_{i=1}^{N} \frac{\dot{d}_{i1}(d_{i1}-d_1)}{\delta_{i1}}$$

$$+ \sum_{i=1}^{N} \frac{\dot{d}_{i2}(d_{i2}-d_2)}{\delta_{i2}} + \frac{N}{2(1-\phi)} \sum_{i=1}^{N} (e_{im}^{\mathrm{T}}(t)e_{im}(t)+e_{ip}^{\mathrm{T}}(t)e_{ip}(t))$$

$$+ \frac{N(\dot{\tau}(t)-1)}{2(1-\phi)} \sum_{i=1}^{N} (e_{im}^{\mathrm{T}}(t-\tau)e_{im}(t-\tau) + e_{ip}^{\mathrm{T}}(t-\tau)e_{ip}(t-\tau)), \quad (7.31)$$

进一步计算式 (7.31) 可得关于 $V(t)$ 的时间导数为

$$\dot{V}(t) = \sum_{i=1}^{N} e_{im}^{\mathrm{T}}(t) \left(-c_i - d_1 + \frac{N}{2(1-\phi)} \right) e_{im}(t)$$

$$+ \sum_{i=1}^{N} e_{ip}^{\mathrm{T}}(t) \left(-d_2 + \frac{N}{2(1-\phi)} \right) e_{ip}(t)$$

$$+ \sum_{i=1}^{N} \sum_{k=1}^{N} b_{ik} e_{im}^{\mathrm{T}}(t)e_{im}(t-\tau) + \sum_{i=1}^{N} \sum_{k=1}^{N} b_{ik} e_{ip}^{\mathrm{T}}(t)e_{ip}(t-\tau)$$

$$+ \frac{N(\dot{\tau}(t)-1)}{2(1-\phi)} \sum_{i=1}^{N} (e_{im}^{\mathrm{T}}(t-\tau)e_{im}(t-\tau) + e_{ip}^{\mathrm{T}}(t-\tau)e_{ip}(t-\tau)). \quad (7.32)$$

根据引理 6.1 及式 (7.32) 可知

$$\dot{V}(t) \leqslant \sum_{i=1}^{N} e_{im}^{T}(t) \left(-c_i - d_1 + \frac{N}{2(1-\phi)} + \frac{1}{2} \sum_{k=1}^{N} b_{ik}^2 \right) e_{im}(t)$$

$$+ \sum_{i=1}^{N} e_{ip}^{T}(t) \left(-d_2 + \frac{N}{2(1-\phi)} + \frac{1}{2} \sum_{k=1}^{N} b_{ik}^2 \right) e_{ip}(t)$$

$$+ \frac{N}{2} \sum_{i=1}^{N} (e_{im}^{T}(t-\tau)e_{im}(t-\tau) + e_{ip}^{T}(t-\tau)e_{ip}(t-\tau))$$

$$+ \frac{N(\dot{\tau}(t)-1)}{2(1-\phi)} \sum_{i=1}^{N} (e_{im}^{T}(t-\tau)e_{im}(t-\tau) + e_{ip}^{T}(t-\tau)e_{ip}(t-\tau)). \quad (7.33)$$

根据假设 7.1, 有 $\dfrac{\dot\tau(t)-\phi}{2(1-\phi)}\leqslant 0$, 则式 (7.33) 可转化为

$$\dot{V}(t)\leqslant \sum_{i=1}^{N}e_{im}^{T}(t)\left(-c_i-d_1+\frac{N}{2(1-\phi)}+\frac{1}{2}\sum_{k=1}^{N}b_{ik}^2\right)e_{im}(t)$$

$$+\sum_{i=1}^{N}e_{ip}^{T}(t)\left(-d_2+\frac{N}{2(1-\phi)}+\frac{1}{2}\sum_{k=1}^{N}b_{ik}^2\right)e_{ip}(t)$$

$$\leqslant \left(-c_{\min}-d_1+\frac{N}{2(1-\phi)}+\frac{1}{2}b_{\max}\right)\sum_{i=1}^{N}e_{im}^{T}(t)e_{im}(t)$$

$$+\left(-d_2+\frac{N}{2(1-\phi)}+\frac{1}{2}b_{\max}\right)\sum_{i=1}^{N}e_{ip}^{T}(t)e_{ip}(t). \tag{7.34}$$

其中 $c_{\min}=\min(c_i)$, $b_{\max}=\max\left(\displaystyle\sum_{k=1}^{N}b_{ik}^2\right)$, $i=1,2,\cdots,N$, $d_1=-c_{\min}+\dfrac{N}{2(1-\phi)}+\dfrac{1}{2}b_{\max}+1$ 和 $d_2=\dfrac{N}{2(1-\phi)}+\dfrac{1}{2}b_{\max}+1$, 可得

$$\dot{V}(t)\leqslant -\sum_{i=1}^{N}e_{im}^{\mathrm{T}}(t)e_{im}(t)-\sum_{i=1}^{N}e_{ip}^{\mathrm{T}}(t)e_{ip}(t)<0,$$

驱动-响应延时神经网络将达到模相同步, 证明完毕.

可以看到, 在定理 7.3 中, 对角矩阵 $\boldsymbol{C}$, 连接权矩阵 $\boldsymbol{A}$ 和 $\boldsymbol{B}$ 并不需要是对称的或者不可约的, 故而该方法在复数神经网络同步中具有更为广泛的应用. 考虑到实际网络中由于认知有限等问题所带来的参数不确定性, 本节将进一步考虑神经网络中参数需要辨识的情况. 定义带有未知拓扑结构的神经网络为

$$\dot{y}_i=-\bar{c}_iy_i+f(y_i)+\sum_{k=1}^{N}\bar{a}_{ik}y_k+\sum_{k=1}^{N}\bar{b}_{ik}y_k(t-\tau)+I_i+u_i, \quad i=1,2,\cdots,N, \tag{7.35}$$

其中 $\bar{\boldsymbol{C}}=\mathrm{diag}(\bar{c}_1,\bar{c}_2,\cdots,\bar{c}_N)>0$, $\bar{\boldsymbol{A}}=(\bar{a}_{ik})_{N\times N}$, $\bar{\boldsymbol{B}}=(\bar{b}_{ik})_{N\times N}$ 为未知权值矩阵. $\hat{\boldsymbol{C}}=\mathrm{diag}(\hat{c}_1,\hat{c}_2,\cdots,\hat{c}_N)>0$, $\hat{\boldsymbol{A}}=(\hat{a}_{ik})_{N\times N}$ 和 $\hat{\boldsymbol{B}}=(\hat{b}_{ik})_{N\times N}$ 为 $\bar{\boldsymbol{C}}$, $\bar{\boldsymbol{A}}$ 和 $\bar{\boldsymbol{B}}$ 的估计矩阵. 定义参数误差为 $\tilde{\boldsymbol{C}}=\bar{\boldsymbol{C}}-\hat{\boldsymbol{C}}=\mathrm{diag}(\tilde{c}_1,\tilde{c}_2,\cdots,\tilde{c}_N)$, $\tilde{\boldsymbol{A}}=\bar{\boldsymbol{A}}-\hat{\boldsymbol{A}}=(\tilde{a}_{ik})_{N\times N}$ 和 $\tilde{\boldsymbol{B}}=\bar{\boldsymbol{B}}-\hat{\boldsymbol{B}}=(\tilde{b}_{ik})_{N\times N}$. 通过分离系统实部和虚部, 受控响应神经网络可表示为

$$\begin{cases} \dot{y}_{ir} = -\bar{c}_i y_{ir} + f_r(y_i) + \sum_{k=1}^{N} \bar{a}_{ik} y_{kr} + \sum_{k=1}^{N} \bar{b}_{ik} y_{kr}(t-\tau) + I_{ir} + u_{ir}, \quad i=1,2,\cdots,N, \\[3mm] \dot{y}_{ip} = -\bar{c}_i y_{ip} + f_p(y_i) + \sum_{k=1}^{N} \bar{a}_{ik} y_{kp} + \sum_{k=1}^{N} \bar{b}_{ik} y_{kp}(t-\tau) + I_{ip} + u_{ip}, \quad i=1,2,\cdots,N. \end{cases}$$

$$(7.36)$$

为了得到带有结构辨识的复数神经网络模相同步, 需设计参数辨识率并更新同步控制器, 具体结论和分析如下定理所示.

定理 7.4 驱动-响应延时神经网络 (7.25) 和 (7.36) 将在参数更新率和控制器

$$\dot{\hat{a}}_{ik} = \frac{e_{im}^{\mathrm{T}} y_{i,k}^r(t)}{M(y_i)} + \frac{e_{ip}^{\mathrm{T}} y_{i,k}^p(t)}{M^2(y_i)}, \quad i,k=1,2,\cdots,N, \tag{7.37}$$

$$\dot{\hat{b}}_{ik} = \frac{e_{im}^{\mathrm{T}} y_{i,k}^r(\tau)}{M(y_i)} + \frac{e_{ip}^{\mathrm{T}} y_{i,k}^p(\tau)}{M^2(y_i)}, \quad i,k=1,2,\cdots,N, \tag{7.38}$$

$$\dot{\hat{c}}_i = -e_{im}^{\mathrm{T}} M(y_i), \quad i=1,2,\cdots,N, \tag{7.39}$$

$$\begin{cases} u_{ir} = \dfrac{A_i^* y_{ir} - B_i^* y_{ip}}{M^2(y_i)}, \\[3mm] u_{ip} = \dfrac{A_i^* y_{ip} + B_i^* y_{ir}}{M^2(y_i)}, \end{cases} \quad i=1,2,\cdots,N \tag{7.40}$$

的作用下达到模相同步, 其中

$$\begin{cases} A_i^* = \dfrac{M(y_i)\left(-c_i M^2(x_i) + f^r(x_i) + \sum\limits_{k=1}^{N} a_{ik} x_{i,k}^r(t) + \sum\limits_{k=1}^{N} b_{ik} x_{i,k}^r(\tau) + I^r(x_i)\right)}{M(x_i)} \\[4mm] \qquad - \left(\begin{array}{l} -\hat{c}_i M^2(y_i) + f^r(y_i) + \sum\limits_{k=1}^{N} \hat{a}_{ik} y_{i,k}^r(t) \\[2mm] + \sum\limits_{k=1}^{N} \hat{b}_{ik}\left(y_{i,k}^r(\tau) - M(y_i) e_{im}(t-\tau)\right) + I^r(y_i) \end{array}\right) - d_{i1} M(y_i) e_{im}(t), \\[6mm] B_i^* = \dfrac{M^2(y_i)\left(f^p(x_i) + \sum\limits_{k=1}^{N} a_{ik} x_{i,k}^p(t) + \sum\limits_{k=1}^{N} b_{ik} x_{i,k}^p(\tau) + I^p(x_i)\right)}{M^2(x_i)} \\[4mm] \qquad - \left(f^p(y_i) + \sum\limits_{k=1}^{N} \hat{a}_{ik} y_{i,k}^p(t) + \sum\limits_{k=1}^{N} \hat{b}_{ik}\left(y_{i,k}^p(\tau) - M^2(y_i) e_{ip}(t-\tau)\right) + I^p(y_i)\right) \\[4mm] \qquad - d_{i2} M^2(y_i) e_{ip}(t). \end{cases}$$

$$(7.41)$$

证明 在反馈控制器 (7.40) 的作用下, 受控误差系统转化为

$$\dot{e}_{im}(t) = -(\bar{c}_i - \hat{c}_i)M(y_i) + \frac{\sum_{k=1}^{N}(\bar{a}_{ik} - \hat{a}_{ik})y_{i,k}^r(t) + \sum_{k=1}^{N}(\bar{b}_{ik} - \hat{b}_{ik})y_{i,k}^r(\tau)}{M(y_i)}$$

$$+ \sum_{k=1}^{N}\hat{b}_{ik}e_{im}(t-\tau) - d_{i1}M(y_i)e_{im}(t)$$

和

$$\dot{e}_{ip}(t) = \frac{\sum_{k=1}^{N}(\bar{a}_{ik} - \hat{a}_{ik})y_{i,k}^p(t) + \sum_{k=1}^{N}(\bar{b}_{ik} - \hat{b}_{ik})y_{i,k}^p(\tau)}{M^2(y_i)}$$

$$+ \sum_{k=1}^{N}\hat{b}_{ik}e_{ip}(t-\tau) - d_{i2}M^2(y_i)e_{ip}(t).$$

考虑以下 Lyapunov-Krasovski 泛函

$$V(t) = \frac{1}{2}\sum_{i=1}^{N}e_{im}^{\mathrm{T}}(t)e_{im}(t) + \frac{1}{2}\sum_{i=1}^{N}e_{ip}^{\mathrm{T}}(t)e_{ip}(t) + \frac{1}{2}\sum_{i=1}^{N}\frac{(d_{i1}-d_1)^2}{\delta_{i1}}$$

$$+ \frac{1}{2}\sum_{i=1}^{N}\frac{(d_{i2}-d_2)^2}{\delta_{i2}} + \frac{1}{2}\sum_{i=1}^{N}\sum_{k=1}^{N}\tilde{a}_{ik}^2 + \frac{1}{2}\sum_{i=1}^{N}\sum_{k=1}^{N}\tilde{b}_{ik}^2 + \frac{1}{2}\sum_{i=1}^{N}\sum_{k=1}^{N}\tilde{c}_{ik}^2$$

$$+ \frac{N}{2(1-\phi)}\int_{t-\tau(t)}^{t}\sum_{i=1}^{N}(e_{im}^{\mathrm{T}}(\theta)e_{im}(\theta) + e_{ip}^{\mathrm{T}}(\theta)e_{ip}(\theta))\mathrm{d}\theta, \tag{7.42}$$

对 $V(t)$ 求导, 并将参数更新率和控制器代入, 可得 $V(t)$ 关于误差系统的时间导数为

$$\dot{V}(t) = \sum_{i=1}^{N}e_{im}^{\mathrm{T}}(t)\dot{e}_{im}(t) + \sum_{i=1}^{N}e_{ip}^{\mathrm{T}}(t)\dot{e}_{ip}(t) + \sum_{i=1}^{N}\frac{\dot{d}_{i1}(d_{i1}-d_1)}{\delta_{i1}} + \sum_{i=1}^{N}\sum_{k=1}^{N}\dot{\hat{a}}_{ik}\tilde{a}_{ik}$$

$$+ \sum_{i=1}^{N}\sum_{k=1}^{N}\dot{\hat{b}}_{ik}\tilde{b}_{ik} + \sum_{i=1}^{N}\sum_{k=1}^{N}\dot{\hat{c}}_{ik}\tilde{c}_{ik}$$

$$+ \frac{N}{2(1-\phi)}\sum_{i=1}^{N}(e_{im}^{\mathrm{T}}(t)e_{im}(t) + e_{ip}^{\mathrm{T}}(t)e_{ip}(t))$$

$$+ \frac{N(\dot{\tau}(t) - 1)}{2(1 - \phi)} \sum_{i=1}^{N} (e_{im}^{\mathrm{T}}(t - \tau)e_{im}(t - \tau) + e_{ip}^{\mathrm{T}}(t - \tau)e_{ip}(t - \tau))$$

$$+ \sum_{i=1}^{N} \frac{\dot{d}_{i2}(d_{i2} - d_2)}{\delta_{i2}}. \tag{7.43}$$

进一步计算式 (7.43) 可得关于 $V(t)$ 的时间导数为

$$\dot{V}(t) = \left(-d_1 + \frac{N}{2(1 - \phi)} \right) \sum_{i=1}^{N} e_{im}^{\mathrm{T}}(t)e_{im}(t) + \left(-d_2 + \frac{N}{2(1 - \phi)} \right) \sum_{i=1}^{N} e_{ip}^{\mathrm{T}}(t)e_{ip}(t)$$

$$+ \sum_{i=1}^{N} \sum_{k=1}^{N} \hat{b}_{ik} e_{im}^{\mathrm{T}}(t)e_{im}(t - \tau) + \sum_{i=1}^{N} \sum_{k=1}^{N} \hat{b}_{ik} e_{ip}^{\mathrm{T}}(t)e_{ip}(t - \tau)$$

$$+ \frac{N(\dot{\tau}(t) - 1)}{2(1 - \phi)} \sum_{i=1}^{N} (e_{im}^{\mathrm{T}}(t - \tau)e_{im}(t - \tau) + e_{ip}^{\mathrm{T}}(t - \tau)e_{ip}(t - \tau)).$$

令 $b_{\max} \geqslant \max \left(\sum_{k=1}^{N} \hat{b}_{ik}^2 \right)$, $i = 1, 2, \cdots, N$. 根据定理 7.3 的证明, 易得 $\dot{V}(t) < 0$, 驱动-响应延时神经网络 (7.25) 和 (7.26) 将达到模相同步. 同时在参数更新率的作用下, 网络结构将被辨识.

在数值仿真中, 首先探讨延时复数神经网络中具有确定参数时的情形. 考虑复数神经网络 (7.25) 和 (7.26), 神经元个数设置为 10, 激励函数定义为 $f(x) = x^2 - x$, 延时定义为 $\tau(t) = 2$, 连接权值矩阵为

$$\boldsymbol{C} = \mathrm{diag}(1, 1, \cdots, 1),$$

$$\boldsymbol{A} = \begin{bmatrix} -3 & 0 & 0 & 1 & 0 & 1 & 0 & 0 & 1 & 0 \\ 0 & -5 & 0 & 1 & 1 & 0 & 1 & 0 & 1 & 1 \\ 1 & 0 & -3 & 0 & 0 & 0 & 0 & 1 & 0 & 1 \\ 0 & 0 & 0 & -2 & 0 & 1 & 0 & 0 & 1 & 0 \\ 0 & 0 & 0 & 0 & 0 & 0 & 0 & 0 & 0 & 0 \\ 0 & 0 & 0 & 1 & 0 & -1 & 0 & 0 & 0 & 0 \\ 0 & 0 & 0 & 0 & 0 & 0 & 0 & 0 & 0 & 0 \\ 0 & 0 & 1 & 0 & 0 & 1 & 0 & -2 & 0 & 0 \\ 1 & 1 & 0 & 1 & 1 & 1 & 0 & 1 & -6 & 0 \\ 1 & 0 & 1 & 1 & 0 & 0 & 0 & 0 & 0 & -3 \end{bmatrix},$$

$$B = \begin{bmatrix} -5 & 0 & 1 & 0 & 0 & 1 & 1 & 0 & 1 & 1 \\ 1 & -4 & 0 & 0 & 1 & 1 & 0 & 0 & 1 & 0 \\ 0 & 1 & -6 & 1 & 0 & 1 & 1 & 1 & 0 & 1 \\ 0 & 0 & 0 & 0 & 0 & 0 & 0 & 0 & 0 & 0 \\ 0 & 0 & 0 & 0 & -1 & 0 & 0 & 1 & 0 & 0 \\ 0 & 1 & 0 & 0 & 0 & -2 & 0 & 0 & 1 & 0 \\ 0 & 0 & 1 & 1 & 0 & 0 & -3 & 0 & 0 & 1 \\ 0 & 0 & 0 & 0 & 1 & 0 & 0 & -2 & 0 & 1 \\ 1 & 0 & 1 & 0 & 0 & 1 & 0 & 0 & -3 & 0 \\ 0 & 0 & 1 & 1 & 0 & 0 & 0 & 0 & 0 & -2 \end{bmatrix},$$

网络初始状态由计算机随机给出. 由定理 7.3 可知, 网络将实现同步, 对应的同步误差曲面如图 7.5 和图 7.6 所示.

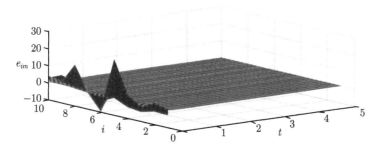

图 7.5 延时复数神经网络 (7.25) 和 (7.26) 的模误差曲面

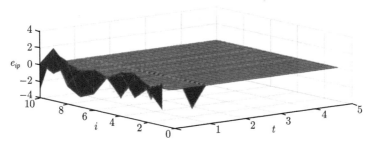

图 7.6 延时复数神经网络 (7.25) 和 (7.26) 的相误差曲面

考虑到计算机精度有限, 故而假设当 $|e_{im}|$ 和 $|e_{ip}|$ 小于 e^{-4} 时, 系统达到模相同步. 随着系统的迭代, 在 1 s 时, $|e_{im}|$ $(i = 1, 2, \cdots, 10)$ 分别为 $2.1919 \times e^{-5}$, $1.1709 \times e^{-7}$, $1.4655 \times e^{-14}$, $1.0793 \times e^{-11}$, $8.5594 \times e^{-10}$, $4.6074 \times e^{-15}$, $4.3297 \times e^{-5}$,

$1.1102 \times e^{-16}$, $5.3013 \times e^{-14}$ 和 $1.4277 \times e^{-11}$. 类似地, 在 3 s 时, $|e_{ip}|$ $(i = 1, 2, \cdots, 10)$ 分别为 $1.9984 \times e^{-15}$, 0, 0, 0, 0, 0, $8.8818 \times e^{-16}$, 0, 0 和 $3.9524 \times e^{-14}$.

接下来, 考虑带有未知参数的神经网络同步. 为了简单起见, 暂不考虑延时且假设只有未知权值矩阵 $\bar{\boldsymbol{A}}$ 需要被辨识. 定义系统参数为

$$\bar{\boldsymbol{C}} = \boldsymbol{C} = \mathrm{diag}(0, 0, \cdots, 0),$$

$$\boldsymbol{A} = \begin{bmatrix} -14 & 14 & 0 & 0 & 0 & 0 \\ 40 & -1 & 0 & 0 & 0 & 0 \\ 0 & 0 & -5 & 0 & 0 & 0 \\ 0 & 0 & 0 & -14 & 14 & 0 \\ 0 & 0 & 0 & 40 & -1 & 0 \\ 0 & 0 & 0 & 0 & 0 & -5 \end{bmatrix}, \quad \bar{\boldsymbol{A}} = \begin{bmatrix} 12 & 6 & 0 & 7 & 1 & 0 \\ 0 & -30 & 15 & 1 & 0 & 3 \\ 0 & 6 & -9 & 0 & 1 & 1 \\ 0 & 10 & 0 & -23 & 0 & 2 \\ 10 & 0 & 8 & 0 & -22 & 0 \\ 0 & 8 & 0 & 0 & 0 & -8 \end{bmatrix}.$$

$$f_r(x_1) = f_p(x_1) = 0, \quad f_r(x_2) = -x_{1r}x_{3r}, \quad f_p(x_2) = -x_{1p}x_{3p}, \quad f_r(x_3) = x_{1r}x_{2r},$$

$$f_p(x_3) = x_{1p}x_{2p}, \quad f_r(x_4) = f_p(x_4) = 0, \quad f_r(x_5) = -x_{4r}x_{6r}, \quad f_p(x_5) = -x_{4p}x_{6p},$$

$$f_r(x_6) = x_{4r}x_{5r}, \quad f_p(x_6) = x_{4p}x_{5p}.$$

由定理 7.4 可知, 复数神经网络将实现同步, 未知参数将得到辨识. 系统参数辨识曲线如图 7.7 和图 7.8 所示, 同步误差曲面如图 7.9 和图 7.10 所示.

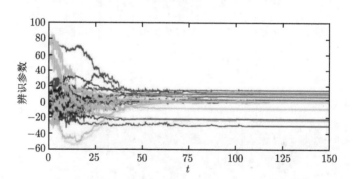

图 7.7　未知复数神经网络 (7.36) 的结构辨识曲线

考虑到计算机精度有限, 故假设当 $|e_{im}|$ 和 $|e_{ip}|$ 小于 e^{-4} 时, 系统达到模相同步. 采用随机给定初值, 在迭代进行到 140s 时, $|e_{im}|$ $(i = 1, 2, \cdots, 6)$ 分别为 $1.066 \times e^{-8}$, $2.501 \times e^{-6}$, $7.1 \times e^{-6}$, 0.000139, $1.868 \times e^{-12}$ 和 $5.7815 \times e^{-6}$. $|e_{ip}|$ $(i = 1, 2, \cdots, 6)$ 分别为 $2.0239 \times e^{-9}$, $1.282 \times e^{-5}$, $2.5137 \times e^{-6}$, $3.35 \times e^{-5}$, $5.74 \times e^{-13}$ 和 $2.2 \times e^{-6}$. 与此同时, 从图 7.7 和图 7.8 可以看出, 未知参数随着系

统的同步过程被识别了出来, 最终得到了被辨识的神经网络结构. 仿真实验表明了控制器的有效性.

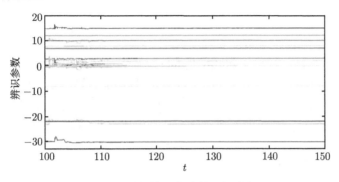

图 7.8　结构辨识曲线的局部放大

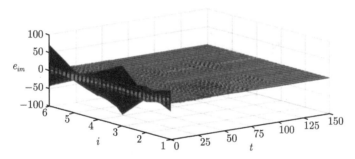

图 7.9　复数神经网络 (7.25) 和 (7.36) 的模误差曲面

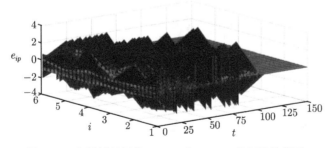

图 7.10　复数神经网络 (7.25) 和 (7.36) 的相误差曲面

7.4　离散延时复数神经网络同步

本章的前几节研究了连续型神经网络的同步问题. 本节将进一步考察节点状态离散时刻变化的复数神经网络同步[35]. 不失一般性, 同步过程中将考虑神经网

络中的时变延时, 并设计基于 LMI 的同步判定条件. 考虑以下含有 n 个神经元的离散延时复数神经网络模型:

$$\boldsymbol{x}(k+1) = \boldsymbol{A}\boldsymbol{\sigma}(\boldsymbol{x}(k)) + \boldsymbol{B}\boldsymbol{\sigma}(\boldsymbol{x}(k-\tau(k))) + \boldsymbol{H}, \tag{7.44}$$

其中 $\boldsymbol{x} = (x_1, x_2, \cdots, x_n)^{\mathrm{T}}$ 为状态向量, n 表示神经元个数. $\boldsymbol{A} = (a_{ij})_{n \times n} \in \mathbf{C}^{n \times n}$, $\boldsymbol{B} = (b_{ij})_{n \times n} \in \mathbf{C}^{n \times n}$ 为连接权值矩阵和延时连接权值矩阵. $\boldsymbol{H} = (h_1, h_2, \cdots, h_n)^{\mathrm{T}}$ 表示外部输入向量. $\boldsymbol{\sigma}(x) = \max\{0, \mathrm{re}(\boldsymbol{x})\} + j \cdot \max\{0, \mathrm{im}(\boldsymbol{x})\}$ 为复数激励函数, $j = \sqrt{-1}$. 时变延时 $\tau(k)$ 在 $\underline{\tau}$ 和 $\bar{\tau}$ 之间变化, 即 $\underline{\tau} \leqslant \tau(k) \leqslant \bar{\tau}$. 神经网络中的复数参数可以表示为 $a_{ij} = a_{ij}^R + j a_{ij}^I$, $b_{ij} = b_{ij}^R + j b_{ij}^I$. 通过分离复数神经网络的实部和虚部, 可得对应的实数神经网络为

$$\begin{aligned}
x_i^R(k+1) = & \sum_{j=1}^n a_{ij}^R \sigma(x_j^R(k)) - \sum_{j=1}^n a_{ij}^I \sigma(x_j^I(k)) + \sum_{j=1}^n b_{ij}^R \sigma(x_j^R(k-\tau(k))) \\
& - \sum_{j=1}^n b_{ij}^I \sigma(x_j^I(k-\tau(k))) + h_i^R,
\end{aligned} \tag{7.45}$$

$$\begin{aligned}
x_i^I(k+1) = & \sum_{j=1}^n a_{ij}^R \sigma(x_j^I(k)) + \sum_{j=1}^n a_{ij}^I \sigma(x_j^R(k)) + \sum_{j=1}^n b_{ij}^R \sigma(x_j^I(k-\tau(k))) \\
& + \sum_{j=1}^n b_{ij}^I \sigma(x_j^R(k-\tau(k))) + h_i^I,
\end{aligned} \tag{7.46}$$

其中 x_i^R 和 x_i^I 分别表示 x_i 的实部和虚部. a_{ij}^R 和 a_{ij}^I 分别表示连接权值 a_{ij} 的实部和虚部. 类似地, b_{ij}^R 和 b_{ij}^I 为 b_{ij} 的实部和虚部, h_i^R 和 h_i^I 为 h_i 的实部和虚部. 实部和虚部分离后的连接权值矩阵可以表示为 $\boldsymbol{A}^R = (a_{ij}^R)_{n \times n} \in \mathbf{R}^{n \times n}$, $\boldsymbol{A}^I = (a_{ij}^I)_{n \times n} \in \mathbf{R}^{n \times n}$, $\boldsymbol{B}^R = (b_{ij}^R)_{n \times n} \in \mathbf{R}^{n \times n}$ 和 $\boldsymbol{B}^I = (b_{ij}^I)_{n \times n} \in \mathbf{R}^{n \times n}$. 将两个不同的离散复数神经网络分别用 φ 和 ψ 加以标记, 则在第 k 次迭代时两个神经网络的状态向量可分别表示为 $\boldsymbol{x}(k, \varphi)$ 和 $\boldsymbol{x}(k, \psi)$, 对应的实部和虚部状态向量则表示为 $\boldsymbol{x}^R(k, \varphi)$, $\boldsymbol{x}^R(k, \psi)$, $\boldsymbol{x}^I(k, \varphi)$ 和 $\boldsymbol{x}^I(k, \psi)$. 由系统 (7.45) 和 (7.46) 可以得到离散复数神经网络的误差系统为

$$\begin{aligned}
& \boldsymbol{x}^R(k+1, \varphi) - \boldsymbol{x}^R(k+1, \psi) \\
= & \boldsymbol{A}^R \left(\boldsymbol{\sigma}\left(\boldsymbol{x}^R(k, \varphi) \right) - \boldsymbol{\sigma}\left(\boldsymbol{x}^R(k, \psi) \right) \right) - \boldsymbol{A}^I \left(\boldsymbol{\sigma}\left(\boldsymbol{x}^I(k, \varphi) \right) - \boldsymbol{\sigma}\left(\boldsymbol{x}^I(k, \psi) \right) \right) \\
& + \boldsymbol{B}^R \left(\boldsymbol{\sigma}\left(\boldsymbol{x}^R(k-\tau(k), \varphi) \right) - \boldsymbol{\sigma}\left(\boldsymbol{x}^R(k-\tau(k), \psi) \right) \right)
\end{aligned}$$

$$- \boldsymbol{B}^I \left(\boldsymbol{\sigma} \left(\boldsymbol{x}^I \left(k - \tau \left(k \right), \varphi \right) \right) - \boldsymbol{\sigma} \left(\boldsymbol{x}^I \left(k - \tau \left(k \right), \psi \right) \right) \right), \tag{7.47}$$

$$\begin{aligned}
&\boldsymbol{x}^I \left(k + 1, \varphi \right) - \boldsymbol{x}^I \left(k + 1, \psi \right) \\
&= \boldsymbol{A}^R \left(\boldsymbol{\sigma} \left(\boldsymbol{x}^I \left(k, \varphi \right) \right) - \boldsymbol{\sigma} \left(\boldsymbol{x}^I \left(k, \psi \right) \right) \right) - \boldsymbol{A}^I \left(\boldsymbol{\sigma} \left(\boldsymbol{x}^R \left(k, \varphi \right) \right) - \boldsymbol{\sigma} \left(\boldsymbol{x}^R \left(k, \psi \right) \right) \right) \\
&\quad + \boldsymbol{B}^R \left(\boldsymbol{\sigma} \left(\boldsymbol{x}^I \left(k - \tau \left(k \right), \varphi \right) \right) - \boldsymbol{\sigma} \left(\boldsymbol{x}^I \left(k - \tau \left(k \right), \psi \right) \right) \right) \\
&\quad - \boldsymbol{B}^I \left(\boldsymbol{\sigma} \left(\boldsymbol{x}^R \left(k - \tau \left(k \right), \varphi \right) \right) - \boldsymbol{\sigma} \left(\boldsymbol{x}^R \left(k - \tau \left(k \right), \psi \right) \right) \right).
\end{aligned} \tag{7.48}$$

将状态向量误差和激励函数误差分别定义为

$$\boldsymbol{y}^R \left(k \right) = \boldsymbol{x}^R \left(k, \varphi \right) - \boldsymbol{x}^R \left(k, \psi \right), \ \boldsymbol{y}^I \left(k \right) = \boldsymbol{x}^I \left(k, \varphi \right) - \boldsymbol{x}^I \left(k, \psi \right),$$

$$\boldsymbol{f}^R \left(k \right) = \boldsymbol{\sigma} \left(\boldsymbol{x}^R \left(k, \varphi \right) \right) - \boldsymbol{\sigma} \left(\boldsymbol{x}^R \left(k, \psi \right) \right), \ \boldsymbol{f}^I \left(k \right) = \boldsymbol{\sigma} \left(\boldsymbol{x}^I \left(k, \varphi \right) \right) - \boldsymbol{\sigma} \left(\boldsymbol{x}^I \left(k, \psi \right) \right),$$

则式 (7.47) 和式 (7.48) 可以表示为

$$\begin{cases}
\boldsymbol{y}^R \left(k + 1 \right) = \boldsymbol{A}^R \boldsymbol{f}^R \left(k \right) - \boldsymbol{A}^I \boldsymbol{f}^I \left(k \right) + \boldsymbol{B}^R \boldsymbol{f}^R \left(k - \tau \left(k \right) \right) - \boldsymbol{B}^I \boldsymbol{f}^I \left(k - \tau \left(k \right) \right), \\
\boldsymbol{y}^I \left(k + 1 \right) = \boldsymbol{A}^R \boldsymbol{f}^I \left(k \right) + \boldsymbol{A}^I \boldsymbol{f}^R \left(k \right) + \boldsymbol{B}^R \boldsymbol{f}^I \left(k - \tau \left(k \right) \right) + \boldsymbol{B}^I \boldsymbol{f}^R \left(k - \tau \left(k \right) \right).
\end{cases} \tag{7.49}$$

为了研究离散延时复数神经网络的同步和稳定性, 需先给出如下条件、定义、引理和假设.

定义关于神经网络的初值条件为

$$x_i \left(s \right) = \phi_i \left(s \right), \quad s \in [-\tau, 0], \quad i = 1, 2, \cdots, n,$$

其中 $\mathrm{Re}(\phi_i \left(s \right))$ 和 $\mathrm{Im}(\phi_i \left(s \right))$ 为定义在区间 $s \in [-\tau, 0]$ 上的连续函数.

定义 7.4 当且仅当存在两个正常数 $\mathcal{M} > 0$ 和 $1 > \varepsilon > 0$ 使得

$$\left\| \boldsymbol{x} \left(k, \varphi \right) - \tilde{\boldsymbol{x}} \right\| \leqslant \mathcal{M} \varepsilon^k \sup_{s \in [-\tau, 0]} \left\| \boldsymbol{\varphi} - \tilde{\boldsymbol{x}} \right\|$$

成立时, 称带有初始条件 $x_i(s) = \phi_i(s)$ 的神经网络 (7.44) 在平衡点 $\tilde{\boldsymbol{x}}$ 处全局稳定.

引理 7.1 对于给定矩阵

$$\boldsymbol{\Sigma} = \left[\begin{array}{cc} \boldsymbol{\Sigma}_1 & \boldsymbol{\Sigma}_3^{\mathrm{T}} \\ \boldsymbol{\Sigma}_3 & -\boldsymbol{\Sigma}_2 \end{array} \right],$$

其中 $\boldsymbol{\Sigma}_1$ 为非奇异矩阵, $\boldsymbol{\Sigma}_1 = \boldsymbol{\Sigma}_1^{\mathrm{T}}$, $\boldsymbol{\Sigma}_2 > 0$ 且 $\boldsymbol{\Sigma}_3$ 为一个常数矩阵, 则称 $\boldsymbol{\Sigma}_1 + \boldsymbol{\Sigma}_3^{\mathrm{T}} \boldsymbol{\Sigma}_2^{-1} \boldsymbol{\Sigma}_3$ 为矩阵 $\boldsymbol{\Sigma}$ 为关于 $\boldsymbol{\Sigma}_1$ 的舒尔补, 且不等式

$$\boldsymbol{\Sigma}_1 + \boldsymbol{\Sigma}_3^{\mathrm{T}} \boldsymbol{\Sigma}_2^{-1} \boldsymbol{\Sigma}_3 < 0,$$

当且仅当其舒尔补满足 $\boldsymbol{\Sigma} < \mathbf{0}$ 时成立.

引理 7.2　对于对称正定矩阵 $\boldsymbol{\Psi} \in \mathbf{R}^{n\times n}$ $(\boldsymbol{\Psi}^{\mathrm{T}} = \boldsymbol{\Psi} > 0)$, 标量 $a_i \geqslant 0(i = 1,2,\cdots)$ 和向量 $\boldsymbol{x}_i \in \mathbf{R}^n$, 有如下不等式成立:

$$\left(\sum_{i=1}^{+\infty} a_i x_i\right)^{\mathrm{T}} \boldsymbol{\Psi} \left(\sum_{i=1}^{+\infty} a_i x_i\right) \leqslant \left(\sum_{i=1}^{+\infty} a_i\right) \sum_{i=1}^{+\infty} a_i x_i^{\mathrm{T}} \boldsymbol{\Psi} x_i.$$

假设 7.2　函数 $g_i(\cdot), i = 1,2,\cdots,n$ 在复数域 $\mathbf{C}$ 内满足 Lipschitz 连续条件, 即对于任意给定的状态变量 u 和 v, 存在一个正常数 $\varepsilon_i, i = 1,2,\cdots,n$ 使得

$$|g_i(u) - g_i(v)| \leqslant \varepsilon_i |u - v|, \quad i = 1,2,\cdots,n,$$

其中 ε_i 是对应的 Lipschitz 常数.

基于以上分析, 本部分将考虑离散延时复数神经网络的同步, 具体结论和推导可以由如下定理给出.

定理 7.5　若存在正定矩阵 $\mathcal{P}_1 > 0$, $\mathcal{P}_2 > 0$, $\mathcal{Q}_1 > 0$ 和 $\mathcal{Q}_2 > 0$, 对角矩阵 $\mathcal{D}_1 > 0$, $\mathcal{D}_2 > 0$, $\mathcal{L}_1 > 0$ 和 $\mathcal{L}_2 > 0$ 使得

$$\boldsymbol{\Phi} = \begin{bmatrix} -\mathcal{P} + (1 + \bar{\tau} - \underline{\tau})\mathcal{Q} + \mathcal{D} & 0 & 0 \\ \cdot & -\mathcal{Q} + \mathcal{L} & 0 \\ \cdot & \cdot & \Omega - \begin{pmatrix} \mathcal{D} & 0 \\ 0 & \mathcal{L} \end{pmatrix} \end{bmatrix} < 0, \quad (7.50)$$

其中

$$\mathcal{P} = \begin{bmatrix} \mathcal{P}_1 & 0 \\ 0 & \mathcal{P}_2 \end{bmatrix}, \quad \mathcal{Q} = \begin{bmatrix} \mathcal{Q}_1 & 0 \\ 0 & \mathcal{Q}_2 \end{bmatrix}, \quad \mathcal{D} = \begin{bmatrix} \mathcal{D}_1 & 0 \\ 0 & \mathcal{D}_2 \end{bmatrix}, \quad \mathcal{L} = \begin{bmatrix} \mathcal{L}_1 & 0 \\ 0 & \mathcal{L}_2 \end{bmatrix},$$

$$\Omega = \begin{bmatrix} A^R\mathcal{P}_1 A^R + A^I\mathcal{P}_2 A^I & -A^R\mathcal{P}_1 A^I + A^I\mathcal{P}_2 A^R \\ \cdot & A^I\mathcal{P}_1 A^I + A^R\mathcal{P}_2 A^R \\ \cdot & \cdot \\ A^R\mathcal{P}_1 B^R + A^I\mathcal{P}_2 B^I & -A^R\mathcal{P}_1 B^I + A^I\mathcal{P}_2 B^R \\ -A^I\mathcal{P}_1 B^R + A^R\mathcal{P}_2 B^I & A^I\mathcal{P}_1 B^I + A^R\mathcal{P}_2 B^R \\ B^R\mathcal{P}_1 B^R + B^I\mathcal{P}_2 B^I & -B^R\mathcal{P}_1 B^I + B^I\mathcal{P}_2 B^R \\ \cdot & B^I\mathcal{P}_1 B^I + B^R\mathcal{P}_2 B^R \end{bmatrix},$$

则神经网络 φ 和 ψ 将实现同步.

证明 考虑如下 Lyapunov-Krasovski 泛函

$$V(k) = \sum_{i=1}^{6} V_i(k), \tag{7.51}$$

其中

$$V_1(k) = (\boldsymbol{y}^R(k))^{\mathrm{T}} \boldsymbol{\mathcal{P}}_1 \boldsymbol{y}^R(k), \tag{7.52}$$

$$V_2(k) = (\boldsymbol{y}^I(k))^{\mathrm{T}} \boldsymbol{\mathcal{P}}_2 \boldsymbol{y}^I(k), \tag{7.53}$$

$$V_3(k) = \sum_{v=k-\tau(k)}^{k-1} (\boldsymbol{y}^R(v))^{\mathrm{T}} \boldsymbol{\mathcal{Q}}_1 \boldsymbol{y}^R(v), \tag{7.54}$$

$$V_4(k) = \sum_{v=k-\tau(k)}^{k-1} (\boldsymbol{y}^I(v))^{\mathrm{T}} \boldsymbol{\mathcal{Q}}_2 \boldsymbol{y}^I(v), \tag{7.55}$$

$$V_5(k) = \sum_{\rho=\underline{\tau}}^{\bar{\tau}-1} \sum_{v=k-\rho}^{k-1} (\boldsymbol{y}^R(v))^{\mathrm{T}} \boldsymbol{\mathcal{Q}}_1 \boldsymbol{y}^R(v), \tag{7.56}$$

$$V_6(k) = \sum_{\rho=\underline{\tau}}^{\bar{\tau}-1} \sum_{v=k-\rho}^{k-1} (\boldsymbol{y}^l(v))^{\mathrm{T}} \boldsymbol{\mathcal{Q}}_2 \boldsymbol{y}^l(v), \tag{7.57}$$

令 $\Delta V_i(k) = V_i(k+1) - V_i(k)$, $i = 1, 2, \cdots, 6$, 则有

$$
\begin{aligned}
\Delta V_1(k) &= \left(\boldsymbol{y}^R(k+1)\right)^{\mathrm{T}} \boldsymbol{\mathcal{P}}_1 \boldsymbol{y}^R(k+1) - \left(\boldsymbol{y}^R(k)\right)^{\mathrm{T}} \boldsymbol{\mathcal{P}}_1 \boldsymbol{y}^R(k) \\
&= [\boldsymbol{A}^R \boldsymbol{f}^R(k) - \boldsymbol{A}^I \boldsymbol{f}^I(k) + \boldsymbol{B}^R \boldsymbol{f}^R(k-\tau(k)) - \boldsymbol{B}^I \boldsymbol{f}^I(k-\tau(k))]^{\mathrm{T}} \\
&\quad \times \boldsymbol{\mathcal{P}}_1 [\boldsymbol{A}^R \boldsymbol{f}^R(k) - \boldsymbol{A}^I \boldsymbol{f}^I(k) + \boldsymbol{B}^R \boldsymbol{f}^R(k-\tau(k)) - \boldsymbol{B}^I \boldsymbol{f}^I(k-\tau(k))] \\
&\quad - (\boldsymbol{y}^R(k))^{\mathrm{T}} \boldsymbol{\mathcal{P}}_1 \boldsymbol{y}^R(k), \tag{7.58}
\end{aligned}
$$

$$
\begin{aligned}
\Delta V_2(k) &= (\boldsymbol{y}^I(k+1))^{\mathrm{T}} \boldsymbol{\mathcal{P}}_2 \boldsymbol{y}^I(k+1) - (\boldsymbol{y}^I(k))^{\mathrm{T}} \boldsymbol{\mathcal{P}}_2 \boldsymbol{y}^I(k) \\
&= [\boldsymbol{A}^R \boldsymbol{f}^I(k) + \boldsymbol{A}^I \boldsymbol{f}^R(k) + \boldsymbol{B}^R \boldsymbol{f}^I(k-\tau(k)) + \boldsymbol{B}^I \boldsymbol{f}^R(k-\tau(k))]^{\mathrm{T}} \\
&\quad \times \boldsymbol{\mathcal{P}}_2 [\boldsymbol{A}^R \boldsymbol{f}^I(k) + \boldsymbol{A}^I \boldsymbol{f}^R(k) + \boldsymbol{B}^R \boldsymbol{f}^I(k-\tau(k)) + \boldsymbol{B}^I \boldsymbol{f}^R(k-\tau(k))] \\
&\quad - (\boldsymbol{y}^I(k))^{\mathrm{T}} \boldsymbol{\mathcal{P}}_2 \boldsymbol{y}^I(k), \tag{7.59}
\end{aligned}
$$

$$\Delta V_3(k) = \sum_{v=k-\tau(k+1)+1}^{k} (\boldsymbol{y}^R(v))^{\mathrm{T}} \boldsymbol{\mathcal{Q}}_1 \boldsymbol{y}^R(v) - \sum_{v=k-\tau(k)}^{k-1} (\boldsymbol{y}^R(v))^{\mathrm{T}} \boldsymbol{\mathcal{Q}}_1 \boldsymbol{y}^R(v)$$

$$- \left((\boldsymbol{y}^R(k-\tau(k)))^{\mathrm{T}} \boldsymbol{\mathcal{Q}}_1 \boldsymbol{y}^R(k-\tau(k)) + \sum_{v=k-\tau(k)+1}^{k-1} (\boldsymbol{y}^R(v))^{\mathrm{T}} \boldsymbol{\mathcal{Q}}_1 \boldsymbol{y}^R(v) \right)$$

$$\leqslant (\boldsymbol{y}^R(k))^{\mathrm{T}} \boldsymbol{\mathcal{Q}}_1 \boldsymbol{y}^R(k) - (\boldsymbol{y}^R(k-\tau(k)))^{\mathrm{T}} \boldsymbol{\mathcal{Q}}_1 \boldsymbol{y}^R(k-\tau(k))$$

$$+ \sum_{v=k-\bar{\tau}+1}^{k-\tau} (\boldsymbol{y}^R(v))^{\mathrm{T}} \boldsymbol{\mathcal{Q}}_1 \boldsymbol{y}^R(v), \tag{7.60}$$

$$\Delta V_4(k) = \sum_{v=k-\tau(k+1)+1}^{k} (\boldsymbol{y}^I(v))^{\mathrm{T}} \boldsymbol{\mathcal{Q}}_2 \boldsymbol{y}^I(v) - \sum_{v=k-\tau(k)}^{k-1} (\boldsymbol{y}^I(v))^{\mathrm{T}} \boldsymbol{\mathcal{Q}}_2 \boldsymbol{y}^I(v)$$

$$\leqslant (\boldsymbol{y}^I(k))^{\mathrm{T}} \boldsymbol{\mathcal{Q}}_2 \boldsymbol{y}^I(k) - (\boldsymbol{y}^I(k-\tau(k)))^{\mathrm{T}} \boldsymbol{\mathcal{Q}}_2 \boldsymbol{y}^I(k-\tau(k))$$

$$+ \sum_{v=k-\bar{\tau}+1}^{k-\tau} (\boldsymbol{y}^I(v))^{\mathrm{T}} \boldsymbol{\mathcal{Q}}_2 \boldsymbol{y}^I(v), \tag{7.61}$$

$$\Delta V_5(k) = \sum_{\rho=\underline{\tau}}^{\bar{\tau}-1} \sum_{v=k-\rho+1}^{k} (\boldsymbol{y}^R(v))^{\mathrm{T}} \boldsymbol{\mathcal{Q}}_1 \boldsymbol{y}^R(v) - \sum_{\rho=\underline{\tau}}^{\bar{\tau}-1} \sum_{v=k-\rho}^{k-1} (\boldsymbol{y}^R(v))^{\mathrm{T}} \boldsymbol{\mathcal{Q}}_1 \boldsymbol{y}^R(v)$$

$$= (\bar{\tau}-\underline{\tau}) \left((\boldsymbol{y}^R(k))^{\mathrm{T}} \boldsymbol{\mathcal{Q}}_1 \boldsymbol{y}^R(k) - \sum_{v=k-\bar{\tau}+1}^{k-\tau} (\boldsymbol{y}^R(v))^{\mathrm{T}} \boldsymbol{\mathcal{Q}}_1 \boldsymbol{y}^R(v) \right), \tag{7.62}$$

$$\Delta V_6(k) = \sum_{\rho=\underline{\tau}}^{\bar{\tau}-1} \sum_{v=k-\rho+1}^{k} (y^I(v))^{\mathrm{T}} \boldsymbol{\mathcal{Q}}_2 \boldsymbol{y}^I(v) - \sum_{\rho=\underline{\tau}}^{\bar{\tau}-1} \sum_{v=k-\rho}^{k-1} (\boldsymbol{y}^I(v))^{\mathrm{T}} \boldsymbol{\mathcal{Q}}_2 \boldsymbol{y}^I(v)$$

$$= (\bar{\tau}-\underline{\tau}) \left((\boldsymbol{y}^I(k))^{\mathrm{T}} \boldsymbol{\mathcal{Q}}_2 \boldsymbol{y}^I(k) - \sum_{v=k-\bar{\tau}+1}^{k-\tau} (\boldsymbol{y}^I(v))^{\mathrm{T}} \boldsymbol{\mathcal{Q}}_2 \boldsymbol{y}^I(v) \right). \tag{7.63}$$

综合考虑式 (7.58)—(7.63), 可得

$$\Delta V(k) = \sum_{i=1}^{6} \Delta V_i(k)$$

$$\leqslant \left[\boldsymbol{A}^R \boldsymbol{f}^R(k) - \boldsymbol{A}^I \boldsymbol{f}^I(k) + \boldsymbol{B}^R \boldsymbol{f}^R(k-\tau(k)) - \boldsymbol{B}^I \boldsymbol{f}^I(k-\tau(k)) \right]^{\mathrm{T}}$$

$$\times \boldsymbol{\mathcal{P}}_1 \left[\boldsymbol{A}^R \boldsymbol{f}^R(k) - \boldsymbol{A}^I \boldsymbol{f}^I(k) + \boldsymbol{B}^R \boldsymbol{f}^R (k - \tau(k)) - \boldsymbol{B}^I \boldsymbol{f}^I (k - \tau(k)) \right]$$

$$+ \left[\boldsymbol{A}^R \boldsymbol{f}^I(k) + \boldsymbol{A}^I \boldsymbol{f}^R(k) + \boldsymbol{B}^R \boldsymbol{f}^I (k - \tau(k)) + \boldsymbol{B}^I \boldsymbol{f}^R (k - \tau(k)) \right]^{\mathrm{T}}$$

$$\times \boldsymbol{\mathcal{P}}_2 \left[\boldsymbol{A}^R \boldsymbol{f}^I(k) + \boldsymbol{A}^I \boldsymbol{f}^R(k) + \boldsymbol{B}^R \boldsymbol{f}^I (k - \tau(k)) + \boldsymbol{B}^I \boldsymbol{f}^R (k - \tau(k)) \right]$$

$$- \left(\boldsymbol{y}^R(k) \right)^{\mathrm{T}} \boldsymbol{\mathcal{P}}_1 \boldsymbol{y}^R(k) - \left(\boldsymbol{y}^I(k) \right)^{\mathrm{T}} \boldsymbol{\mathcal{P}}_2 \boldsymbol{y}^I(k) + \left(\boldsymbol{y}^R(k) \right)^{\mathrm{T}} \boldsymbol{\mathcal{Q}}_1 \boldsymbol{y}^R(k)$$

$$- \left(\boldsymbol{y}^R (k - \tau(k)) \right)^{\mathrm{T}} \boldsymbol{\mathcal{Q}}_1 \boldsymbol{y}^R (k - \tau(k)) + (\bar{\tau} - \underline{\tau}) \left(\boldsymbol{y}^R(k) \right)^{\mathrm{T}} \boldsymbol{\mathcal{Q}}_1 \boldsymbol{y}^R(k)$$

$$+ \left(\boldsymbol{y}^I(k) \right)^{\mathrm{T}} \boldsymbol{\mathcal{Q}}_2 \boldsymbol{y}^I(k) - \left(\boldsymbol{y}^I (k - \tau(k)) \right)^{\mathrm{T}} \boldsymbol{\mathcal{Q}}_2 \boldsymbol{y}^I (k - \tau(k))$$

$$+ (\bar{\tau} - \underline{\tau}) \left(\boldsymbol{y}^I(k) \right)^{\mathrm{T}} \boldsymbol{\mathcal{Q}}_2 \boldsymbol{y}^I(k)$$

$$= \boldsymbol{\xi}^{\mathrm{T}} \boldsymbol{\Phi}_1 \boldsymbol{\xi}, \tag{7.64}$$

其中 $\boldsymbol{\xi} = \big\{ \boldsymbol{y}^R(k), \boldsymbol{y}^I(k), \boldsymbol{y}^R(k - \tau(k)), \boldsymbol{y}^I(k - \tau(k)), \boldsymbol{f}^R(k), \boldsymbol{f}^I(k), \boldsymbol{f}^R(k - \tau(k)), \boldsymbol{f}^I(k - \tau(k)) \big\}$,

$$\boldsymbol{\Phi} = \begin{bmatrix} -\boldsymbol{\mathcal{P}} + (1 + \bar{\tau} - \underline{\tau}) \boldsymbol{\mathcal{Q}} & 0 & 0 \\ \cdot & -\boldsymbol{\mathcal{Q}} & 0 \\ \cdot & \cdot & \boldsymbol{\Omega} \end{bmatrix}. \tag{7.65}$$

根据激励函数 $\boldsymbol{\sigma}$ 的性质可得

$$\left| \boldsymbol{f}^R(k) \right| \leqslant \left| \boldsymbol{y}^R(k) \right|, \quad \left| \boldsymbol{f}^I(k) \right| \leqslant \left| \boldsymbol{y}^I(k) \right|$$

和

$$\left| \boldsymbol{f}^R(k - \tau(k)) \right| \leqslant \left| \boldsymbol{y}^R(k - \tau(k)) \right|, \quad \left| \boldsymbol{f}^I(k - \tau(k)) \right| \leqslant \left| \boldsymbol{y}^I(k - \tau(k)) \right|.$$

这表明

$$\begin{bmatrix} \boldsymbol{y}^R(k) \\ \boldsymbol{f}^R(k) \end{bmatrix}^{\mathrm{T}} \begin{bmatrix} \boldsymbol{e}_i \boldsymbol{e}_i^{\mathrm{T}} & 0 \\ 0 & -\boldsymbol{e}_i \boldsymbol{e}_i^{\mathrm{T}} \end{bmatrix} \begin{bmatrix} \boldsymbol{y}^R(k) \\ \boldsymbol{f}^R(k) \end{bmatrix} \geqslant 0, \tag{7.66}$$

$$\begin{bmatrix} \boldsymbol{y}^I(k) \\ \boldsymbol{f}^I(k) \end{bmatrix}^{\mathrm{T}} \begin{bmatrix} \boldsymbol{e}_i \boldsymbol{e}_i^{\mathrm{T}} & 0 \\ 0 & -\boldsymbol{e}_i \boldsymbol{e}_i^{\mathrm{T}} \end{bmatrix} \begin{bmatrix} \boldsymbol{y}^I(k) \\ \boldsymbol{f}^I(k) \end{bmatrix} \geqslant 0, \tag{7.67}$$

$$\begin{bmatrix} \boldsymbol{y}^R(k - \tau(k)) \\ \boldsymbol{f}^R(k - \tau(k)) \end{bmatrix}^{\mathrm{T}} \begin{bmatrix} \boldsymbol{e}_i \boldsymbol{e}_i^{\mathrm{T}} & 0 \\ 0 & -\boldsymbol{e}_i \boldsymbol{e}_i^{\mathrm{T}} \end{bmatrix} \begin{bmatrix} \boldsymbol{y}^R(k - \tau(k)) \\ \boldsymbol{f}^R(k - \tau(k)) \end{bmatrix} \geqslant 0, \tag{7.68}$$

$$\begin{bmatrix} \boldsymbol{y}^I\left(k-\tau\left(k\right)\right) \\ \boldsymbol{f}^I\left(k-\tau\left(k\right)\right) \end{bmatrix}^{\mathrm{T}} \begin{bmatrix} \boldsymbol{e}_i\boldsymbol{e}_i^{\mathrm{T}} & 0 \\ 0 & -\boldsymbol{e}_i\boldsymbol{e}_i^{\mathrm{T}} \end{bmatrix} \begin{bmatrix} \boldsymbol{y}^I\left(k-\tau\left(k\right)\right) \\ \boldsymbol{f}^I\left(k-\tau\left(k\right)\right) \end{bmatrix} \geqslant 0, \tag{7.69}$$

其中 $\boldsymbol{e}_i \in \mathbf{R}^n$ 表示第 i 个元素为 1, 其他元素为 0 的列向量. 考虑正定对称矩阵

$$\boldsymbol{\mathcal{D}}_1 = \mathrm{diag}\left(d_{11}, d_{12}, \cdots, d_{1n}\right), \quad \boldsymbol{\mathcal{D}}_2 = \mathrm{diag}\left(d_{21}, d_{22}, \cdots, d_{2n}\right),$$

$$\boldsymbol{\mathcal{L}}_1 = \mathrm{diag}\left(l_{11}, l_{12}, \cdots, l_{1n}\right), \quad \boldsymbol{\mathcal{L}}_2 = \mathrm{diag}\left(l_{21}, l_{22}, \cdots, l_{2n}\right).$$

由于 $d_{ij} \geqslant 0$ 和 $l_{ij} \geqslant 0$, $i = 1, 2$, $j = 1, 2, \cdots, n$, 式 (7.66) 满足

$$\sum_{j=1}^n d_{1j} \begin{pmatrix} \boldsymbol{y}^R\left(k\right) \\ \boldsymbol{f}^R\left(k\right) \end{pmatrix}^{\mathrm{T}} \begin{pmatrix} \boldsymbol{e}_i\boldsymbol{e}_i^{\mathrm{T}} & 0 \\ 0 & -\boldsymbol{e}_i\boldsymbol{e}_i^{\mathrm{T}} \end{pmatrix} \begin{pmatrix} \boldsymbol{y}^R\left(k\right) \\ \boldsymbol{f}^R\left(k\right) \end{pmatrix} \geqslant 0, \tag{7.70}$$

即

$$\begin{pmatrix} \boldsymbol{y}^R\left(k\right) \\ \boldsymbol{f}^R\left(k\right) \end{pmatrix}^{\mathrm{T}} \begin{pmatrix} \boldsymbol{\mathcal{D}}_1 & 0 \\ 0 & -\boldsymbol{\mathcal{D}}_1 \end{pmatrix} \begin{pmatrix} \boldsymbol{y}^R\left(k\right) \\ \boldsymbol{f}^R\left(k\right) \end{pmatrix} \geqslant 0. \tag{7.71}$$

同理, 根据式 (7.67)—式 (7.69) 可得

$$\begin{pmatrix} \boldsymbol{y}^I\left(k\right) \\ \boldsymbol{f}^I\left(k\right) \end{pmatrix}^{\mathrm{T}} \begin{pmatrix} \boldsymbol{\mathcal{D}}_2 & 0 \\ 0 & -\boldsymbol{\mathcal{D}}_2 \end{pmatrix} \begin{pmatrix} \boldsymbol{y}^I\left(k\right) \\ \boldsymbol{f}^I\left(k\right) \end{pmatrix} \geqslant 0, \tag{7.72}$$

$$\begin{pmatrix} \boldsymbol{y}^R\left(k-\tau\left(k\right)\right) \\ \boldsymbol{f}^R\left(k-\tau\left(k\right)\right) \end{pmatrix}^{\mathrm{T}} \begin{pmatrix} \boldsymbol{\mathcal{L}}_1 & 0 \\ 0 & -\boldsymbol{\mathcal{L}}_1 \end{pmatrix} \begin{pmatrix} \boldsymbol{y}^R\left(k-\tau\left(k\right)\right) \\ \boldsymbol{f}^R\left(k-\tau\left(k\right)\right) \end{pmatrix} \geqslant 0, \tag{7.73}$$

$$\begin{pmatrix} \boldsymbol{y}^I\left(k-\tau\left(k\right)\right) \\ \boldsymbol{f}^I\left(k-\tau\left(k\right)\right) \end{pmatrix}^{\mathrm{T}} \begin{pmatrix} \boldsymbol{\mathcal{L}}_2 & 0 \\ 0 & -\boldsymbol{\mathcal{L}}_2 \end{pmatrix} \begin{pmatrix} \boldsymbol{y}^I\left(k-\tau\left(k\right)\right) \\ \boldsymbol{f}^I\left(k-\tau\left(k\right)\right) \end{pmatrix} \geqslant 0. \tag{7.74}$$

将式 (7.71)—(7.74) 代入式 (7.64) 中, 可得

$$\Delta V\left(k\right) \leqslant \boldsymbol{\xi}^{\mathrm{T}}\left(k\right) \boldsymbol{\Phi} \boldsymbol{\xi}\left(k\right), \tag{7.75}$$

因为 $\boldsymbol{\Phi}$ 是负定的, 则有

$$\Delta V\left(k\right) \leqslant \lambda_{\max}\left(\boldsymbol{\Phi}\right) \|\boldsymbol{\xi}\left(k\right)^2\| \leqslant \lambda_{\max}\left(\boldsymbol{\Phi}\right) \|\boldsymbol{y}\left(k\right)\|^2, \tag{7.76}$$

表明离散延时复数神经网络误差系统渐近稳定, 神经网络 φ 和 ψ 实现同步, 证明完毕.

以上考虑了神经网络具有时变延时的情况, 而当网络中的延时为固定延时时, 令 $\tau(k) = \tau$, 根据定理 7.5, 可得如下推论.

推论 7.2 若存在正定矩阵 $\mathcal{P}_1 > 0$, $\mathcal{P}_2 > 0$, $\mathcal{Q}_1 > 0$, $\mathcal{Q}_2 > 0$, $\mathcal{R}_1 > 0$ 和 $\mathcal{R}_2 > 0$, 对角矩阵 $\mathcal{D}_1 > 0$, $\mathcal{D}_2 > 0$, $\mathcal{L}_1 > 0$ 和 $\mathcal{L}_2 > 0$ 使得

$$
\Phi = \begin{pmatrix} -\mathcal{P}+\mathcal{Q}+\left(\tau-\dfrac{1}{\tau}\right)\mathcal{R}+\mathcal{D} & \dfrac{1}{\tau}\mathcal{R} & \tau\Psi \\ \cdot & -\mathcal{Q}+\mathcal{F}-\dfrac{1}{\tau}\mathcal{R} & 0 \\ \cdot & \cdot & (1+\tau)\Omega-\begin{pmatrix}\mathcal{D}&0\\0&\mathcal{L}\end{pmatrix} \end{pmatrix} < 0, \tag{7.77}
$$

其中 $\mathcal{R} = \begin{pmatrix} \mathcal{R}_1 & 0 \\ 0 & \mathcal{R}_2 \end{pmatrix}$, $\Psi = \begin{pmatrix} -A^R R_1 & A^I R_1 & -B^R R_1 & B^I R_1 \\ -A^I R_2 & -A^R R_2 & -B^R R_2 & -B^R R_2 \end{pmatrix}$, 则含有固定延时的离散复数神经网络 φ 和 ψ 将实现同步.

此外, 当满足假设条件 7.2 时, 可进一步得到如下推论.

推论 7.3 如果存在正定矩阵 $\mathcal{P}_1 > 0$, $\mathcal{P}_2 > 0$, $\mathcal{Q}_1 > 0$, $\mathcal{Q}_2 > 0$, 对角矩阵 $\mathcal{D}_1 > 0$, $\mathcal{D}_2 > 0$, $\mathcal{L}_1 > 0$ 和 $\mathcal{L}_2 > 0$, 正整数 $\varepsilon > 0$, 使得

$$
\Phi = \begin{pmatrix} -\mathcal{P}+(1+\bar{\tau}-\underline{\tau})\mathcal{Q}+\varepsilon^2\mathcal{D} & 0 & 0 \\ \cdot & -\mathcal{Q}+\varepsilon^2\mathcal{L} & 0 \\ \cdot & \cdot & \Omega-\begin{pmatrix}\mathcal{D}&0\\0&\mathcal{L}\end{pmatrix} \end{pmatrix} < 0, \tag{7.78}
$$

则离散延时复数神经网络 φ 和 ψ 将实现同步.

证明 假设 7.2 表明

$$
|\boldsymbol{\sigma}(\boldsymbol{x}(k,\varphi)) - \boldsymbol{\sigma}(\boldsymbol{x}(k,\psi))| \leqslant \varepsilon |\boldsymbol{x}(k,\varphi) - \boldsymbol{x}(k,\psi)|,
$$

上式等价于

$$
\left|\boldsymbol{f}^R(k)\right| \leqslant \varepsilon \left|\boldsymbol{y}^R(k)\right|, \quad \left|\boldsymbol{f}^I(k)\right| \leqslant \varepsilon \left|\boldsymbol{y}^I(k)\right|
$$

和

$$
\left|\boldsymbol{f}^R(k-\tau(k))\right| \leqslant \varepsilon \left|\boldsymbol{y}^R(k-\tau(k))\right|, \quad \left|\boldsymbol{f}^I(k-\tau(k))\right| \leqslant \varepsilon \left|\boldsymbol{y}^I(k-\tau(k))\right|.
$$

从而有

$$
\begin{pmatrix} \boldsymbol{y}^R(k) \\ \boldsymbol{f}^R(k) \end{pmatrix}^{\mathrm{T}} \begin{pmatrix} \varepsilon^2\mathcal{D}_1 & 0 \\ 0 & -\mathcal{D}_1 \end{pmatrix} \begin{pmatrix} \boldsymbol{y}^R(k) \\ \boldsymbol{f}^R(k) \end{pmatrix} \geqslant 0,
$$

$$
\begin{pmatrix} \boldsymbol{y}^I(k) \\ \boldsymbol{f}^I(k) \end{pmatrix}^{\mathrm{T}} \begin{pmatrix} \varepsilon^2 \boldsymbol{\mathcal{D}}_2 & 0 \\ 0 & -\boldsymbol{\mathcal{D}}_2 \end{pmatrix} \begin{pmatrix} \boldsymbol{y}^I(k) \\ \boldsymbol{f}^I(k) \end{pmatrix} \geqslant 0,
$$

$$
\begin{pmatrix} \boldsymbol{y}^R(k-\tau(k)) \\ \boldsymbol{f}^R(k-\tau(k)) \end{pmatrix}^{\mathrm{T}} \begin{pmatrix} \varepsilon^2 \boldsymbol{\mathcal{L}}_1 & 0 \\ 0 & -\boldsymbol{\mathcal{L}}_1 \end{pmatrix} \begin{pmatrix} \boldsymbol{y}^R(k-\tau(k)) \\ \boldsymbol{f}^R(k-\tau(k)) \end{pmatrix} \geqslant 0,
$$

$$
\begin{pmatrix} \boldsymbol{y}^I(k-\tau(k)) \\ \boldsymbol{f}^I(k-\tau(k)) \end{pmatrix}^{\mathrm{T}} \begin{pmatrix} \varepsilon^2 \boldsymbol{\mathcal{L}}_2 & 0 \\ 0 & -\boldsymbol{\mathcal{L}}_2 \end{pmatrix} \begin{pmatrix} \boldsymbol{y}^I(k-\tau(k)) \\ \boldsymbol{f}^I(k-\tau(k)) \end{pmatrix} \geqslant 0.
$$

结合定理 7.5 的证明可知, 推论成立, 证明完毕.

为了验证定理 7.5 及其推论的正确性和有效性, 考虑一个二元复数神经网络, 其中

$$
\boldsymbol{A} = \begin{bmatrix} 0.2+0.1j & -0.2+0.2j \\ -0.1+0.1j & 0.2 \end{bmatrix}, \quad \boldsymbol{B} = \begin{bmatrix} -0.2-0.2j & -0.1 \\ 0.1+0.3j & -0.1+0.2j \end{bmatrix},
$$

$$
\boldsymbol{H} = [6+j, 3-2j]^{\mathrm{T}},
$$

时变延时的上界和下界分别设为 $\underline{\tau}=1$ 和 $\bar{\tau}=2$, 根据定理 7.5, 通过 LMI 工具箱, 求得可行解为

$$
\boldsymbol{\mathcal{P}}_1 = \begin{pmatrix} 2.1093 & 0.1353 \\ 0.1353 & 1.9460 \end{pmatrix}, \quad \boldsymbol{\mathcal{P}}_2 = \begin{pmatrix} 2.0665 & 0.14 \\ 0.14 & 1.9258 \end{pmatrix},
$$

$$
\boldsymbol{\mathcal{Q}}_1 = \begin{pmatrix} 0.6107 & 0.045 \\ 0.045 & 0.5565 \end{pmatrix}, \quad \boldsymbol{\mathcal{Q}}_2 = \begin{pmatrix} 0.598 & 0.0465 \\ 0.0465 & 0.5512 \end{pmatrix},
$$

$$
\boldsymbol{\mathcal{D}}_1 = \mathrm{diag}(0.5388, 0.5014), \quad \boldsymbol{\mathcal{D}}_2 = \mathrm{diag}(0.5294, 0.4968),
$$

$$
\boldsymbol{\mathcal{L}}_1 = \mathrm{diag}(0.4213, 0.3648), \quad \boldsymbol{\mathcal{L}}_2 = \mathrm{diag}(0.4137, 0.3642).
$$

由定理 7.5 可知, 对应的离散延时复数神经网络 φ 和 ψ 将达到同步. 设神经网络 φ 中的节点状态表示为 x_{11} 和 x_{12}, 神经网络 ψ 中的节点状态表示为 x_{21} 和 x_{22}. 节点初始状态设为 $x_{11} = 8+4j$, $x_{12} = 2-3j$, $x_{21} = 2+j$ 和 $x_{22} = -5+j$, 对应的误差定义为 $e_1 = x_{11} - x_{21}$ 和 $e_2 = x_{12} - x_{22}$. 图 7.11 描绘了离散复数神经网络 φ 和 ψ 的实部和虚部变化, 图 7.12 则显示了离散复数神经网络 φ 和 ψ 的误差.

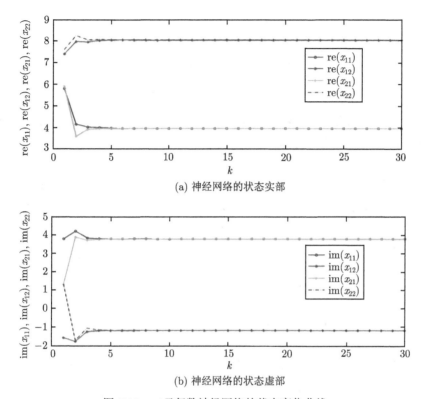

(a) 神经网络的状态实部

(b) 神经网络的状态虚部

图 7.11   二元复数神经网络的状态变化曲线

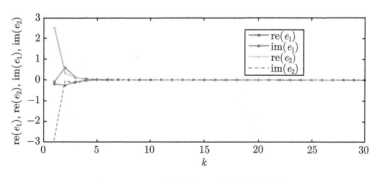

图 7.12   二元复数神经网络的误差曲线

同理, 对于三元延时复数神经网络, 设

$$\boldsymbol{A} = \left[\begin{array}{ccc} 0.1 + 0.2j & 0.2 - 0.1j & 0.1 \\ 0.3 + 0.2j & -0.1 - 0.1j & 0.2 + 0.1j \\ 0.1 & -0.1 - 0.1j & 0.2 + 0.1j \end{array} \right],$$

$$\boldsymbol{B} = \begin{bmatrix} 0.2j & 0.1+0.1j & 0.1+0.1j \\ 0.2+0.2j & 0.1+0.1j & 0.2+0.1j \\ 0.1-0.1j & -0.2j & 0.1+0.3j \end{bmatrix},$$

$$\boldsymbol{H} = (3-j, -2j, 2+2j)^{\mathrm{T}}.$$

令延时的上界和下界为 $\underline{\tau} = 2$ 和 $\bar{\tau} = 4$, 则根据定理 7.5 或推论 7.3, 同样发现满足条件的不等式有可行解, 为

$$\boldsymbol{\mathcal{D}}_1 = \mathrm{diag}(43.3732, 42.676, 15.5231), \quad \boldsymbol{\mathcal{D}}_2 = \mathrm{diag}(31.0615, 26.3729, 28.9058),$$

$$\boldsymbol{\mathcal{L}}_1 = \mathrm{diag}(19.1035, 12.7346, 25.1787), \quad \boldsymbol{\mathcal{L}}_2 = \mathrm{diag}(16.421, 15.595, 25.704),$$

$$\boldsymbol{\mathcal{P}}_1 = \begin{bmatrix} 114.7976 & -27.1947 & 9.1416 \\ -27.1947 & 139.5118 & -20.6598 \\ 9.1416 & -20.6598 & 99.7014 \end{bmatrix}, \quad \boldsymbol{\mathcal{P}}_2 = \begin{bmatrix} 85.0556 & -1.1663 & -5.6413 \\ -1.1663 & 75.5833 & -0.5345 \\ -5.6413 & -0.5345 & 117.2383 \end{bmatrix},$$

$$\boldsymbol{\mathcal{Q}}_1 = \begin{bmatrix} 22.1626 & -6.0156 & 2.0340 \\ -6.0156 & 25.6346 & -4.5197 \\ 2.0340 & -4.5197 & 26.9903 \end{bmatrix}, \quad \boldsymbol{\mathcal{Q}}_2 = \begin{bmatrix} 17.2688 & -0.2016 & -1.0305 \\ -0.2016 & 16.0091 & -0.0880 \\ -1.0305 & -0.0880 & 27.7315 \end{bmatrix}.$$

数值仿真的结果表明离散延时复数神经网络实现同步, 验证了定理的有效性.

7.5　本 章 小 结

本章介绍并分析了几类状态变量为复数的神经网络模型, 并对此类复数神经网络的控制和同步进行了分析和仿真. 首先, 采用滑模控制方法, 设计了复数神经网络同步滑模控制器和模相同步滑模控制器, 研究了复数神经网络的同步和模相同步. 然后, 考虑了神经网络中的延时和参数不确定等复杂性, 对复数神经网络拓扑进行了辨识, 对神经网络模相同步进行了自适应反馈控制. 最后, 对状态离散迭代的复数神经网络, 采用 LMI 方法, 设计了离散延时神经网络的同步判据. 仿真结果表明了理论分析的正确性.

参 考 文 献

[1] 曹进德, 林怡平. 一类时滞神经网络模型的稳定性 [J]. 应用数学和力学, 1999, 20(8): 851-855.

[2] 陈万义. 一类 Hopfield 型时滞神经网络模型的全局渐近稳定性 [J]. 生物数学学报, 2004, 19(2): 175-179.

[3] 周立群. 随机延时细胞神经网络的几乎必然指数稳定性 [J]. 天津师范大学学报 (自然科学版), 2007, 27(4): 34-37, 42.

[4] 刘月欣. 神经网络及同步方程自适应噪声抵消方法研究 [D]. 哈尔滨: 哈尔滨工程大学, 2008.

[5] Zhang C. Complete synchronization for impulsive Cohen-Grossberg neural networks with delay under noise perturbation[J]. Chaos, Solitons and Fractals, 2009, 42(3): 1664-1669.

[6] Wang Q, Gong Y, Li H. Effects of channel noise on synchronization transitions in Newman-Watts neuronal network with time delays[J]. Nonlinear Dynamics, 2015, 81(4): 1689-1697.

[7] 周阿丽, 印凡成. 具有 Markov 切换随机神经网络混合时滞依赖的自适应同步 [J]. 南京信息工程大学学报: 自然科学版, 2016, 8(6): 513-517.

[8] Shi X, Wang Z, Han L. Finite-time stochastic synchronization of time-delay neural networks with noise disturbance[J]. Nonlinear Dynamics, 2017, 88(4): 2747-2755.

[9] 仇俊杰, 王文海. 典型大时变时滞系统神经网络模糊 PID 控制及应用 [J]. 化工自动化及仪表, 2006, 33(4): 30-33.

[10] 王森, 蔡理, 吴刚. 量子细胞神经网络超混沌系统的追踪控制与同步 [J]. 控制与决策, 2008, 23(2): 204-207.

[11] Anderson R T, Chowdhary G, Johnson E N. Comparison of RBF and SHL Neural Network based Adaptive Control[M]. Boston: Kluwer Academic Publishers, 2009.

[12] Kmet' T, Kmet'ová M. Feed Forward Neural Network and Optimal Control Problem with Control and State Constraints[C]. American Institute of Physics, 2009.

[13] 高晓然, 王汝凉, 张晶晶, 等. 基于 LMI 的非线性时变时滞神经网络自适应鲁棒控制 [J]. 广西师范学院学报 (自然科学版), 2012(4): 29-33.

[14] 杨文. 一类具有混合时滞的耦合随机神经网络的牵制控制 [D]. 扬州: 扬州大学, 2012.

[15] Chen H, Wo S. RBF neural network of sliding mode control for time-varying 2-DOF parallel manipulator system [J]. Mathematical Problems in Engineering, 2013(4): 1-10.

[16] 蔡国梁, 姚琴, 姜胜芹. 时滞细胞神经网络全局同步的滑模控制方法 [J]. 江苏大学学报 (自然科学版), 2014, 35(3): 366-372.

[17] Liu X, Chen T. Synchronization of nonlinear coupled networks via aperiodically intermittent pinning control[J]. Neurocomputing, 2015, 173(1): 759-767.

[18] 邓吉龙, 孙惠, 夏孟, 等. 具有随机扰动和不确定参数混杂时滞神经网络的自适应同步问题研究 [J]. 湖南城市学院学报 (自然科学版), 2015(2): 61-64.

[19] 王兴元, 赵群. 一类不确定延迟神经网络的自适应投影同步 [J]. 物理学报, 2008, 57(5): 2812-2818.

[20] Li L, Cao J. Cluster synchronization in an array of coupled stochastic delayed neural networks via pinning control[J]. Neurocomputing, 2011, 74(5): 846-856.

[21] Liu X, Chen T. Cluster synchronization in directed networks via intermittent pinning control [J]. IEEE Transactions on Neural Networks, 2011, 22(7): 1009-1020.

[22]　李朕, 王晶, 徐玲. 一类随机脉冲神经网络的聚类同步 [J]. 扬州大学学报 (自然科学版), 2012, 15(4): 25-29.

[23]　Chen S, Cao J. Projective synchronization of neural networks with mixed time-varying delays and parameter mismatch[J]. Nonlinear Dynamics, 2012, 67(2): 1397-1406.

[24]　Wu H, Li R, Yao R, et al. Weak, modified and function projective synchronization of chaotic memristive neural networks with time delays[J]. Neurocomputing, 2015, 149(PB): 667-676.

[25]　张平奎, 杨绪君. 基于激励滑模控制的分数阶神经网络的修正投影同步研究 [J]. 应用数学和力学, 2018, 39(3): 343-354.

[26]　Zhang Y, Li Z, Li K. Complex-valued Zhang neural network for online complex-valued time-varying matrix inversion[J]. Applied Mathematics and Computation, 2011, 217(24): 10066-10073.

[27]　张昀, 张志涌. 复数多值离散 Hopfield 神经网络的稳定性研究 [J]. 物理学报, 2011, 60(9): 200-207.

[28]　Zhang S, Xia Y, Zheng W. A complex-valued neural dynamical optimization approach and its stability analysis[J]. Neural Networks, 2015, 61: 59-67.

[29]　赵爽. 复数神经网络在基于 Wifi 的室内 LBS 应用 [J]. 大连工业大学学报, 2015(4): 300-303.

[30]　Lin X, Rongbo L U. A fully complex-valued gradient neural network for rapidly computing complex-valued linear matrix equations[J]. 电子学报 (英文), 2017, 26(6): 1194-1197.

[31]　杨钊. 时延复数神经网络的吸引集与不变集研究 [D]. 重庆: 西南大学, 2017.

[32]　Zhang Z, Hao D. Global asymptotic stability for complex-valued neural networks with time-varying delays via new Lyapunov functionals and complex-valued inequalities[J]. Neural Processing Letters, 2018, 48(2): 995-1017.

[33]　Zhang H, Wang X Y, Lin X H. Synchronization of complex-valued neural network with sliding mode control[J]. Journal of the Franklin Institute, 2016, 353(2): 345-358.

[34]　Zhang H, Wang X Y, Lin X H. Topology identification and module-phase synchronization of neural network with time delay[J]. IEEE Transactions on Systems, Man, and Cybernetics: Systems, 2016, 47(6): 855-892.

[35]　Zhang H, Wang X Y, Lin X H, et al. Stability and synchronization for discrete-time complex-valued neural networks with time-varying delays[J]. Plos One, 2014, 9(4): e93838.

第 8 章 半张量积工具和布尔网络同步

8.1 引　言

具有网络结构的复杂系统在医学、生物学和生命科学等领域具有非常重要的作用和意义. 类似于前面研究的神经网络模型, 基因调控网络也是一类基于网络结构的特殊复杂系统, 而布尔网络则是用来描述基因调控网络的一类简化逻辑模型. 传统布尔网络模型中, 状态变量的范围被限制在了二进制数 0 和 1 之间. 其中, 用逻辑值 "1" 来表示网络节点的 "激活" 状态, 逻辑值 "0" 来表示网络节点的 "抑制" 状态. 近年来, 又有研究将传统布尔网络模型进行推广, 得到了节点状态为多值的多值布尔网络模型. 但无论是传统布尔网络还是多值布尔网络, 都采用边来表示相连节点的相互作用, 而用布尔函数来描绘相关节点的共同调制过程. 布尔网络模型中的节点受控于布尔函数, 不断更新着节点的状态. 由于布尔网络模型机理简单, 可以较好地刻画基因调控网络的动力学和基因调控过程, 故其被用于模拟基因调控网络、神经网络和生物进化网络, 在分子生物学、化学和遗传学等领域具有潜在的应用价值[1-7].

在近几年, 有关布尔网络的动力学性质如网络吸引子、吸引盆等得到了研究[8-13], 而关于布尔网络的控制和同步等, 则受限于网络的逻辑表达, 难以用传统的数学工具加以分析. 近年来程代展等提出了半张量积方法并将其应用于布尔网络, 这一问题才得以解决[4,14-19]. 故本章将首先对半张量积这一工具加以介绍, 并将其应用于布尔网络的同步控制当中. 在此基础上, 提出了布尔网络的内部同步和外部同步的概念, 并通过半张量积工具设计了同步定理. 此外, 考虑到网络当中的聚类现象, 提出了布尔网络的聚类同步并加以实现.

8.2　半张量积和布尔网络介绍

在 1969 年, Kauffman 在 *Metabolic stability and epigenesis in randomly constructed genetic nets* 一文中首次提出了用布尔网络刻画细胞和基因调控网络的理论[20]. 顾名思义, 布尔网络通过利用布尔值 "0" "1" 来构建基因调控网络的抽象模型, 对细胞分化、生物代谢等活动过程加以描述. 之后, Kauffman 进一步对布尔网络理论加以描述, 并对布尔网络与基因、细胞的关系作了详尽的阐述. 在传统的布尔网络模型中, "1" 表示基因激活; 逻辑值 "0" 表示基因抑制; 布尔函数表示基因之间的调控规则. 布尔网络通过简单的逻辑表达, 可以较好地刻画基因调控网络的动力学和基因调控过程.

具有 n 个节点的布尔网络可以表示为

$$x_i(t+1) = f_i(x_1(t), \cdots, x_n(t)), \quad i = 1, 2, \cdots, n, \tag{8.1}$$

其中 $x_i\ (i = 1, 2, \cdots, n)$ 表示布尔网络中第 i 个节点的状态, f_i 为第 i 个节点在映射 $\{1,0\}^n \to \{1,0\}$ 上的布尔函数, $t = 0, 1, 2, \cdots$. 在任意时刻 t, 布尔网络的整体状态可用如下向量表示:

$$x(t) = (x_1(t), x_2(t), \cdots x_N(t))^{\mathrm{T}},$$

其中, 向量 $\boldsymbol{x}(t)$ 具有 2^n 个可能状态, 该状态集合构成了布尔网络的状态空间. 由于布尔网络的状态往往是有限的, 因而从任意初始状态开始, 在有限次迭代之后, 网络都会进入某种重复的状态循环之中, 称之为布尔网络的周期轨道. 而周期轨道上所包含的若干状态的集合称为布尔网络吸引子. 吸引子可以为一周期的不动点, 也可以为多周期的极限环.

近年来, 关于布尔网络拓扑学性质的研究较多, 而布尔网络动力学行为的研究还处于兴起发展阶段. 但是, 由于布尔网络是一类基于逻辑关系表达的动态系统, 缺乏有效的工具对其进行分析和研究. 2011 年, 程代展等通过构造矩阵的半张量积, 提出了一种将逻辑关系用矩阵乘积加以表达的方法, 在布尔网络研究中取得了很好的效果[4]. 关于半张量积的基本概念及其运算可以表述如下:

(1) 设 $\boldsymbol{X}$ 为一 np 维的行向量, $\boldsymbol{Y}$ 为一 p 维的列向量, 则可将 $\boldsymbol{X}$ 均分为 p 个 $1 \times n$ 的列向量 $\boldsymbol{X}^1, \boldsymbol{X}^2, \cdots, \boldsymbol{X}^p$. 定义左半张量积符号为 $\ltimes$, $\boldsymbol{X}$ 和 $\boldsymbol{Y}$ 的半张量积可表示为

$$\begin{cases} \boldsymbol{X} \ltimes \boldsymbol{Y} = \sum_{i=1}^{p} \boldsymbol{X}^i y_i \in \mathbf{R}^n, \\ \boldsymbol{Y}^{\mathrm{T}} \ltimes \boldsymbol{X}^{\mathrm{T}} = \sum_{i=1}^{p} y_i (\boldsymbol{X}^i)^{\mathrm{T}} \in \mathbf{R}^n. \end{cases}$$

(2) 定义矩阵 $\boldsymbol{A} \in M_{m \times n}$ 和 $\boldsymbol{B} \in M_{p \times q}$. 若维数 $n = p$, 则称 $\boldsymbol{A}$ 和 $\boldsymbol{B}$ 满足等维数关系; 若 n 可以被 p 整除, 即 $nt = p$, 则定义 $\boldsymbol{A} \prec_t \boldsymbol{B}$; 若 p 可以被 n 整除, 即 $n = pt$, 则定义 $\boldsymbol{A} \succ_t \boldsymbol{B}$, 称 $\boldsymbol{A}$ 和 $\boldsymbol{B}$ 满足倍维数关系, 否则称为一般维数关系. 在布尔网络的研究中, 主要用到的是具有倍维数关系的左半张量积运算. 矩阵 $\boldsymbol{A}$ 和 $\boldsymbol{B}$ 的左半张量积表示为 $\boldsymbol{C} = \boldsymbol{A} \ltimes \boldsymbol{B}$, 其中 $\boldsymbol{C}$ 由 $m \times q$ 个块构成, 如 $\boldsymbol{C} = (\boldsymbol{C}^{ij})$, 且每一块为

$$\boldsymbol{C}^{ij} = \boldsymbol{A}^i \ltimes \boldsymbol{B}_j, \quad i = 1, 2, \cdots, m, \quad j = 1, 2, \cdots, q,$$

其中 A^i 表示矩阵 A 的第 i 行, B_j 表示矩阵 B 的第 j 列.

关于半张量积的一些定义可以表述如下:

(1) δ_n^r 表示 n 维单位矩阵 I_n 的第 r 列, $\Delta_n = \{\delta_n^r, r = 1, 2, \cdots, n\}$ 表示单位矩阵 I_n 中所有列的集合.

(2) 矩阵 $\Lambda \in \mathbf{R}^{m \times n}$ 是一个逻辑矩阵, 如果 $\Lambda \in [\delta_n^{i_1}, \delta_n^{i_2}, \cdots, \delta_n^{i_m}]$, 则其可以简化表示为 $\Lambda \in \delta_n[i_1, i_2, \cdots, i_m]$. $\mathcal{L}_{n \times m}$ 表示 $n \times m$ 维逻辑矩阵的集合.

(3) $\mathrm{Col}(A)$ 表示矩阵 A 中列的集合, $\mathrm{Col}_i(A)$ 表示矩阵 A 的第 i 列. $\mathrm{Row}_i(A)$ 表示矩阵 A 的第 i 行. 将一个 $n \times mn$ 维的矩阵 A 均分为 m 个方块, 则 $\mathrm{Blk}_i(A)$ 表示矩阵 A 中的第 i 个 $n \times n$ 的块.

给定矩阵 $A \in M_{m \times n}$, $B \in M_{p \times q}$, $C \in M_{r \times s}$, 关于半张量积的运算, 具有和矩阵运算类似的如下性质.

(1) 半张量积与矩阵转置运算满足

$$(A \ltimes B)^{\mathrm{T}} = B^{\mathrm{T}} \ltimes A^{\mathrm{T}}.$$

(2) 半张量积与逆转置运算满足

$$(A \ltimes B)^{-1} = B^{-1} \ltimes A^{-1}.$$

(3) 设 $X \in \mathbf{R}^n$ 为一列向量, 则

$$X \ltimes A = (I_n \otimes A) \ltimes X.$$

(4) 设 $Y \in \mathbf{R}^n$ 为一行向量, 则

$$B \ltimes Y = Y \ltimes (I_n \otimes B).$$

(5) 半张量积运算满足结合律

$$(A \ltimes B) \ltimes C = A \ltimes (B \ltimes C).$$

(6) 对于实数 $a, b \in \mathbf{R}$, 满足如下分配律

$$\begin{cases} A \ltimes (aB \pm bC) = aA \ltimes B \pm bA \ltimes C, \\ (aA \pm bB) \ltimes C = aA \ltimes C \pm bB \ltimes C. \end{cases}$$

(7) 在二值布尔网络中, 定义 $T = 1 \sim \delta_2^1$ 和 $F = 0 \sim \delta_2^2$. 对于两个列向量 $X \in \mathbf{R}^m$ 和 $Y \in \mathbf{R}^n$, 定义转换矩阵为 $W_{[m,n]}$, 可得

$$W_{[m,n]} \ltimes X \ltimes Y = Y \ltimes X,$$

其中 $\boldsymbol{W}_{[m,n]}$ 是一个 $mn \times mn$ 维的矩阵. 如果 $m = n$, 则 $\boldsymbol{W}_{[m,n]} = \boldsymbol{W}_{[m]}$. 定义列索引为 $(11, 12, \cdots, 1n, \cdots, m1, m2, \cdots, mn)$ 和行索引为 $(11, 21, \cdots, m1, \cdots, 1n, 2n, \cdots, mn)$, 则位于 $((I,J),(i,j))$ 的元素为

$$w_{(I,J),(i,j)} = \begin{cases} 1, & I = i \text{ 和 } J = j, \\ 0, & \text{其他}. \end{cases}$$

在采用半张量积研究布尔网络时, 在没有特殊说明的情况下, 所有的矩阵运算均认为是半张量积运算, 并可省去半张量积运算符号. 关于半张量积还有如下引理成立.

引理 8.1　含有元素 $P_1, P_2, \cdots, P_r$ 的逻辑函数 $\boldsymbol{M}(P_1, P_2, \cdots, P_r)$ 可以线性化表示为

$$\boldsymbol{M}(P_1, P_2, \cdots, P_r) = \boldsymbol{L_M} P_1 P_2 \cdots P_r,$$

其中矩阵 $\boldsymbol{L_M} \in \mathcal{L}_{2 \times 2^r}$ 为逻辑函数 $\boldsymbol{M}$ 的结构矩阵.

引理 8.2　在向量方式表达下, 布尔网络 (8.1) 可表示为

$$\boldsymbol{x}(t+1) = \boldsymbol{L}\boldsymbol{x}(t), \tag{8.2}$$

其中, $\boldsymbol{L} \in \mathcal{L}_{2^n \times 2^n}$.

除了以上定义之外, 其他关于半张量积和布尔网络的定义可参见文献 [21—23].

8.3　布尔网络的内部同步和外部同步

基于以上概念和分析, 定义布尔网络 (8.1) 为驱动布尔网络[24]. 相应地, 带有反馈控制的响应布尔网络为

$$y_i(t+1) = g_i(y_1(t), \cdots, y_n(t), x_1(t), \cdots, x_n(t)), \quad i = 1, 2, \cdots, n. \tag{8.3}$$

对于驱动布尔网络 (8.1) 和响应布尔网络 (8.3), 有如下同步定义.

定义 8.1　如果对于布尔网络 (8.1) 中的所有节点 $x_i \in \{1,0\}^n$, $i = 1, 2, \cdots, n$, 存在一个正整数 k 使得当 $t \geqslant k$ 时, 有 $x_1(t) = x_2(t) = \cdots = x_n(t)$, 则称布尔网络 (8.1) 达到了内部同步.

为了方便起见, 定义 $\boldsymbol{X}(t) = (x_1(t), x_2(t), \cdots, x_n(t))^{\mathrm{T}}$ 和 $\boldsymbol{Y}(t) = (y_1(t), y_2(t), \cdots, y_n(t))^{\mathrm{T}}$. 关于驱动-响应布尔网络 (8.1) 和 (8.3) 的外部同步定义如下所示.

定义 8.2 如果对于驱动布尔网络 (8.1) 和响应布尔网络 (8.3) 中的所有节点状态 $\boldsymbol{X}(t)$ 和 $\boldsymbol{Y}(t)$, 存在一个正整数 k 使得当 $t \geqslant k$ 时, 有 $\boldsymbol{X}(t) = \boldsymbol{Y}(t)$, 则称布尔网络 (8.1) 和 (8.3) 达到了同步.

不同于定义 8.2 中的完全同步, 反同步指的是驱动布尔网络和响应布尔网络的节点呈现相反的状态. 关于布尔网络反同步定义如下所示.

定义 8.3 如果对于驱动布尔网络 (8.1) 和响应布尔网络 (8.3) 中的所有节点状态 $\boldsymbol{X}(t)$ 和 $\boldsymbol{Y}(t)$, 存在一个正整数 k 使得当 $t \geqslant k$ 时, 有 $\boldsymbol{X}(t) = \neg \, \boldsymbol{Y}(t)$, 则称布尔网络 (8.1) 和 (8.3) 达到了反同步.

考虑布尔网络 (8.1), 根据半张量积的相关概念, 可以得到对应的线性表达式为 $\boldsymbol{L}_f \in \mathcal{L}_{2^n \times 2^n}$. 布尔网络 (8.1) 对应的线性化形式为

$$\boldsymbol{x}(t+1) = \boldsymbol{L}_f \boldsymbol{x}(t), \tag{8.4}$$

其中 $\boldsymbol{x}(t) = \ltimes_{i=1}^{n} x_i(t)$. 为了得到布尔网络 (8.1) 的内部同步, 有如下定理成立.

定理 8.1 当且仅当存在一个正整数 k 使得

$$\mathrm{Col}(\boldsymbol{L}_f^k) \subseteq \left\{ \delta_{2^n}^1, \delta_{2^n}^{2^n} \right\},$$

其中 $\boldsymbol{L}_f$ 定义如式 (8.4) 中所示, 则布尔网络 (8.1) 中的节点将实现内部同步.

证明 充分性: 假设存在一个正整数 k 使得 $\mathrm{Col}(\boldsymbol{L}_f^k) \subseteq \left\{ \delta_{2^n}^1, \delta_{2^n}^{2^n} \right\}$ 成立, 显然可以得到

$$\mathrm{Col}(\boldsymbol{L}_f^{k+\tau}) \subseteq \mathrm{Col}(\boldsymbol{L}_f^{k+\tau-1}) \subseteq \cdots \subseteq \mathrm{Col}(\boldsymbol{L}_f^k) \subseteq \left\{ \delta_{2^n}^1, \delta_{2^n}^{2^n} \right\},$$

故而对于时间 $t \geqslant k$, 可得

$$\boldsymbol{x}(t) = \ltimes_{i=1}^{n} x_i(t) = \delta_{2^n}^1 \quad (\text{或 } \boldsymbol{x}(t) = \ltimes_{i=1}^{n} x_i(t) = \delta_{2^n}^{2^n}),$$

即布尔网络中的所有节点都等于 1 (或 0), 布尔网络达到了内部同步.

必要性: 假设布尔网络在 k 时刻已经实现了内部同步, 则可得

$$x_1(k) = x_2(k) = \cdots = x_n(k) = 1 = \delta_2^1 \quad (\text{或 } x_1(k) = x_2(k) = \cdots = x_n(k) = 0 = \delta_2^2),$$

故而 $\boldsymbol{x}(k) = \boldsymbol{L}_f^k \ltimes_{i=1}^{n} x_i(0) = \delta_{2^n}^1$ (或 $\boldsymbol{x}(k) = \boldsymbol{L}_f^k \ltimes_{i=1}^{n} x_i(0) = \delta_{2^n}^{2^n}$). 因为布尔网络初值是随机产生的, 故而该定理具有普适性, 可得 $\mathrm{Col}(\boldsymbol{L}_f^k) \subseteq \left\{ \delta_{2^n}^1, \delta_{2^n}^{2^n} \right\}$.

例 8.1 考虑逻辑布尔网络为

$$\begin{cases} x_1(t+1) = x_2(t) \wedge x_3(t), \\ x_2(t+1) = x_3(t), \\ x_3(t+1) = x_1(t) \wedge (x_2(t) \leftrightarrow x_3(t)), \end{cases} \tag{8.5}$$

其中 $\leftrightarrow \sim \boldsymbol{M}_e = \delta_2[1,2,2,1]$, $\wedge \sim \boldsymbol{M}_c = \delta_2[1,2,2,2]$. 设 $\boldsymbol{x}(t) = x_1(t) \ltimes x_2(t) \ltimes x_3(t)$, 可得

$$
\begin{aligned}
\boldsymbol{x}(t+1) &= \boldsymbol{M}_c x_2(t) x_3(t) x_3(t) \boldsymbol{M}_c x_1(t) \boldsymbol{M}_e x_2(t) x_3(t) \\
&= \boldsymbol{M}_c(\boldsymbol{I}_8 \otimes \boldsymbol{M}_c)(\boldsymbol{I}_{16} \otimes \boldsymbol{M}_e) x_2(t) x_3(t) x_3(t) x_1(t) x_2(t) x_3(t) \\
&= \cdots (\boldsymbol{I}_2 \otimes \boldsymbol{M}_r) x_2(t) x_3(t) x_1(t) x_2(t) x_3(t) \\
&= \cdots \boldsymbol{W}_{[2,4]} x_1(t) x_2(t) x_3(t) x_2(t) x_3(t) \\
&= \cdots (\boldsymbol{I}_4 \otimes \boldsymbol{W}_{[2]})(\boldsymbol{I}_2 \otimes \boldsymbol{M}_r)(\boldsymbol{I}_4 \otimes \boldsymbol{M}_r) x_1(t) x_2(t) x_3(t),
\end{aligned}
$$

从而线性表达式为

$$
\boldsymbol{L} = \boldsymbol{M}_c(\boldsymbol{I}_8 \otimes \boldsymbol{M}_c)(\boldsymbol{I}_{16} \otimes \boldsymbol{M}_e)(\boldsymbol{I}_2 \otimes \boldsymbol{M}_r)\boldsymbol{W}_{[2,4]}(\boldsymbol{I}_4 \otimes \boldsymbol{W}_{[2]})(\boldsymbol{I}_2 \otimes \boldsymbol{M}_r)(\boldsymbol{I}_4 \otimes \boldsymbol{M}_r),
$$

经计算可得 $\boldsymbol{L} = \delta_8[1,8,6,7,2,8,6,8]$. 选择 $k=3$, 有

$$
\boldsymbol{L}^3 = \delta_8[1,8,8,8,8,8,8,8], \quad \operatorname{Col}(\boldsymbol{L}^3) \subseteq \{\delta_8^1, \delta_8^8\}.
$$

由定理 8.1 可知, 对于任意初值, 布尔网络 (8.5) 都将达到内部同步. 对应于不同初值的迭代如下所示, 可知布尔网络确实实现了内部同步.

$$
\{0,0,0\} \to \{0,0,0\} \to \{0,0,0\} \to \cdots, \quad \{0,0,1\} \to \{0,1,0\} \to \{0,0,0\} \to \cdots,
$$

$$
\{0,1,0\} \to \{0,0,0\} \to \{0,0,0\} \to \cdots, \quad \{0,1,1\} \to \{1,1,0\} \to \{0,0,0\} \to \cdots,
$$

$$
\{1,0,0\} \to \{0,0,1\} \to \{0,1,0\} \to \{0,0,0\} \cdots,
$$

$$
\{1,0,1\} \to \{0,1,0\} \to \{0,0,0\} \to \cdots,
$$

$$
\{1,1,0\} \to \{0,0,0\} \to \{0,0,0\} \to \cdots, \quad \{1,1,1\} \to \{1,1,1\} \to \{1,1,1\} \to \cdots.
$$

接下来, 考虑不同布尔网络间的外部同步问题. 设布尔网络 (8.1) 为驱动布尔网络, 布尔网络 (8.3) 为响应布尔网络. 根据半张量积的相关概念, 可得响应布尔网络的线性表达式为 $\boldsymbol{L}_g \in \mathcal{L}_{2^{2n} \times 2^{2n}}$ 及布尔网络 (8.3) 对应的线性化形式为

$$
\boldsymbol{y}(t+1) = \boldsymbol{L}_g \boldsymbol{x}(t) \boldsymbol{y}(t), \tag{8.6}
$$

其中 $\boldsymbol{y}(t) = \ltimes_{i=1}^n y_i(t)$, 响应布尔网络的反馈控制信号与节点状态 $\boldsymbol{x}(t)$ 相关. 基于驱动布尔网络 (8.1) 和响应布尔网络 (8.3), 根据文献 [25], 可得如下布尔网络同步定理.

定理 8.2 当且仅当存在一个正整数 k 使得

$$\mathrm{Col}(\boldsymbol{\Theta}^k) \subseteq \left\{ \delta_{2^{2n}}^i, i = (j-1)2^n + j,\ 1 \leqslant j \leqslant 2^n \right\},$$

其中 $\boldsymbol{\Theta} = \boldsymbol{L}_f(\boldsymbol{I}_{2^n} \otimes \boldsymbol{L}_g)\boldsymbol{\Phi}_n$, $\boldsymbol{\Phi}_n = \ltimes_{i=1}^n \boldsymbol{I}_{2^{i-1}} \otimes [(\boldsymbol{I}_2 \otimes \boldsymbol{W}_{[2,2^{n-i}]})\boldsymbol{M}_r]$, 则驱动布尔网络 (8.1) 和响应布尔网络 (8.2) 将实现外部同步.

考虑到在生物、医学等研究领域, 存在有基因转录等活动, 仅仅考虑如上完全同步是不够的. 为了使研究具有更好的普适性, 根据定理 8.2, 可得如下布尔网络反同步推论.

推论 8.1 当且仅当存在一个正整数 k 使得

$$\mathrm{Col}(\boldsymbol{\Theta}^k) \subseteq \left\{ \delta_{2^{2n}}^i, i = 2^{2n} - j \times 2^n + j,\ 1 \leqslant j \leqslant 2^n \right\},$$

驱动布尔网络 (8.1) 和响应布尔网络 (8.3) 实现反同步.

证明 充分性: 由式 (8.4) 和式 (8.6) 可得

$$\boldsymbol{x}(t+1)\boldsymbol{y}(t+1) = \boldsymbol{\Theta}\boldsymbol{x}(t)\boldsymbol{y}(t), \tag{8.7}$$

假设存在正整数 k 使得 $\mathrm{Col}(\boldsymbol{\Theta}^k) \subseteq \{\delta_{2^{2n}}^i, i = 2^{2n} - j \times 2^n + j,\ 1 \leqslant j \leqslant 2^n\}$ 成立. 可以得到对于任意 $t \geqslant k$, 有

$$\mathrm{Col}(\boldsymbol{\Theta}^t) \subseteq \mathrm{Col}(\boldsymbol{\Theta}^{t-1}) \subseteq \cdots \subseteq \mathrm{Col}(\boldsymbol{\Theta}^k) \subseteq \left\{ \delta_{2^{2n}}^i, i = 2^{2n} - j \times 2^n + j \right\}.$$

这表示当 $t \geqslant k$ 时, 有 $\boldsymbol{x}(t) = \delta_{2^n}^{2^n - j + 1}$ 和 $\boldsymbol{y}(t) = \delta_{2^n}^j$, 即布尔网络 (8.1) 和 (8.3) 实现了反同步.

必要性: 根据布尔网络的反同步定义, 假设从 k 时刻开始, 布尔网络 (8.1) 和 (8.3) 实现了反同步, 则表示在 k 时刻, 列向量 $\boldsymbol{x}(k)$ 的第 $2^n - j + 1$ 个元素和列向量 $\boldsymbol{y}(k)$ 的第 j 个元素为 1, 其余元素都为 0. 从而

$$x_1(k) = \neg y_1(k),\ \ x_2(k) = \neg y_2(k),\ \ \cdots,\ \ x_n(k) = \neg y_n(k)$$

及

$$\boldsymbol{x}(k) = \delta_{2^n}^{2^n - j + 1}, \quad \boldsymbol{y}(k) = \delta_{2^n}^j, \quad 1 \leqslant j \leqslant 2^n.$$

因此

$$\boldsymbol{x}(k) \ltimes \boldsymbol{y}(k) = \boldsymbol{\Theta}^k \boldsymbol{x}(0) \ltimes \boldsymbol{y}(0) = \delta_{2^n}^{2^n - j + 1} \ltimes \delta_{2^n}^j = \delta_{2^{2n}}^i,$$

其中

$$i = \underbrace{2^n + 2^n + \cdots + 2^n}_{2^n - j} + j = 2^{2n} - j \times 2^n + j, \quad 1 \leqslant j \leqslant 2^n.$$

即推论 8.1 成立, 证明完毕.

例 8.2 考虑驱动布尔网络为

$$\begin{cases} x_1(t+1) = x_2(t) \wedge x_3(t), \\ x_2(t+1) = \neg x_1(t), \\ x_3(t+1) = x_2(t), \end{cases} \tag{8.8}$$

对应的响应布尔网络为

$$\begin{cases} y_1(t+1) = y_2(t) \vee y_3(t) \vee \neg x_3(t), \\ y_2(t+1) = \neg y_1(t) \wedge x_1(t), \\ y_3(t+1) = y_2(t) \wedge \neg x_2(t), \end{cases} \tag{8.9}$$

其中 $\vee \sim \boldsymbol{M}_d = \delta_2[1,1,1,2]$, $\neg \sim \boldsymbol{M}_n = \delta_2[2,1]$. 驱动-响应布尔网络的拓扑结构如图 8.1 所示.

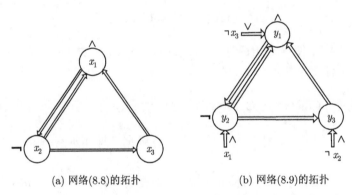

(a) 网络(8.8)的拓扑　　　　　(b) 网络(8.9)的拓扑

图 8.1 驱动-响应布尔网络

设 $\boldsymbol{x}(t) = x_1(t) \ltimes x_2(t) \ltimes x_3(t)$, $\boldsymbol{y}(t) = y_1(t) \ltimes y_2(t) \ltimes y_3(t)$, 可得对应布尔网络的线性表达式分别为

$$\boldsymbol{L}_f = \delta_8[3,7,8,8,1,5,6,6],$$

$$\boldsymbol{L}_g = \delta_8[4,4,4,8,2,2,2,6,4,4,4,4,2,2,2,2,3,3,4,8,1,1,2,6,3,3,4,4,1,1,2,2,$$
$$4,4,4,8,4,4,4,8,4,4,4,4,4,4,4,4,3,3,4,8,3,3,4,8,3,3,4,4,3,3,4,4].$$

通过计算, 可得式 (8.7) 中的 $\boldsymbol{\Theta}$ 为

$$\boldsymbol{\Theta} = \delta_{64}[20,20,20,24,18,18,18,22,52,52,52,52,50,50,50,50,59,59,60,64,57,$$
$$57,58,62,59,59,60,60,57,57,58,58,4,4,4,8,4,4,4,8,36,36,36,36,36,$$

$36, 36, 36, 43, 43, 44, 48, 43, 43, 44, 48, 43, 43, 44, 44, 43, 43, 44, 44]$.

令 $k = 4$, 可得

$$\Theta^4 = \delta_{64}[36, 36, 36, 36, 36, 36, 36, 36, 8, 8, 8, 8, 8, 8, 8, 8, 8, 8, 8, 8, 8, 8, 8, 8,$$
$$8, 8, 8, 8, 8, 8, 8, 43, 43, 43, 43, 43, 43, 43, 43, 57, 57, 57, 57, 57, 57,$$
$$57, 57, 22, 22, 22, 22, 22, 22, 22, 22, 22, 22, 22, 22, 22, 22, 22, 22]$$

和

$$\mathbf{Col}(\Theta^4) \subseteq \left\{\delta_{64}^8, \delta_{64}^{22}, \delta_{64}^{36}, \delta_{64}^{43}, \delta_{64}^{57}\right\} \subseteq \left\{\delta_{64}^8, \delta_{64}^{15}, \delta_{64}^{22}, \delta_{64}^{29}, \delta_{64}^{36}, \delta_{64}^{43}, \delta_{64}^{50}, \delta_{64}^{57}\right\}.$$

根据推论 8.1 可知, 对于任意给定的初值, 驱动-响应布尔网络 (8.8) 和 (8.9) 将实现反同步. 设网络初值为 $x_1(0) = 0$, $x_2(0) = 1$, $x_3(0) = 1$, $y_1(0) = 1$, $y_2(0) = 1$ 和 $y_3(0) = 0$, 布尔网络的反同步曲线如图 8.2 所示.

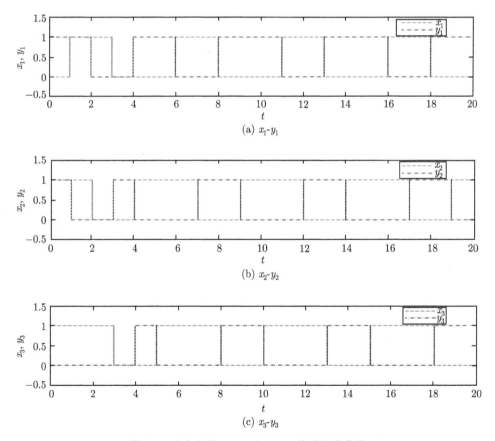

图 8.2 布尔网络 (8.8) 和 (8.9) 的反同步曲线

8.4   布尔网络的聚类同步

布尔网络的聚类同步是指同一布尔网络中的节点分为了多个簇, 同一簇内的节点具有同步关系, 不同簇内的节点不一定具有同步关系[26]. 考虑由 n 个节点组成的同步布尔网络模型 (8.1), 对其施加外部控制后, 可得对应的控制布尔网络为

$$x_i(t+1) = f_i(x_1(t), \cdots, x_n(t), u_1(t), \cdots, u_m(t)), \quad i = 1, 2, \cdots, n, \qquad (8.10)$$

其中 $u_1, \cdots, u_m$ 为外部控制器. 对于该布尔网络模型, 采用半张量积线性化表示可得

$$\boldsymbol{x}(t+1) = \boldsymbol{A}\boldsymbol{u}(t)\boldsymbol{x}(t), \qquad (8.11)$$

其中 $\boldsymbol{x}(t) = \ltimes_{i=1}^{n} x_i(t)$, $\boldsymbol{u}(t) = \ltimes_{i=1}^{n} u_i(t)$. 从而布尔网络的迭代关系为

$$\boldsymbol{x}(1) = \boldsymbol{A}\boldsymbol{u}(0)\boldsymbol{x}(0),$$

$$\boldsymbol{x}(2) = \boldsymbol{A}\boldsymbol{u}(1)\boldsymbol{x}(1) = \boldsymbol{A}\boldsymbol{u}(1)\boldsymbol{A}\boldsymbol{u}(0)\boldsymbol{x}(0) = \boldsymbol{A}(\boldsymbol{I}_{2^m} \otimes \boldsymbol{A})\boldsymbol{u}(1)\boldsymbol{u}(0)\boldsymbol{x}(0),$$

$$\cdots\cdots$$

$$\boldsymbol{x}(s) = \boldsymbol{A}\boldsymbol{u}(s-1)\boldsymbol{x}(s-1)$$

$$= \boldsymbol{A}\boldsymbol{u}(s-1)\boldsymbol{A}\boldsymbol{u}(s-2)\cdots\boldsymbol{A}\boldsymbol{u}(0)\boldsymbol{x}(0)$$

$$= \boldsymbol{A}(\boldsymbol{I}_{2^m} \otimes \boldsymbol{A})\cdots(\boldsymbol{I}_{2^{(s-1)m}} \otimes \boldsymbol{A})\boldsymbol{u}(s-1)\cdots\boldsymbol{u}(0)\boldsymbol{x}(0),$$

为了方便表示, 令 $\tilde{\boldsymbol{A}}(s) = \boldsymbol{A}(\boldsymbol{I}_{2^m} \otimes \boldsymbol{A})\cdots(\boldsymbol{I}_{2^{(s-1)m}} \otimes \boldsymbol{A})$, $s = 0, 1, \cdots$. 由于 $\tilde{\boldsymbol{A}}(s) \in \mathcal{L}_{2^n \times 2^{sm+n}}$, 因此可将其等分为 2^{sm} 块, 即 $\tilde{\boldsymbol{A}}(s) = (\tilde{\boldsymbol{A}}_1(s), \tilde{\boldsymbol{A}}_2(s), \cdots, \tilde{\boldsymbol{A}}_{2^{sm}}(s))$. 根据以上分析, 关于布尔网络的聚类同步定理及推导可以表述如下.

定理 8.3   控制布尔网络 (8.10) 在自由布尔序列 $\boldsymbol{u}(0), \boldsymbol{u}(1), \cdots$ 的作用下, 当且仅当满足如下条件时, 布尔网络将达到聚类同步:

(1) 对于初值 $\boldsymbol{x}(0) = \delta_{2^n}^a$, 存在一个正整数 s, 使得

$$\mathrm{Col}_a(\tilde{\boldsymbol{A}}_l(s)) \in \Phi_1,$$

其中

$$\Phi_1 = \left\{ \delta_{2^n}^i, i = \sum_{j=1}^{p} (k_j - 1)2^{n-n_j} + 1, k_j = 1 \text{ 或 } 2^{(n_j - n_{j-1})}, j = 1, 2, \cdots, p \right\},$$

前 s 个控制序列为 $u(s-1)\cdots u(0) = \delta_{2^{sm}}^l$.

(2) 对于时间 $t \geqslant s$, $x(t) = \delta_{2^n}^b$ 和 $b \in \Phi_1$, 可以找到一个对应的控制器 $u(t) = \delta_{2^m}^{q(t)}$, 使得 $\mathrm{Col}_b(\mathrm{Blk}_{q(t)}(\boldsymbol{A})) \in \Phi_1$.

证明 必要性: 考虑布尔网络含有 n 个节点和 p 个社团, 如

$$\underbrace{x_1(t), x_2(t), \cdots, x_{n_1}(t)}_{n_1 - n_0}, \cdots, \underbrace{x_{n_{j-1}+1}(t), x_{n_{j-1}+2}(t), \cdots, x_{n_j}(t)}_{n_j - n_{j-1}},$$

$$\cdots, \underbrace{x_{n_{p-1}+1}(t), x_{n_{p-1}+2}(t), \cdots, x_n(t)}_{n_p - n_{p-1}},$$

其中第 j 个社团包含有 $n_j - n_{j-1}$ 个节点, 且 $0 = n_0 < 1 \leqslant n_1 < n_2 < \cdots < n_{p-1} < n_p = n$. 当布尔网络在第 s 个时刻达到聚类同步时, 有 $\ltimes_{i=n_{j-1}+1}^{n_j} x_i(s) = \delta_{2^{(n_j - n_{j-1})}}^{\alpha_j}$, $\alpha_j = 1$ 或 $2^{n_j - n_{j-1}}$, $j = 1, 2, \cdots, p$. 假设 $\boldsymbol{x}(s) = \ltimes_{i=1}^n x_i(s) = \delta_{2^n}^r$, 可得 $r = \sum_{j=1}^p (\alpha_j - 1)2^{n-n_j} + 1$. 另一方面, 对于初始值 $\boldsymbol{x}(0) = \delta_{2^n}^a$ 和控制器 $\boldsymbol{u}(s-1) \cdots \boldsymbol{u}(0) = \delta_{2^{sm}}^l$, 经计算可得

$$\boldsymbol{x}(s) = \tilde{\boldsymbol{A}}(s)\boldsymbol{u}(s-1)\cdots\boldsymbol{u}(0)\boldsymbol{x}(0) = \tilde{\boldsymbol{A}}(s)\delta_{2^{sm}}^l \delta_{2^n}^a = \mathrm{Col}_a(\tilde{\boldsymbol{A}}_l(s)),$$

从而条件 (1) 成立. 根据以上分析, 有 $\boldsymbol{x}(s) = \delta_{2^n}^r$, $r \in \Phi_1$. 设控制器为 $\boldsymbol{u}(s) = \delta_{2^m}^{q(s)}$, 可得 $\boldsymbol{x}(s+1) = \boldsymbol{A}\delta_{2^m}^{q(s)}\delta_{2^n}^r = \mathrm{Col}_r(\mathrm{Blk}_{q(s)}(\boldsymbol{A}))$. 因为聚类同步在 $s+1$ 时刻仍然成立, 故 $x_{n_{j-1}+1}(s+1) = \cdots = x_{n_j}(s+1)$ 和 $\mathrm{Col}_r(\mathrm{Blk}_{q(s)}(\boldsymbol{A})) \in \Phi_1$ 成立. 类似地, 对于 $\boldsymbol{x}(t) = \delta_{2^n}^b$ 和 $b \in \Phi_1$, 可得条件 (2) 成立.

充分性: 根据条件 (1), 假设

$$\mathrm{Col}_a(\tilde{\boldsymbol{A}}_l(s)) = \delta_{2^n}^r, \quad r = \sum_{j=1}^p (\beta_j - 1)2^{n-n_j} + 1, \quad \beta_j = 1 \text{ 或 } 2^{(n_j - n_{j-1})},$$

通过计算可得 $x_{n_{j-1}+1}(s) = x_{n_{j-1}+2}(s) = \cdots = x_{n_j}(s)$. 类似地, 根据条件 (2) 和控制器 $\boldsymbol{u}(t) = \delta_{2^m}^{q(t)}$, 可得 $x_{n_{j-1}+1}(t) = x_{n_{j-1}+2}(t) = \cdots = x_{n_j}(t)$ 在 $t \geqslant s$ 时成立. 从而布尔网络 (8.10) 在 s 时刻达到聚类同步.

例 8.3 考虑一个受控布尔网络为

$$\begin{cases} x_1(t+1) = x_2(t) \wedge x_5(t), \\ x_2(t+1) = \neg\, (x_3(t) \leftrightarrow u_1(t)), \\ x_3(t+1) = \neg\, x_4(t) \leftrightarrow u_2(t), \\ x_4(t+1) = \neg\, x_2(t), \\ x_5(t+1) = x_3(t) \leftrightarrow u_3(t), \end{cases} \quad (8.12)$$

根据半张量积的相关性质, 可得受控布尔网络的线性表达式

$$A = M_c(I_4 \otimes M_n)(I_4 \otimes M_e)(I_{16} \otimes M_e)(I_{16} \otimes M_n)(I_{64} \otimes M_n)$$

$$\cdot (I_{128} \otimes M_e)W_{[2,8]}(I_2 \otimes W_{[2,16]})(I_4 \otimes W_{[2,64]})(I_{16} \otimes W_{[2,8]})(I_8 \otimes M_r)$$

$$\cdot (I_{64} \otimes W_{[2]})(I_{32} \otimes M_r)(I_{16} \otimes W_{[4,2]})(I_8 \otimes E_d).$$

假设在该布尔网络中存在两个社团 $\{x_1, x_2, x_3\}$ 和 $\{x_4, x_5\}$, 初值为 $x(0) = \delta_{32}^{11}$. 通过计算可得 $\Phi_1 = \{\delta_{32}^1, \delta_{32}^4, \delta_{32}^{29}, \delta_{32}^{32}\}$ 及

$$\tilde{A}_3(1) = \delta_{32}[11, 27, 15, 31, 4, 20, 8, 24, 25, 25, 29, 29, 18, 18, 22, 22,$$
$$11, 27, 15, 31, 4, 20, 8, 24, 25, 25, 29, 29, 18, 18, 22, 22],$$

显然 $\mathrm{Col}_{11}(\tilde{A}_3(1)) = \delta_{32}^{29} \in \Phi_1$. 定义初始控制器为 $u(0) = \delta_8^3$, 则定理 8.3 中的条件 (1) 成立. 在初始控制器的作用下, $x(1) = \delta_{32}^{29}$ 且矩阵 A 的第 6 个分块为

$$A_6 = \delta_{32}[8, 24, 4, 20, 15, 31, 11, 27, 22, 22, 18, 18, 29, 29, 25, 25,$$
$$8, 24, 4, 20, 15, 31, 11, 27, 22, 22, 18, 18, 29, 29, 25, 25].$$

进一步定义 $u(1) = \delta_8^6$, 可得 $x(2) = \delta_{32}^{29}$. 类似地, 通过设计控制器 $u(2) = u(3) = \cdots = \delta_8^6$, 可得 $x(3) = x(4) = \cdots = \delta_{32}^{29}$, 显然, 定理 8.3 中的条件 (2) 也成立. 受控布尔网络 (8.12) 的聚类同步曲线如图 8.3 所示.

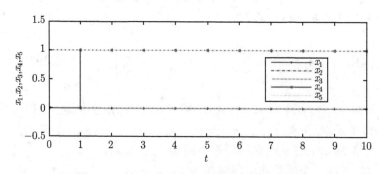

图 8.3　受控布尔网络 (8.12) 的聚类同步曲线

8.5　本　章　小　结

本章首先介绍了布尔网络模型和 STP 工具. 基于 STP 工具, 对布尔网络进行了线性化表示, 将内部同步、外部同步和反同步的概念引入布尔网络中. 本章研

究了布尔网络内部同步、外部同步和反同步, 得到了相应的同步判据, 具有较好的普适性. 考虑了布尔网络中可能由信息传输延迟而导致的分簇现象, 提出了布尔网络聚类同步. 在此基础上, 研究了同步布尔网络的聚类同步, 仿真实例表明了同步判据的有效性.

参 考 文 献

[1] 李谋勋. 复杂系统布尔网络模型及应用[J]. 系统科学学报, 2006, 14(4): 33-36.

[2] 王丽琴, 张玲, 李建更. 构建基因调控布尔网络及其动态分析[J]. 现代电子技术, 2008, 31(7): 151-153.

[3] Cheng D, Li Z, Qi H. Realization of Boolean control networks[J]. Automatica, 2010, 46(1): 62-69.

[4] 程代展, 齐洪胜, 赵寅. 布尔网络的分析与控制——矩阵半张量积方法[J]. 自动化学报, 2011, 37(5): 529-540.

[5] He Q, Xia Z, Lin B. An efficient approach of attractor calculation for large-scale Boolean gene regulatory networks[J]. Journal of Theoretical Biology, 2016, 408: 137-144.

[6] 周漩, 周欣, 钟兆健. 基于布尔网络模型的乳腺癌基因调控网络的研究[J]. 计算机与应用化学, 2016, 33(1): 89-91.

[7] He Q, Liu Z. A novel Boolean network for analyzing the p53 gene regulatory network[J]. Current Bioinformatics, 2016, 11(1): 13-21.

[8] Norrell J, Samuelsson B, Socolar J E S. Attractors in continuous and Boolean networks[J]. Physical Review E, 2007, 76(4): 046122.

[9] 高元明. 概率布尔网络的动态行为研究[J]. 温州职业技术学院学报, 2013, 13(2): 58-61.

[10] Hopfensitz M, Müssel C, Maucher M. Attractors in Boolean networks: A tutorial[J]. Computational Statistics, 2013, 28(1): 19-36.

[11] 赵千川. 具有少量基本回路布尔网络的不动点[J]. 控制理论与应用, 2014, 31(7): 915-920.

[12] He Q, Xia Z, Lin B. An efficient approach of attractor calculation for large-scale Boolean gene regulatory networks[J]. Journal of Theoretical Biology, 2016, 408: 137-144.

[13] Pan J F, Feng J E, Meng M, et al. Design of large-scale Boolean networks based on prescribed attractors[J]. International Journal of Control, Automation and Systems, 2018, 16(3): 1120-1128.

[14] 程代展, 赵寅. 矩阵的半张量积: 一个便捷的新工具[J]. 科学通报, 2011, 56(32): 2664-2674.

[15] 张静, 樊永艳. 半张量积在布尔网络同步中的应用[J]. 哈尔滨师范大学自然科学学报, 2013, 29(2): 16-19.

[16] Chen H, Liang J, Lu J. Partial synchronization of interconnected Boolean networks[J]. IEEE Transactions on Cybernetics, 2017, 47(1): 258-266.

[17] 卢剑权, 李海涛, 刘洋, 等. 矩阵半张量积方法在逻辑网络和相关系统中的应用综述[J]. 南京信息工程大学学报, 2017, 9(4): 341-364.

[18] Li F. Pinning control design for the synchronization of two coupled Boolean networks[J]. IEEE Transactions on Circuits & Systems II Express Briefs, 2017, 63(3): 309-313.

[19] Cheng D, Qi H, Liu Z. From STP to game-based control[J]. Science China Information Sciences, 2018, 61(1): 1-19.

[20] Kauffman S A. Metabolic stability and epigenesis in randomly constructed genetic nets [J]. Journal of Theoretical Biology, 1969, 22(3): 437-467.

[21] Cheng D Z, Qi H S. A linear representation of dynamics of Boolean networks [J]. IEEE Transactions on Automatic Control, 2010, 55(10): 2251-2258.

[22] Cheng D Z, Qi H S, Zhao Y. Analysis and control of Boolean networks: a semi-tensor product approach [J]. Acta Automatica Sinica, 2011, 37(5): 529-540.

[23] Cheng D Z, Qi H S, Li Z Q, et al. Stability and stabilization of Boolean networks [J]. International Journal of Robust and Nonlinear Control, 2011, 21(2): 134-156.

[24] Zhang H, Wang X, Lin X. Synchronization of Boolean networks with different update schemes[J]. IEEE/ACM Transactions on Computational Biology and Bioinformatics, 2014, 11(5): 965-972.

[25] Li R, Chu T G. Complete synchronization of Boolean networks[J]. IEEE transactions on neural networks and learning systems, 2012, 23(23): 840-846.

[26] Zhang H, Wang X Y. Cluster synchronization of Boolean network[J]. Communications in Nonlinear Science and Numerical Simulation, 2018, 55: 157-165.

第 9 章 异步布尔网络同步

9.1 引　　言

如前文所述, 现有的同步研究多集中于同步更新模式下的布尔网络系统[1-8], 且主要关注的是布尔网络间的完全同步. 实际上, 异步更新的布尔网络更接近于现实系统[9]. 此外, 如第 8 章所示, 网络型复杂系统如神经网络、复杂网络中的许多同步概念都可以引入布尔网络的同步研究中, 丰富布尔网络的同步行为. 本节将在前文研究的基础上, 给出异步更新布尔网络的内部同步、外部同步、反同步、聚类同步, 进行同步仿真.

还需注意的是, 布尔网络模型往往不会固定不变, 可能在多种模式间进行切换, 这就需要科研工作者考虑更为普适的网络切换模型. 此外, 传统布尔网络中的节点仅局限于二值范围内变化, 且网络同步行为确定, 对实际基因调控网络的描述具有一定的局限性. 针对以上问题, 本章将利用半张量积工具, 对异步布尔网络模型进行考察, 采用自由布尔序列控制和状态反馈控制, 研究异步切换布尔网络的同步. 此外, 对异步更新机制下的概率布尔网络进行分析, 进而提出异步概率布尔网络的同步判据.

9.2　异步布尔网络内部同步和外部同步

布尔网络模型可分为同步更新布尔网络和异步更新布尔网络. 同步更新机制指的是布尔网络中的所有节点同时更新的情况. 异步更新机制则不同, 指的是布尔网络中的任一节点都有更新或不更新两种状态, 不一定同时更新. 因此异步更新的布尔网络更为普适和复杂, 对于含有 n 个节点的异步布尔网络, 可以得到 2^n 个不同的线性表达式 $L_f^i, i = 1, 2, \cdots, 2^n$. 然而并不是任意的异步更新布尔网络间都可以实现同步, 为了对异步更新的布尔网络同步进行研究, 需有如下假设成立.

假设 9.1　异步更新布尔网络 (8.1) 在 t 时刻的线性表达式 L_f^i 与关于节点状态 $\boldsymbol{X}(t)$ 的布尔函数 $\boldsymbol{H}(x_1(t), x_2(t), \cdots, x_n(t))$ 相关, 且满足 $L_f^i = L_F L_H \boldsymbol{x}(t)$. 其中 $\boldsymbol{L}_H$ 是布尔函数 $\boldsymbol{H}$ 的线性表示式, $\boldsymbol{L}_F = \{L_f^1, L_f^2, \cdots, L_f^{2^n}\}$.

8.3 节中介绍的同步更新机制下的布尔网络可以看作是异步布尔网络的一个特例. 当布尔网络模型 (8.1) 为异步布尔网络时, 需对布尔网络同步作进一步的推导. 假设异步更新布尔网络满足假设 9.1, 网络更新机制由相应的布尔函数决定, 则可得关于异步布尔网络的同步定理如下所示.

定理 9.1   当且仅当存在一个正整数 k 使得

$$\mathrm{Col}(\boldsymbol{\Xi}^k) \subseteq \left\{ \delta_{2^{2n}}^i, \ i = (j-1) \, 2^n + j, \ 1 \leqslant j \leqslant 2^n \right\},$$

其中 $\boldsymbol{\Xi} = \boldsymbol{L}_F \boldsymbol{L}_H \boldsymbol{\Phi}_n \left(\boldsymbol{I}_{2^n} \otimes \boldsymbol{L}_g \right) \boldsymbol{\Phi}_n$, 则异步布尔网络 (8.1) 和布尔网络 (8.3) 将实现外部同步.

证明   由假设 9.1 可知异步布尔网络的更新机制由相应的布尔函数决定, 可得异步布尔网络的线性化形式为

$$\boldsymbol{x}\,(t+1) = \boldsymbol{L}_F \boldsymbol{L}_H \boldsymbol{x}\,(t)\,\boldsymbol{x}\,(t) = \boldsymbol{L}_F \boldsymbol{L}_H \boldsymbol{\Phi}_n \boldsymbol{x}\,(t), \tag{9.1}$$

其中 $\boldsymbol{L}_F$ 和 $\boldsymbol{L}_H$ 同假设 9.1 中定义, $\boldsymbol{\Phi}_n = \ltimes_{i=1}^n \boldsymbol{I}_{2^{i-1}} \otimes \left[\left(\boldsymbol{I}_2 \otimes \boldsymbol{W}_{[2,2^{n-i}]} \right) \boldsymbol{M}_r \right]$. 综合考虑式 (8.6) 和式 (9.1), 可得

$$\boldsymbol{x}\,(t+1)\,\boldsymbol{y}\,(t+1) = \boldsymbol{\Xi}\boldsymbol{x}\,(t)\,\boldsymbol{y}\,(t), \tag{9.2}$$

可以看出, $\boldsymbol{\Xi}$ 是一个常数矩阵. 类似于定理 8.2, 定理 9.1 易得证.

在此基础上, 进一步考虑关于异步布尔网络的反同步, 可以得到如下推论.

推论 9.1   当且仅当存在一个正整数 k 使得

$$\mathrm{Col}(\boldsymbol{\Xi}^k) \subseteq \left\{ \delta_{2^{2n}}^i, i = 2^{2n} - j \times 2^n + j, 1 \leqslant j \leqslant 2^n \right\},$$

异步布尔网络 (9.1) 和布尔网络 (8.6) 将实现反同步.

例 9.1   考虑异步布尔网络

$$\begin{cases} x_1\,(t+1) = x_2\,(t) \wedge x_3\,(t), \\ x_2\,(t+1) = x_1\,(t) \vee x_3\,(t), \\ x_3\,(t+1) = \neg\, x_1\,(t) \end{cases} \tag{9.3}$$

和布尔网络

$$\begin{cases} y_1\,(t+1) = (y_1\,(t) \vee y_2\,(t)) \wedge y_3\,(t) \wedge x_3\,(t), \\ y_2\,(t+1) = (\neg y_1\,(t) \wedge y_3\,(t)) \vee y_2\,(t) \vee x_2\,(t), \\ y_3\,(t+1) = \neg\,(y_1\,(t) \wedge x_1\,(t)), \end{cases} \tag{9.4}$$

对于异步布尔网络 (9.3), 在异步更新机制下有 8 种不同的线性表达式 $\boldsymbol{L}_f$. 在 t 时刻, 如果仅有第一个节点更新状态, 可得

$$\boldsymbol{x}\,(t+1) = x_1\,(t+1)\,x_2\,(t)\,x_3\,(t)$$

$$= \boldsymbol{M}_c \left(\boldsymbol{I}_2 \otimes \boldsymbol{W}_{[2]} \right) \boldsymbol{M}_r \left(\boldsymbol{I}_2 \otimes \boldsymbol{M}_r \right) \boldsymbol{E}_d x_1 \left(t \right) x_2 \left(t \right) x_3 \left(t \right),$$

如果第二个和第三个节点更新状态, 可得

$$\boldsymbol{x} \left(t+1 \right)$$

$$= x_1 \left(t \right) x_2 \left(t+1 \right) x_3 \left(t+1 \right)$$

$$= \left(\boldsymbol{I}_2 \otimes \boldsymbol{M}_d \right) \left(\boldsymbol{I}_8 \otimes \boldsymbol{M}_n \right) \boldsymbol{M}_r \left(\boldsymbol{I}_2 \otimes \boldsymbol{W}_{[2]} \right) \boldsymbol{M}_r \boldsymbol{E}_d \boldsymbol{W}_{[2]} x_1 \left(t \right) x_2 \left(t \right) x_3 \left(t \right),$$

而如果所有节点都更新状态, 可得

$$\boldsymbol{x} \left(t+1 \right) = x_1 \left(t+1 \right) x_2 \left(t+1 \right) x_3 \left(t+1 \right)$$

$$= \boldsymbol{M}_c \left(\boldsymbol{I}_4 \otimes \boldsymbol{M}_d \right) \left(\boldsymbol{I}_{16} \otimes \boldsymbol{M}_n \right) \boldsymbol{W}_{[2,4]} \left(\boldsymbol{I}_4 \otimes \boldsymbol{M}_r \right) \left(\boldsymbol{I}_2 \otimes \boldsymbol{W}_{[2,4]} \right)$$

$$\cdot \boldsymbol{M}_r x_1 \left(t \right) x_2 \left(t \right) x_3 \left(t \right).$$

类似地, 可得不同更新情况下的其他线性表达式. 公式 (9.3) 中线性表达式的计算结果为

$$\boldsymbol{L}_f^1 = \boldsymbol{L}_f^{\{\varnothing\}} = \boldsymbol{I}_8,$$

$$\boldsymbol{L}_f^2 = \boldsymbol{L}_f^{\{1\}} = \boldsymbol{M}_c \left(\boldsymbol{I}_2 \otimes \boldsymbol{W}_{[2]} \right) \boldsymbol{M}_r \left(\boldsymbol{I}_2 \otimes \boldsymbol{M}_r \right) \boldsymbol{E}_d = \delta_8 \left[1,6,7,8,1,6,7,8 \right],$$

$$\boldsymbol{L}_f^3 = \boldsymbol{L}_f^{\{2\}} = \left(\boldsymbol{I}_2 \otimes \boldsymbol{M}_d \right) \boldsymbol{M}_r \left(\boldsymbol{I}_2 \otimes \boldsymbol{M}_r \right) \boldsymbol{E}_d \boldsymbol{W}_{[2]} = \delta_8 \left[1,2,1,2,5,8,5,8 \right],$$

$$\boldsymbol{L}_f^4 = \boldsymbol{L}_f^{\{3\}} = \left(\boldsymbol{I}_4 \otimes \boldsymbol{M}_n \right) \left(\boldsymbol{I}_2 \otimes \boldsymbol{W}_{[2]} \right) \boldsymbol{M}_r \boldsymbol{E}_d \boldsymbol{W}_{[4,2]} = \delta_8 \left[2,2,4,4,5,5,7,7 \right],$$

$$\boldsymbol{L}_f^5 = \boldsymbol{L}_f^{\{1,2\}} = \boldsymbol{M}_c \left(\boldsymbol{I}_4 \otimes \boldsymbol{M}_d \right) \boldsymbol{W}_{[2,4]} \left(\boldsymbol{I}_4 \otimes \boldsymbol{M}_r \right) \left(\boldsymbol{I}_4 \otimes \boldsymbol{M}_r \right) = \delta_8 \left[1,6,5,6,1,8,5,8 \right],$$

$$\boldsymbol{L}_f^6 = \boldsymbol{L}_f^{\{1,3\}} = \boldsymbol{M}_c \left(\boldsymbol{I}_8 \otimes \boldsymbol{M}_n \right) \boldsymbol{W}_{[2,8]} \left(\boldsymbol{I}_4 \otimes \boldsymbol{W}_{[2]} \right) \left(\boldsymbol{I}_2 \otimes \boldsymbol{M}_r \right)$$

$$= \delta_8 \left[2,6,8,8,1,5,7,7 \right],$$

$$\boldsymbol{L}_f^7 = \boldsymbol{L}_f^{\{2,3\}} = \left(\boldsymbol{I}_2 \otimes \boldsymbol{M}_d \right) \left(\boldsymbol{I}_8 \otimes \boldsymbol{M}_n \right) \boldsymbol{M}_r \left(\boldsymbol{I}_2 \otimes \boldsymbol{W}_{[2]} \right) \boldsymbol{M}_r \boldsymbol{E}_d \boldsymbol{W}_{[2]}$$

$$= \delta_8 \left[2,2,2,2,5,7,5,7 \right],$$

$$\boldsymbol{L}_f^8 = \boldsymbol{L}_f^{\{1,2,3\}} = \boldsymbol{M}_c \left(\boldsymbol{I}_4 \otimes \boldsymbol{M}_d \right) \left(\boldsymbol{I}_{16} \otimes \boldsymbol{M}_n \right) \boldsymbol{W}_{[2,4]} \left(\boldsymbol{I}_4 \otimes \boldsymbol{M}_r \right) \left(\boldsymbol{I}_2 \otimes \boldsymbol{W}_{[2,4]} \right) \boldsymbol{M}_r$$

$$= \delta_8 \left[2,6,6,6,1,7,5,7 \right],$$

其中 $\boldsymbol{E}_d = \delta_2[1,2,1,2]$, 对于任意 $\gamma \in \Delta_2$, 有 $\boldsymbol{E}_d\gamma = \boldsymbol{I}_2$. 根据假设 9.1 中定义可知, $\boldsymbol{L}_F = \left\{ \boldsymbol{L}_f^1, \boldsymbol{L}_f^2, \cdots, \boldsymbol{L}_f^8 \right\}$.

进一步考虑异步更新布尔函数的线性表达式为 $\boldsymbol{L}_H = \delta_8[7,5,4,6,8,6,8,7]$, 经过计算可得

$$\boldsymbol{L}_g = \delta_8[2,6,2,6,1,5,5,5,6,6,6,6,5,5,5,5,2,6,4,8,1,5,5,7,6,6,8,8,5,5,5,7,$$
$$1,5,1,5,1,5,5,5,5,5,5,5,5,5,5,5,1,5,3,7,1,5,5,7,5,5,7,7,5,5,5,7].$$

由定理 9.1, 计算得到

$$\boldsymbol{\Xi} = \delta_{64}[10,14,10,14,9,13,13,13,46,46,46,46,45,45,45,45,26,30,28,32,25,$$
$$29,29,31,62,62,64,64,61,61,61,63,1,5,1,5,1,5,5,5,37,37,37,37,37,$$
$$37,37,37,33,37,35,39,33,37,37,39,53,53,55,55,53,53,53,55],$$

当 $k = 5$ 时, 可得

$$\boldsymbol{\Xi}^5 = \delta_{64}[10,10,10,10,10,10,10,10,46,46,46,46,46,46,46,46,1,1,1,1,1,1,1,1,$$
$$10,10,10,10,10,10,10,10,1,1,1,1,1,1,1,1,37,37,37,37,37,37,37,37,$$
$$37,37,37,37,37,37,37,37,46,46,46,46,46,46,46,46]$$

和

$$\mathbf{Col}\left(\boldsymbol{\Xi}^5\right) \subseteq \left\{\delta_{64}^1, \delta_{64}^{10}, \delta_{64}^{37}, \delta_{64}^{46}\right\} \subseteq \left\{\delta_{64}^1, \delta_{64}^{10}, \delta_{64}^{19}, \delta_{64}^{28}, \delta_{64}^{37}, \delta_{64}^{46}, \delta_{64}^{55}, \delta_{64}^{64}\right\}.$$

根据定理 9.1 可知, 布尔网络满足同步条件, 对于任意初值, 异步布尔网络 (9.3) 和布尔网络 (9.4) 将实现同步. 设网络初值为 $x_1(0) = 1$, $x_2(0) = 0$, $x_3(0) = 1$, $y_1(0) = 0$, $y_2(0) = 0$ 和 $y_3(0) = 1$, 则异步布尔网络的同步曲线如图 9.1 所示.

从图 9.1 中可以看出, 异步布尔网络 (9.3) 与布尔网络 (9.4) 实现了同步, 表明了所得定理的有效性.

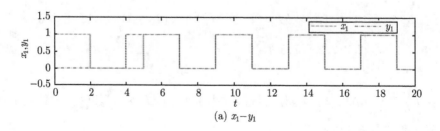

(a) $x_1 - y_1$

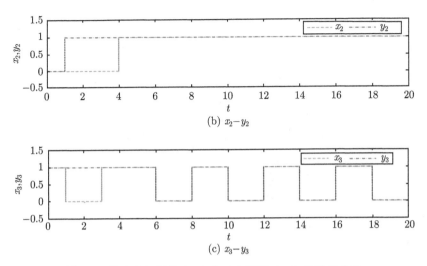

(b) $x_2 - y_2$

(c) $x_3 - y_3$

图 9.1 异步布尔网络 (9.3) 和布尔网络 (9.4) 的同步曲线

9.3 异步布尔网络聚类同步

定理 8.3 给出了布尔网络聚类同步的同步判定准则. 而在实际中, 往往还需要将网络中的节点同步到指定的参考节点或轨迹. 如对于给定的参考布尔网络

$$y_i(t+1) = g_i(y_1(t), \cdots, y_p(t)), \quad i = 1, 2, \cdots, p \tag{9.5}$$

和受控布尔网络

$$z_i(t+1) = h_i(z_1(t), \cdots, z_n(t), u_1(t), \cdots, u_m(t)), \quad i = 1, 2, \cdots, n. \tag{9.6}$$

假设受控布尔网络 (9.6) 中有 $p\,(p \leqslant n)$ 个社团, 则需要通过控制, 使得同一社团内的点聚类同步到参考布尔网络中的对应节点. 不失一般性, 令参考布尔网络采用异步更新机制. 根据半张量积的相关性质, 可得布尔网络 (9.5) 和 (9.6) 的线性化形式为

$$y(t+1) = B(t)y(t) \tag{9.7}$$

和

$$z(t+1) = Cu(t)z(t). \tag{9.8}$$

含有 p 个节点的异步布尔网络 (9.7) 具有 2^p 种可选的线性表达式 $\{B_1, B_2, \cdots, B_{2^p}\}$. 假设异步更新机制已知, 则在 t 时刻, $B(t) \in \{B_1, B_2, \cdots, B_{2^p}\}$. 根据式 (9.7) 和式 (9.8), 可得布尔网络的迭代形式为

$$y(1)z(1) = B(0)y(0)Cu(0)z(0) = B(0)\Theta u(0)y(0)z(0),$$

其中 $\boldsymbol{\Theta} = (\boldsymbol{I}_{2^p} \otimes \boldsymbol{C}) \boldsymbol{W}_{[2^m, 2^p]}$. 类似地,

$$\boldsymbol{y}(2)\boldsymbol{z}(2) = \boldsymbol{B}(1)\boldsymbol{y}(1)\boldsymbol{C}\boldsymbol{u}(1)\boldsymbol{z}(1) = \boldsymbol{B}(1)\boldsymbol{\Theta}\boldsymbol{u}(1)\boldsymbol{y}(1)\boldsymbol{z}(1)$$

$$= \boldsymbol{B}(1)\boldsymbol{\Theta}\left(\boldsymbol{I}_{2^m} \otimes \boldsymbol{B}(0)\right)\left(\boldsymbol{I}_{2^m} \otimes \boldsymbol{\Theta}\right)\boldsymbol{u}(1)\boldsymbol{u}(0)\boldsymbol{y}(0)\boldsymbol{z}(0),$$

$$\cdots\cdots$$

$$\boldsymbol{y}(s)\boldsymbol{z}(s) = \boldsymbol{B}(s-1)\boldsymbol{y}(s-1)\boldsymbol{C}\boldsymbol{u}(s-1)\boldsymbol{z}(s-1)$$

$$= \boldsymbol{B}(s-1)\boldsymbol{\Theta}\boldsymbol{u}(s-1)\boldsymbol{y}(s-1)\boldsymbol{z}(s-1)$$

$$= \boldsymbol{B}(s-1)\boldsymbol{\Theta}\left(\boldsymbol{I}_{2^m} \otimes \boldsymbol{B}(s-1)\right)\left(\boldsymbol{I}_{2^m} \otimes \boldsymbol{\Theta}\right)\boldsymbol{u}(s-1)$$

$$\cdot \boldsymbol{u}(s-2)\boldsymbol{y}(s-2)\boldsymbol{z}(s-2)$$

$$= \cdots$$

$$= \boldsymbol{B}(s-1)\boldsymbol{\Theta}\left(\boldsymbol{I}_{2^m} \otimes \boldsymbol{B}(s-2)\right)\left(\boldsymbol{I}_{2^m} \otimes \boldsymbol{\Theta}\right)$$

$$\cdots\left(\boldsymbol{I}_{2^{(s-1)m}} \otimes \boldsymbol{B}(0)\right)\left(\boldsymbol{I}_{2^{(s-1)m}} \otimes \boldsymbol{\Theta}\right)\boldsymbol{u}(s-1)\cdots\boldsymbol{u}(0)\boldsymbol{y}(0)\boldsymbol{z}(0).$$

令 $\widetilde{\boldsymbol{B}}(s) = \boldsymbol{B}(s-1)\boldsymbol{\Theta}\left(\boldsymbol{I}_{2^m} \otimes \boldsymbol{B}(s-2)\right)\left(\boldsymbol{I}_{2^m} \otimes \boldsymbol{\Theta}\right)\cdots\left(\boldsymbol{I}_{2^{(s-1)m}} \otimes \boldsymbol{B}(0)\right)\left(\boldsymbol{I}_{2^{(s-1)m}} \otimes \boldsymbol{\Theta}\right)$, $s = 0, 1, \cdots$. 由于 $\widetilde{\boldsymbol{B}}(s) \in \mathcal{L}_{2^{n+p} \times 2^{sm+n+p}}$, 将其分割 2^{sm} 块为 $\widetilde{\boldsymbol{B}}(s) = [\widetilde{\boldsymbol{B}}_1(s), \widetilde{\boldsymbol{B}}_2(s), \cdots, \widetilde{\boldsymbol{B}}_{2^{sm}}(s)]$. 根据以上分析, 可得如下聚类同步定理.

定理 9.2 已知异步更新布尔网络的更新规则为 $\boldsymbol{B}(t)$ $(t = 1, 2, \cdots)$, 当且仅当满足如下条件时, 受控布尔网络 (9.8) 将在控制器 $\boldsymbol{u}(0), \boldsymbol{u}(1), \cdots$ 的作用下实现关于异步布尔网络 (9.7) 的聚类同步:

(1) 对于初值 $\boldsymbol{y}(0) = \delta_{2^p}^a$ 和 $\boldsymbol{z}(0) = \delta_{2^n}^b$, 存在一个正整数 s, 使得 $\mathrm{Col}_{(a-1)2^n+b} \cdot (\widetilde{\boldsymbol{B}}_l(s)) \in \Phi_2$, 其中

$$\Phi_2 = \left\{\delta_{2^{n+p}}^i, i = \sum_{j=1}^p (k_j - 1)\left(2^{n+p-j} + 2^{n-n_{j-1}} - 2^{n-n_j}\right) + 1, k_j = 1 \text{ 或}\right.$$

$$\left. 2, j = 1, 2, \cdots, p\right\}$$

前 s 个控制序列为 $\boldsymbol{u}(s-1)\cdots\boldsymbol{u}(0) = \delta_{2^{sm}}^l$.

(2) 对于时间 $t \geqslant s$, $\boldsymbol{y}(t) = \delta_{2^p}^c$ 和 $\boldsymbol{z}(t) = \delta_{2^n}^d$, $v = (c-1)2^n + d \in \Phi_2$, 可以找到一个对应的控制器 $\boldsymbol{u}(t) = \delta_{2^m}^{q(t)}$, 使得 $\mathrm{Col}_v\left(\mathrm{Blk}_{q(t)}(\boldsymbol{B}(t)\boldsymbol{\Theta})\right) \in \Phi_2$.

证明 必要性: 考虑异步更新布尔网络

$$y_1(t), y_2(t), \cdots, y_p(t)$$

和含有 n 个节点, p 个社团的同步布尔网络

$$\underbrace{z_1(t), z_2(t), \cdots, z_{n_1}(t)}_{n_1 - n_0}, \cdots, \underbrace{z_{n_{j-1}+1}(t), z_{n_{j-1}+2}(t), \cdots, z_{n_j}(t)}_{n_j - n_{j-1}},$$

$$\cdots, \underbrace{z_{n_{p-1}+1}(t), z_{n_{p-1}+2}(t), \cdots, z_n(t)}_{n_p - n_{p-1}}.$$

其中第 j 个社团含有 $n_j - n_{j-1}$ 个节点, $0 = n_0 < 1 \leqslant n_1 < n_2 < \cdots < n_{p-1} < n_p = n$. $y_j(t)$ 表示受控布尔网络中第 j 个社团的参考轨迹. 设 $y_j(s) = \delta_2^{\alpha_j}$, $\alpha_j = 1$ 或 2, $j = 1, 2, \cdots, p$. 通过计算可得

$$\boldsymbol{y}(s) = \delta_{2^p}^{r_1}, \quad r_1 = \sum_{j=1}^{p} (\alpha_j - 1) 2^{p-j} + 1.$$

由于受控布尔网络从 s 时刻开始, 内部社团节点聚类同步到参考布尔网络的相应节点, 则

$$y_j(s) = z_{n_{j-1}+1}(s) = z_{n_{j-1}+2}(s) = \cdots = z_{n_j}(s),$$

因此

$$\boldsymbol{z}(s) = \delta_{2^n}^{r_2}, \quad r_2 = \sum_{j=1}^{p} (\alpha_j - 1) \left(2^{n-n_{j-1}} - 2^{n-n_j}\right) + 1.$$

相应地

$$\boldsymbol{y}(s)\,\boldsymbol{z}(s) = \delta_{2^{n+p}}^{r} \text{ 且 } r = \sum_{j=1}^{p} (\alpha_j - 1) \left(2^{n+p-j} + 2^{n-n_{j-1}} - 2^{n-n_j}\right) + 1.$$

另一方面, 考虑初始值 $\boldsymbol{y}(0) = \delta_{2^p}^a$, $\boldsymbol{z}(0) = \delta_{2^n}^b$ 和控制器 $\boldsymbol{u}(s-1) \cdots \boldsymbol{u}(0) = \delta_{2^{sm}}^l$, 可得

$$\begin{aligned}
\boldsymbol{y}(s)\boldsymbol{z}(s) &= \widetilde{\boldsymbol{B}}(s)\boldsymbol{u}(s-1) \cdots \boldsymbol{u}(0)\boldsymbol{y}(0)\boldsymbol{z}(0) \\
&= \widetilde{\boldsymbol{B}}(s)\delta_{2^{sm}}^l \delta_{2^n}^a \delta_{2^n}^b \\
&= \mathrm{Col}_{(a-1)2^n+b}\left(\widetilde{\boldsymbol{B}}_l(s)\right).
\end{aligned}$$

显然, 条件 (1) 成立. 由以上分析可知 $\boldsymbol{y}(s)\,\boldsymbol{z}(s) = \delta_{2^{n+p}}^r$, $r \in \boldsymbol{\Phi}_2$, 设控制器 $\boldsymbol{u}(s) = \delta_{2^m}^{q(s)}$, 可得

$$\boldsymbol{y}(s+1)\,\boldsymbol{z}(s+1) = \boldsymbol{B}(s)\,\boldsymbol{\Theta}\boldsymbol{u}(s)\boldsymbol{y}(s)\,\boldsymbol{z}(s) = \mathrm{Col}_r\left(\mathrm{Blk}_{q(s)}\left(\boldsymbol{B}(s)\,\boldsymbol{\Theta}\right)\right).$$

因为聚类同步在 $s+1$ 时刻仍然成立, 故而

$$y_j(s+1) = z_{n_{j-1}+1}(s+1) = z_{n_{j-1}+2}(s+1) = \cdots = z_{n_j}(s+1),$$

和 $\mathrm{Col}_r\left(\mathrm{Blk}_{q(s)}(\boldsymbol{B}(s)\boldsymbol{\Theta})\right) \in \Phi_2$ 成立. 类似地, 对于 $\boldsymbol{y}(t) = \delta_{2^p}^c$ 和 $\boldsymbol{z}(t) = \delta_{2^n}^d$, $v = (c-1)2^n + d \in \Phi_2$, 可得条件 (2) 成立.

充分性: 根据条件 (1), 假设

$$\mathrm{Col}_{(a-1)2^n+b}\left(\widetilde{\boldsymbol{B}}_l(s)\right) = \delta_{2^{n+p}}^r,$$

$$r = \sum_{j=1}^p (\beta_j - 1)\left(2^{n+p-j} + 2^{n-n_{j-1}} - 2^{n-n_j}\right) + 1, \quad \beta_j = 1 \text{ 或 } 2.$$

通过计算可得

$$y_j(s) = z_{n_{j-1}+1}(s) = z_{n_{j-1}+2}(s) = \cdots = z_{n_j}(s).$$

类似地, 根据条件 (2) 和控制器 $\boldsymbol{u}(t) = \delta_{2^m}^{q(t)}$, 可得当 $t \geqslant s$ 时

$$y_j(t) = z_{n_{j-1}+1}(t) = z_{n_{j-1}+2}(t) = \cdots = z_{n_j}(t),$$

从而布尔网络 (8.10) 在 s 时刻达到聚类同步.

在以上分析中, 异步更新布尔网络 (9.7) 含有已知时变线性表达式 $B(t)$, 一般不会迭代进入某个固定点或者极限环. 但是对于更新机制与节点状态相关的异步更新布尔网络, 网络节点状态却会随着迭代进入循环. 故而, 对于与节点状态相关的异步更新布尔网络, 可设计循环控制器来实现同步. 此时, 布尔网络的异步更新机制 $B(t)$ 可以由状态变量间接得到. 例如当 $\boldsymbol{B}(t) = \boldsymbol{L}_B \boldsymbol{L}_R y(t)$ 时, 式 (9.7) 可转化为

$$y(t+1) = \boldsymbol{B}y(t), \tag{9.9}$$

其中 $\boldsymbol{B} = \boldsymbol{L}_B \boldsymbol{L}_R \boldsymbol{\Phi}_p$, $\boldsymbol{\Phi}_p = \prod_{i=1}^p \boldsymbol{I}_{2^{i-1}} \otimes \left[(\boldsymbol{I}_2 \otimes \boldsymbol{W}_{[2,2^{p-i}]})\boldsymbol{M}_r\right]$, $\boldsymbol{L}_R$ 为一给定的线性表达式, $\boldsymbol{L}_B = \left\{\boldsymbol{L}_B^1, \boldsymbol{L}_B^2, \cdots, \boldsymbol{L}_B^{2^p}\right\}$ 是异步更新的集合. 从而有

$$\boldsymbol{y}(1)\boldsymbol{z}(1) = \boldsymbol{L}_B \boldsymbol{L}_R \boldsymbol{\Phi}_p \boldsymbol{y}(0)\boldsymbol{C}\boldsymbol{u}(0)\boldsymbol{z}(0) = \boldsymbol{\Theta}_B \boldsymbol{u}(0)\boldsymbol{y}(0)\boldsymbol{z}(0),$$

其中 $\boldsymbol{\Theta}_B = \boldsymbol{L}_B \boldsymbol{L}_R \boldsymbol{\Phi}_p (\boldsymbol{I}_{2^p} \otimes \boldsymbol{C})\boldsymbol{W}_{[2^m,2^p]}$. 采用递推的方法

$$\boldsymbol{y}(2)\boldsymbol{z}(2) = \boldsymbol{L}_B \boldsymbol{L}_R \boldsymbol{\Phi}_p \boldsymbol{y}(1)\boldsymbol{C}\boldsymbol{u}(1)\boldsymbol{z}(1)$$

$$= \boldsymbol{\Theta}_B \boldsymbol{u}(1)\boldsymbol{y}(1)\boldsymbol{z}(1) = \boldsymbol{\Theta}_B (\boldsymbol{I}_{2^m} \otimes \boldsymbol{\Theta}_B)\boldsymbol{u}(1)\boldsymbol{u}(0)\boldsymbol{x}(0)\boldsymbol{y}(0),$$

$$\cdots\cdots$$

$$\boldsymbol{y}(s)\,\boldsymbol{z}(s) = \boldsymbol{L}_B\boldsymbol{L}_R\boldsymbol{\Phi}_p\boldsymbol{y}(s-1)\,\boldsymbol{C}\boldsymbol{u}(s-1)\,\boldsymbol{z}(s-1)$$

$$= \boldsymbol{\Theta}_B\boldsymbol{u}(s-1)\,\boldsymbol{y}(s-1)\,\boldsymbol{z}(s-1) = \cdots$$

$$= \boldsymbol{\Theta}_B\left(\boldsymbol{I}_{2^m}\otimes\boldsymbol{\Theta}_B\right)\cdots\left(\boldsymbol{I}_{2^{(s-1)m}}\otimes\boldsymbol{\Theta}_B\right)\boldsymbol{u}(s-1)\cdots\boldsymbol{u}(0)\,\boldsymbol{y}(0)\,\boldsymbol{z}(0).$$

为了方便表示, 令 $\tilde{\boldsymbol{B}}(s) = \boldsymbol{\Theta}_B(\boldsymbol{I}_{2^m}\otimes\boldsymbol{\Theta}_B)\cdots(\boldsymbol{I}_{2^{(s-1)m}}\otimes\boldsymbol{\Theta}_B), s = 0,1,\cdots$, 并将其拆分为 2^{sm} 块 $\tilde{\boldsymbol{B}}(s) = (\tilde{\boldsymbol{B}}_1(s), \tilde{\boldsymbol{B}}_2(s), \cdots, \tilde{\boldsymbol{B}}_{2^{sm}}(s))$. 由于 $\boldsymbol{B}$ 是固定不变的, 则异步更新布尔网络将迭代入某个固定点或者极限环. 假设异步更新布尔网络 (9.9) 在 s^* 时刻迭代入了极限环 $\delta_{2^n}^{i_1} \to \delta_{2^n}^{i_2} \to \cdots \to \delta_{2^n}^{i_\lambda} \to \delta_{2^n}^{i_1} \to \cdots$, 可得如下定理成立.

定理 9.3 当且仅当满足如下条件时, 受控布尔网络 (9.8) 和异步布尔网络 (9.9) 将在控制器 $\boldsymbol{u}(0), \boldsymbol{u}(1), \cdots$ 的作用下实现聚类同步:

(1) 对于初值 $\boldsymbol{y}(0) = \delta_{2^p}^a$ 和 $\boldsymbol{z}(0) = \delta_{2^n}^b$, 存在一个正整数 s, 使得 $\mathrm{Col}_{(a-1)2^n+b}(\tilde{\boldsymbol{B}}_l(s)) \in \boldsymbol{\Phi}_2$, 其中

$$\boldsymbol{\Phi}_2 = \left\{\delta_{2^{n+p}}^i, i = \sum_{j=1}^p(k_j-1)(2^{n+p-j}+2^{n-n_{j-1}}-2^{n-n_j})+1, k_j = 1\text{ 或 } 2, j = 1,2,\cdots,p\right\},$$

前 s 个控制序列为 $\boldsymbol{u}(s-1)\cdots\boldsymbol{u}(0) = \delta_{2^{sm}}^l$.

(2) 存在对应的 $i_1, i_2, \cdots, i_\lambda$ 满足

$$\mathrm{Col}_{i_1}(\mathrm{Blk}_{q_1}(\boldsymbol{\Theta}_B)) = \delta_{2^{n+p}}^{i_2}, \quad \mathrm{Col}_{i_2}(\mathrm{Blk}_{q_2}(\boldsymbol{\Theta}_B)) = \delta_{2^{n+p}}^{i_3}, \cdots,$$

$$\mathrm{Col}_{i_{\lambda-1}}(\mathrm{Blk}_{q_{\lambda-1}}(\boldsymbol{\Theta}_B)) = \delta_{2^{n+p}}^{i_\lambda}, \quad \mathrm{Col}_{i_\lambda}(\mathrm{Blk}_{q_\lambda}(\boldsymbol{\Theta}_B)) = \delta_{2^{n+p}}^{i_1},$$

其中 $i_j \in \boldsymbol{\Phi}_2, 1 \leqslant q_j \leqslant 2^m, j = 1,2,\cdots,\lambda$.

证明 必要性: 由定理 9.2 的证明可知条件 (1) 成立. 假设异步布尔网络在 s^* 时刻迭代入了极限环 $\delta_{2^n}^{i_1} \to \delta_{2^n}^{i_2} \to \cdots \to \delta_{2^n}^{i_\lambda} \to \delta_{2^n}^{i_1} \to \delta_{2^n}^{i_2} \to \cdots$, 而受控布尔网络中的社团节点在 s 时刻受控同步到了参考布尔网络节点, 满足

$$\boldsymbol{y}(s)\boldsymbol{z}(s) = \tilde{\boldsymbol{B}}(s)\boldsymbol{u}(s-1)\cdots\boldsymbol{u}(0)\boldsymbol{y}(0)\boldsymbol{z}(0) = \delta_{2^{n+p}}^{i_1},$$

其中 $s \geqslant s^*$ 且 $i_1 \in \boldsymbol{\Phi}_2$. 根据网络初值和布尔控制序列, 可得

$$\boldsymbol{y}(s)\boldsymbol{z}(s) = \mathrm{Col}_{(a-1)2^n+b}(\tilde{\boldsymbol{B}}_l(s)) = \delta_{2^{n+p}}^{i_1}.$$

因为异步布尔网络 (9.9) 迭代进入了极限环内, 且网络实现了聚类同步, 所以有

$$\boldsymbol{y}(s+1)\boldsymbol{z}(s+1) = \boldsymbol{\Theta}_B\boldsymbol{u}(s)\delta_{2^{n+p}}^{i_1} = \delta_{2^{n+p}}^{i_2}.$$

定义控制器为 $\boldsymbol{u}(s) = \delta_{2^m}^{q_1}$, 可得 $\mathrm{Col}_{i_1}(\mathrm{Blk}_{q_1}(\boldsymbol{\Theta}_B)) = \delta_{2^{n+p}}^{i_2}$. 采用类似的方法, 有条件 (2) 成立.

充分性: 由条件 (1) 可得类似定理 9.2 中结论, 而由条件 (2) 知 $\mathrm{Col}_{i_1}(\mathrm{Blk}_{q_1}(\boldsymbol{\Theta}_B)) = \delta_{2^{n+p}}^{i_2}$. 令 $\boldsymbol{u}(s) = \delta_{2^m}^{q_1}$, 可得

$$\boldsymbol{y}(s+1)\boldsymbol{z}(s+1) = \boldsymbol{\Theta}_B\boldsymbol{u}(s)\delta_{2^{n+p}}^{i_1} = \delta_{2^{n+p}}^{i_2}.$$

通过计算可得, 在 $s+1$ 时刻, 受控布尔网络 (9.8) 中同一社团内的节点被同步控制到了参考布尔网络 (9.9) 中的对应节点上. 采用类似的方法, 由条件 (2) 可得对应布尔网络在 $t > s$ 时实现了聚类同步.

例 9.2　考虑一个参考异步布尔网络为

$$\begin{cases} y_1(t+1) = y_1(t) \to y_2(t), \\ y_2(t+1) = y_1(t) \vee y_2(t), \end{cases} \tag{9.10}$$

对应的受控布尔网络为

$$\begin{cases} z_1(t+1) = \neg\,(z_2(t) \vee z_4(t)), \\ z_2(t+1) = z_1(t) \wedge z_4(t) \leftrightarrow u_1(t), \\ z_3(t+1) = z_1(t) \wedge z_3(t) \leftrightarrow u_2(t), \\ z_4(t+1) = \neg\,z_2(t) \leftrightarrow u_3(t). \end{cases} \tag{9.11}$$

对于异步布尔网络 (9.10), 可得 4 种不同的线性表达式为

$$\boldsymbol{L}_B^1 = \boldsymbol{I}_4 = \delta_4[1,2,3,4],$$

$$\boldsymbol{L}_B^2 = (\boldsymbol{I}_2 \otimes \boldsymbol{M}_d)\boldsymbol{M}_r = \delta_4[1,1,3,4],$$

$$\boldsymbol{L}_B^3 = \boldsymbol{M}_i(\boldsymbol{I}_2 \otimes \boldsymbol{M}_r) = \delta_4[1,4,1,2],$$

$$\boldsymbol{L}_B^4 = \boldsymbol{M}_i(\boldsymbol{I}_4 \otimes \boldsymbol{M}_d)(\boldsymbol{I}_2 \otimes \boldsymbol{W}_{[2]})\boldsymbol{M}_r(\boldsymbol{I}_2 \otimes \boldsymbol{M}_r) = \delta_4[1,3,1,2].$$

定义

$$\boldsymbol{L}_B = \{\boldsymbol{L}_B^1, \boldsymbol{L}_B^2, \boldsymbol{L}_B^3, \boldsymbol{L}_B^4\}, \quad \boldsymbol{L}_R = \delta_{16}[3,5,9,7,8,4,2,6,11,13,8,6,2,9,3,11],$$

可得 $\boldsymbol{B} = \delta_4[3,4,4,1]$. 类似地, 通过计算可以得到线性表达式 $\boldsymbol{C}$. 假设受控布尔网络 (9.11) 中存在两个社团 $\{z_1, z_2\}$ 和 $\{z_3, z_4\}$, 初值为 $\boldsymbol{y}(0) = \delta_4^2$ 和 $\boldsymbol{z}(0) = \delta_{16}^7$,

则通过计算可得 $\boldsymbol{\Phi}_2 = \{\delta_{64}^1, \delta_{64}^{20}, \delta_{64}^{45}, \delta_{64}^{64}\}$ 且 $\mathrm{Col}_{23}(\mathrm{Blk}_6(\boldsymbol{\Theta}_B)) = \delta_{64}^{64} \in \boldsymbol{\Phi}_2$. 令 $\boldsymbol{u}(0) = \delta_8^6$, 可得定理 9.3 中条件 (1) 成立. 由 $\boldsymbol{B} = \delta_4[3, 4, 4, 1]$ 可知, 参考布尔网络进入了极限环内, 且

$$\mathrm{Col}_{64}(\mathrm{Blk}_7(\boldsymbol{\Theta}_B)) = \delta_{64}^1, \quad \mathrm{Col}_1(\mathrm{Blk}_6(\boldsymbol{\Theta}_B)) = \delta_{64}^{45},$$

$$\mathrm{Col}_{45}(\mathrm{Blk}_2(\boldsymbol{\Theta}_B)) = \delta_{64}^{64}, \quad \mathrm{Col}_{64}(\mathrm{Blk}_7(\boldsymbol{\Theta}_B)) = \delta_{64}^1, \cdots.$$

从而设计循环控制器为

$$\boldsymbol{u}(1) = \delta_8^7, \quad \boldsymbol{u}(2) = \delta_8^6, \quad \boldsymbol{u}(3) = \delta_8^2, \quad \cdots,$$

$$\boldsymbol{u}(j+1) = \delta_8^7, \quad \boldsymbol{u}(j+2) = \delta_8^6, \quad \boldsymbol{u}(j+3) = \delta_8^2, \quad \cdots, \quad j = 1, 2, \cdots.$$

显然, 定理 9.3 中条件 (2) 也成立. 在控制器的作用下, 受控布尔网络 (9.11) 关于参考布尔网络 (9.10) 的聚类同步曲线如图 9.2 所示, 可以看出受控布尔网络 (9.11) 实现了关于参考异步布尔网络 (9.10) 的聚类同步.

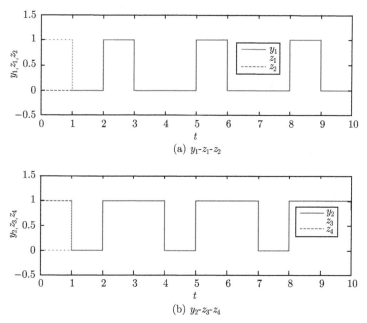

图 9.2 受控布尔网络 (9.11) 关于异步布尔网络 (9.10) 的聚类同步曲线

9.4 异步切换布尔网络同步

在了解了布尔网络的同步概念后, 本节将进一步考虑布尔网络具有异步更新机制和多种切换模式的情况, 构建异步切换布尔网络模型[10]. 该模型的节点状态

更新更为复杂, 具有更好的普适意义. 不失一般性, 本节将分别设计自由布尔序列控制器和状态反馈控制器来实现异步切换布尔网络的同步.

含有 n 个节点, 在 k 个模式之间切换的布尔网络可以表示为

$$x_i(t+1) = f_i^{\delta(t)}(x_1(t),\cdots,x_n(t)), \quad i=1,2,\cdots,n, \tag{9.12}$$

其中 $\delta(t) \in \{\delta_1,\delta_2,\cdots,\delta_k\}$, $\delta_j(j=1,2,\cdots,k)$ 表示待选模式. x_i 表示第 i 个节点的状态变量, $f_i^{\delta_j}$ 为第 i 个节点在模式 δ_j 下的状态函数, $\boldsymbol{x}(t) = \ltimes_{i=1}^n x_i(t)$. 根据异步更新布尔网络的定义, 对应的布尔网络更新规则可以表示为

$$x_i(t+1) = \begin{cases} f_i^{\delta(t)}(x_1(t),\cdots,x_n(t)), & \text{更新,} \\ x_i(t), & \text{不更新,} \end{cases} \tag{9.13}$$

则称采用如上切换机制和异步更新规则的布尔网络为异步切换布尔网络. 为了得到该网络的同步, 建立带有控制的响应布尔网络为

$$y_i(t+1) = g_i(y_1(t),\cdots,y_n(t),u_1(t),\cdots,u_m(t)), \quad i=1,2,\cdots,n, \tag{9.14}$$

其中 $\boldsymbol{y}(t) = \ltimes_{i=1}^n y_i(t)$ 和 $\boldsymbol{u}(t) = \ltimes_{i=1}^m u_i(t)$. 对于布尔网络 (9.13) 和 (9.14), 网络同步定义及相关概念可表述如下.

定义 9.1 对于异步转换布尔网络 (9.13) 和受控布尔网络 (9.14), 若存在一个正整数 t_0 使得当 $t \geqslant t_0$ 时, 有 $x_i(t) = y_i(t)$, $i=1,2,\cdots,n$, 则称布尔网络 (9.13) 和 (9.14) 达到了同步.

根据半张量积的定义可知, 布尔网络表达式 $x_i(t+1) = f_i^{\delta(t)}(x_1(t),\cdots,x_n(t))$ 有着对应的线性化形式为 $x_i(t+1) = \boldsymbol{M}_i^{\delta(t)}\boldsymbol{x}(t)$, 通过计算可得

$$\begin{aligned} \boldsymbol{x}(t+1) &= \boldsymbol{M}_1^{\delta(t)}\boldsymbol{x}(t)\boldsymbol{M}_2^{\delta(t)}\boldsymbol{x}(t)\cdots\boldsymbol{M}_n^{\delta(t)}\boldsymbol{x}(t) \\ &= \boldsymbol{M}_1^{\delta(t)}(\boldsymbol{I}_{2^n}\otimes\boldsymbol{M}_2^{\delta(t)})\boldsymbol{\Phi}_n(\boldsymbol{I}_{2^n}\otimes\boldsymbol{M}_3^{\delta(t)})\boldsymbol{\Phi}_n\cdots(\boldsymbol{I}_{2^n}\otimes\boldsymbol{M}_n^{\delta(t)})\boldsymbol{\Phi}_n\boldsymbol{x}(t), \end{aligned}$$

其中 $\boldsymbol{\Phi}_n = \prod_{i=1}^n \boldsymbol{I}_{2^{i-1}} \otimes \left[(\boldsymbol{I}_2 \otimes \boldsymbol{W}_{[2,2^{n-i}]})\boldsymbol{M}_r\right]$. 定义

$$\boldsymbol{L}_f(t) = \boldsymbol{M}_1^{\delta(t)}(\boldsymbol{I}_{2^n}\otimes\boldsymbol{M}_2^{\delta(t)})\boldsymbol{\Phi}_n(\boldsymbol{I}_{2^n}\otimes\boldsymbol{M}_3^{\delta(t)})\boldsymbol{\Phi}_n\cdots(\boldsymbol{I}_{2^n}\otimes\boldsymbol{M}_n^{\delta(t)})\boldsymbol{\Phi}_n,$$

可得 $\boldsymbol{x}(t+1) = \boldsymbol{L}_f(t)\boldsymbol{x}(t)$. 对于具有 n 个节点, 在 k 种模式间切换的异步布尔网络, 可得 $k \times 2^n$ 个不同的备选线性表达式 $\boldsymbol{L}_f^i$, $i=1,2,\cdots,k \times 2^n$. 类似于异步布尔网络, 异步切换布尔网络在任一模式下的异步更新规则都不是随机的, 而是由与布尔网络节点状态相关的布尔函数决定的, 异步更新率与节点状态的对应关系可表述为如下假设.

假设 9.2 异步切换布尔网络 (9.13) 在 t 时刻的线性表达式 $\boldsymbol{L}_f(t)$ 与关于节点状态 $\boldsymbol{x}(t)$ 的布尔函数 $\boldsymbol{R}(x_1(t), x_2(t), \cdots, x_n(t))$ 相关, 且满足 $\boldsymbol{L}_f(t) = \boldsymbol{L}_F \boldsymbol{L}_R \boldsymbol{x}(t)$. 其中 $\boldsymbol{L}_R$ 是布尔函数 $\boldsymbol{R}$ 的线性表达式, $\boldsymbol{L}_F = \{\boldsymbol{L}_f^1, \boldsymbol{L}_f^2, \cdots, \boldsymbol{L}_f^{k \times 2^n}\}$.

基于以上模型和假设, 本节将进一步研究异步布尔网络 (9.13) 和布尔网络 (9.14) 间的同步, 其中受控布尔网络 (9.14) 中控制器的设计是布尔网络同步的关键. 为了使得布尔网络达到并保持同步行为, 需对控制序列 $\boldsymbol{u}(t) = \ltimes_{i=1}^m u_i(t)$, $u_1(t), u_2(t), \cdots, u_m(t)$ 进行分析和设计.

由异步切换布尔网络的定义和假设 9.2 可知, 异步切换布尔网络可表示为如下线性化形式

$$\boldsymbol{x}(t+1) = \boldsymbol{L}\boldsymbol{x}(t), \tag{9.15}$$

其中 $\boldsymbol{L} = \boldsymbol{L}_F \boldsymbol{L}_R \boldsymbol{\Phi}_n$, $\boldsymbol{L}_R$ 和 $\boldsymbol{L}_F$ 如假设 9.2 中定义. 类似地, 根据式 (9.14) 可得受控布尔网络的线性化形式为

$$\boldsymbol{y}(t+1) = \boldsymbol{L}_G \boldsymbol{u}(t)\boldsymbol{y}(t), \tag{9.16}$$

其中 $\boldsymbol{L}_G = \boldsymbol{M}_1 \prod_{j=2}^{n} [(\boldsymbol{I}_{2^{m+n}} \otimes \boldsymbol{M}_j)\boldsymbol{\Phi}_{m+n}] \in \mathcal{L}_{2^n \times 2^{m+n}}$, $\boldsymbol{M}_i$ 为对应布尔函数 g_i 的线性表达式. 基于式 (9.15) 和式 (9.16), 通过计算可得

$$\boldsymbol{x}(t+1)\boldsymbol{y}(t+1) = \boldsymbol{L}\boldsymbol{x}(t)\boldsymbol{L}_G \boldsymbol{u}(t)\boldsymbol{y}(t) = \boldsymbol{\Theta}\boldsymbol{u}(t)\boldsymbol{x}(t)\boldsymbol{y}(t), \tag{9.17}$$

其中 $\boldsymbol{\Theta} = \boldsymbol{L}\left(\boldsymbol{I}_{2^n} \otimes \boldsymbol{L}_G\right)\boldsymbol{W}_{[2^m, 2^n]}$. 从而

$$\boldsymbol{x}(1)\boldsymbol{y}(1) = \boldsymbol{\Theta}\boldsymbol{u}(0)\boldsymbol{x}(0)\boldsymbol{y}(0),$$

$$\boldsymbol{x}(2)\boldsymbol{y}(2) = \boldsymbol{\Theta}\boldsymbol{u}(1)\boldsymbol{x}(1)\boldsymbol{y}(1) = \boldsymbol{\Theta}\boldsymbol{u}(1)\boldsymbol{\Theta}\boldsymbol{u}(0)\boldsymbol{x}(0)\boldsymbol{y}(0)$$

$$= \boldsymbol{\Theta}(\boldsymbol{I}_{2^m} \otimes \boldsymbol{\Theta})\boldsymbol{u}(1)\boldsymbol{u}(0)\boldsymbol{x}(0)\boldsymbol{y}(0),$$

$$\cdots \cdots$$

$$\boldsymbol{x}(\kappa)\boldsymbol{y}(\kappa) = \boldsymbol{\Theta}\boldsymbol{u}(\kappa-1)\boldsymbol{x}(\kappa-1)\boldsymbol{y}(\kappa-1)$$

$$= \boldsymbol{\Theta}(\boldsymbol{I}_{2^m} \otimes \boldsymbol{\Theta})\cdots(\boldsymbol{I}_{2^{(\kappa-1)m}} \otimes \boldsymbol{\Theta})\boldsymbol{u}(\kappa-1)\cdots\boldsymbol{u}(0)\boldsymbol{x}(0)\boldsymbol{y}(0).$$

设 $\tilde{\boldsymbol{L}}_\Theta(\kappa) = \boldsymbol{\Theta}(\boldsymbol{I}_{2^m} \otimes \boldsymbol{\Theta})\cdots(\boldsymbol{I}_{2^{(\kappa-1)m}} \otimes \boldsymbol{\Theta})$, 由于 $\tilde{\boldsymbol{L}}_\Theta(\kappa) \in \mathcal{L}_{2^{2n} \times 2^{\kappa m + 2n}}$, 因此可将 $\tilde{\boldsymbol{L}}_\Theta(\kappa)$ 划分为 $2^{\kappa m}$ 块 $\tilde{\boldsymbol{L}}_\Theta(\kappa) = (\tilde{\boldsymbol{L}}_{\Theta 1}(\kappa), \tilde{\boldsymbol{L}}_{\Theta 2}(\kappa), \cdots, \tilde{\boldsymbol{L}}_{\Theta 2^{\kappa m}}(\kappa))$. 基于以上分析, 关于异步切换布尔网络 (9.13) 与布尔网络 (9.14) 的同步定理可表述如下.

定理 9.4 当且仅当满足下列条件时, 异步切换布尔网络 (9.13) 和布尔网络 (9.14) 将实现同步:

(1) 对于布尔网络初值 $\boldsymbol{x}(0) = \delta_{2^n}^a$ 和 $\boldsymbol{y}(0) = \delta_{2^n}^b$, $1 \leqslant a, b \leqslant 2^n$, 存在正整数 κ 和 l, $1 \leqslant l \leqslant 2^{\kappa m}$, 使得

$$\mathrm{Col}_r(\tilde{\boldsymbol{L}}_{\Theta l}(\kappa)) \in \left\{\delta_{2^{2n}}^i, i = (j-1)2^n + j, 1 \leqslant j \leqslant 2^n\right\}, \quad r = (a-1)2^n + b,$$

其中前 κ 个控制序列设计为 $\boldsymbol{u}(\kappa-1) \cdots \boldsymbol{u}(0) = \delta_{2^{\kappa m}}^l$.

(2) 对于 $\boldsymbol{x}(t) = \delta_{2^n}^c$, 当 $t \geqslant \kappa$ 时, 至少存在一个控制器 $\boldsymbol{u}(t) = \delta_{2^m}^q$ 使得

$$\mathrm{Col}_p(\mathrm{Blk}_q(\boldsymbol{\Theta})) \in \left\{\delta_{2^{2n}}^i, i = (j-1)2^n + j, 1 \leqslant j \leqslant 2^n\right\}$$

成立, 其中 $p = (c-1)2^n + c$.

证明　必要性：假定在 κ 时刻, 异步转换布尔网络 (9.13) 和布尔网络 (9.14) 达到同步, 由定义 9.1 可得

$$\boldsymbol{x}(\kappa) = \boldsymbol{y}(\kappa) = \delta_{2^n}^\alpha, \quad 1 \leqslant \alpha \leqslant 2^n, \quad i = 1, 2, \cdots, n,$$

通过计算可知 $\boldsymbol{x}(\kappa)\boldsymbol{y}(\kappa) = \delta_{2^{2n}}^{(\alpha-1) \times 2^n + \alpha}$. 另一方面,

$$\boldsymbol{x}(\kappa)\boldsymbol{y}(\kappa) = \tilde{\boldsymbol{L}}_\Theta \boldsymbol{u}(\kappa-1) \cdots \boldsymbol{u}(0)\boldsymbol{x}(0)\boldsymbol{y}(0).$$

因为

$$\boldsymbol{x}(0) = \delta_{2^n}^a, \quad \boldsymbol{y}(0) = \delta_{2^n}^b, \quad \boldsymbol{u}(\kappa-1) \cdots \boldsymbol{u}(0) = \delta_{2^{\kappa m}}^l,$$

$$\boldsymbol{x}(\kappa)\boldsymbol{y}(\kappa) = \tilde{\boldsymbol{L}}_\Theta(\kappa)\delta_{2^{\kappa m}}^l \delta_{2^n}^a \delta_{2^n}^b = \tilde{\boldsymbol{L}}_{\Theta l}(\kappa)\delta_{2^{2n}}^{(a-1) \times 2^n + b} = \mathrm{Col}_r(\tilde{\boldsymbol{L}}_{\Theta l}(\kappa)),$$

条件 (1) 成立.

设当 $t \geqslant \kappa$ 时, $\boldsymbol{x}(t) = \boldsymbol{y}(t) = \delta_{2^n}^c$, 则由定义 9.1 可以得到

$$\boldsymbol{x}(t+1)\boldsymbol{y}(t+1) = \boldsymbol{\Theta}\boldsymbol{u}(t)\boldsymbol{x}(t)\boldsymbol{y}(t)$$

$$= \boldsymbol{\Theta}\boldsymbol{u}(t)\delta_{2^{2n}}^p \in \left\{\delta_{2^{2n}}^i, i = (j-1)2^n + j, 1 \leqslant j \leqslant 2^n\right\}.$$

设 $\boldsymbol{u}(t) = \delta_{2^m}^q$, 则

$$\boldsymbol{\Theta}\boldsymbol{u}(t)\delta_{2^{2n}}^p = \mathrm{Blk}_q(\boldsymbol{\Theta})\delta_{2^{2n}}^p = \mathrm{Col}_p(\mathrm{Blk}_q(\boldsymbol{\Theta}),$$

因而, 条件 (2) 成立.

充分性：通过计算可得

$$\boldsymbol{x}(\kappa)\boldsymbol{y}(\kappa) = \tilde{\boldsymbol{L}}_\Theta(\kappa)\delta_{2^{\kappa m}}^l \delta_{2^n}^a \delta_{2^n}^b = \tilde{\boldsymbol{L}}_{\Theta l}(\kappa)\delta_{2^{2n}}^{(a-1) \times 2^n + b} = \mathrm{Col}_r(\tilde{\boldsymbol{L}}_{\Theta l}(\kappa)).$$

根据条件 (1), 设 $\mathrm{Col}_r(\tilde{\boldsymbol{L}}_{\Theta l}(\kappa)) = \delta_{2^{2n}}^{(\beta-1) \times 2^n + \beta}$, 且令 $\boldsymbol{u}(\kappa) = \delta_{2^m}^\gamma$ 为满足条件 (2) 的控制器, 可得

$$\boldsymbol{x}(\kappa) = \boldsymbol{y}(\kappa) = \delta_{2^n}^\beta, \quad \mathrm{Col}_{(\beta-1) \times 2^n + \beta}(\mathrm{Blk}_\gamma(\boldsymbol{\Theta})) \in \left\{\delta_{2^{2n}}^i, i = (j-1)2^n + j, 1 \leqslant j \leqslant 2^n\right\}.$$

不妨设 $\mathrm{Col}_{(\beta-1)\times 2^n+\beta}(\mathrm{Blk}_\gamma(\boldsymbol{\Theta})) = \delta_{2^{2n}}^{(\varphi-1)\times 2^n+\varphi}$, 可得 $\boldsymbol{x}(\kappa+1) = \boldsymbol{y}(\kappa+1) = \delta_{2^n}^\varphi$. 以此类推, 采用类似的方法可得当 $t \geqslant \kappa$ 时, 有 $\boldsymbol{x}(t) = \boldsymbol{y}(t)$ 成立, 即异步切换布尔网络 (9.13) 和布尔网络 (9.14) 实现同步.

考虑到布尔网络中节点的个数是有限的, 而所研究的异步切换布尔网络的更新规则和切换布尔函数也是由对应的节点状态所决定的, 故而最终异步切换布尔网络将与一般的布尔网络一样, 进入某个固定点或者极限环. 因而, 本节将基于此性质, 进一步提出关于定理 9.4 的推论.

推论 9.2 对于给定的初值 $\boldsymbol{x}(0) = \delta_{2^n}^a$, 异步切换布尔网络 (9.13) 在经历了暂态时间 κ^* 后进入了极限环: $\delta_{2^n}^{p_1} \to \delta_{2^n}^{p_2} \to \cdots \to \delta_{2^n}^{p_s} \to \delta_{2^n}^{p_1}$ 中, 且 $\boldsymbol{x}(\kappa) = \delta_{2^n}^{p_1}$, $\kappa \geqslant \kappa^*$. 则当如下条件成立时, 异步切换布尔网络 (9.13) 和布尔网络 (9.14) 将在自由控制序列 $\boldsymbol{u}(0), \boldsymbol{u}(1), \cdots$ 的作用下实现同步:

(1) 对于初值 $\boldsymbol{y}(0) = \delta_{2^n}^b$, 存在正整数 κ 和 l, $1 \leqslant l \leqslant 2^{\kappa m}$, 使得 $\mathrm{Col}_a(\boldsymbol{L}^\kappa) = \mathrm{Col}_b(\tilde{\boldsymbol{L}}_l(\kappa))$. 其中前 κ 个控制序列为 $\boldsymbol{u}(\kappa-1)\cdots\boldsymbol{u}(0) = \delta_{2^{\kappa m}}^l$.

(2) $\mathrm{Col}_{p_1}(\mathrm{Blk}_{r_\kappa}(\boldsymbol{L}_G)) = \delta_{2^n}^{p_2}$,

$$\mathrm{Col}_{p_2}(\mathrm{Blk}_{r_{\kappa+1}}(\boldsymbol{L}_G)) = \delta_{2^n}^{p_3}, \cdots, \mathrm{Col}_{p_{s-1}}(\mathrm{Blk}_{r_{\kappa+s-2}}(\boldsymbol{L}_G)) = \delta_{2^n}^{p_s},$$

$$\mathrm{Col}_{p_s}(\mathrm{Blk}_{r_{\kappa+s-1}}(\boldsymbol{L}_G)) = \delta_{2^n}^{p_1}.$$

循环控制器为

$$-\boldsymbol{u}(\kappa+r) = \boldsymbol{u}(\kappa+s+r) = \boldsymbol{u}(\kappa+2s+r) = \cdots, \quad 1 \leqslant r \leqslant s.$$

证明 当 $t = \kappa$ 时, 因为 $\boldsymbol{u}(\kappa-1)\cdots\boldsymbol{u}(0) = \delta_{2^{\kappa m}}^l$, 可得 $\boldsymbol{y}(\kappa) = \tilde{\boldsymbol{L}}(\kappa)\delta_{2^{\kappa m}}^l \boldsymbol{y}(0) = \mathrm{Col}_b(\tilde{\boldsymbol{L}}_l(\kappa))$. 根据条件 (1) 可得

$$\boldsymbol{x}(\kappa) = \mathrm{Col}_a(\boldsymbol{L}^\kappa) = \mathrm{Col}_b(\tilde{\boldsymbol{L}}_l(\kappa)) = \boldsymbol{y}(\kappa),$$

通过计算可知

$$\boldsymbol{y}(\kappa+1) = \boldsymbol{L}_G \boldsymbol{u}(\kappa)\delta_{2^n}^{p_1}.$$

设 $\boldsymbol{u}(\kappa) = \delta_{2^m}^{r_\kappa}$, $1 \leqslant r_\kappa \leqslant 2^m$, 有

$$\boldsymbol{y}(\kappa+1) = \mathrm{Col}_{p_1}(\mathrm{Blk}_{r_\kappa}(\boldsymbol{L}_G)) = \delta_{2^n}^{p_2} = \boldsymbol{x}(\kappa+1).$$

类似地, 可得

$$\boldsymbol{y}(\kappa+2) = \boldsymbol{x}(\kappa+2), \cdots, \boldsymbol{y}(\kappa+s) = \boldsymbol{x}(\kappa+s),$$

以此类推, 可知当 $t \geqslant \kappa$ 时, $\boldsymbol{y}(t) = \boldsymbol{x}(t)$, 异步切换布尔网络 (9.13) 和布尔网络 (9.14) 同步.

虽然以上采用的自由布尔序列控制器的设计条件较为宽松, 但是控制器需要依据网络状态实时设计. 故而, 为了使控制更加得便捷, 可为异步切换布尔网络的

同步进一步设计闭环反馈控制器. 设反馈控制器具有如下线性化形式

$$u(t) = L_H x(t) y(t), \tag{9.18}$$

其中 L_H 为布尔控制函数的线性表达式. 根据式 (9.16) 和式 (9.18), 可得受控布尔网络的线性化形式为

$$y(t+1) = L_G L_H (I_{2^n} \otimes \Phi_n) x(t) y(t). \tag{9.19}$$

考虑布尔网络 (9.13) 和 (9.14), 可得在反馈控制器作用下的同步定理如下所示.

定理 9.5　在反馈控制器 (9.18) 的作用下, 当且仅当存在一个正整数 κ 使得

$$\mathrm{Col}(\Xi^\kappa) \subseteq \left\{ \delta_{2^{2n}}^i, i = (j-1)2^n + j, 1 \leqslant j \leqslant 2^n \right\},$$

其中 $\Xi = L(I_{2^n} \otimes L_G)(I_{2^n} \otimes L_H) \Phi_n (I_{2^n} \otimes \Phi_n)$, $\Phi_n = \ltimes_{i=1}^n I_{2^{i-1}} \otimes [(I_2 \otimes W_{[2,2^{n-i}]}) M_r]$, 则异步切换布尔网络 (9.13) 和受控布尔网络 (9.14) 将实现同步.

证明　充分性: 由式 (9.14) 和式 (9.19) 可知

$$\begin{aligned}
x(t+1)y(t+1) &= L x(t) L_G L_H (I_{2^n} \otimes \Phi_n) x(t) y(t) \\
&= L(I_{2^n} \otimes L_G)(I_{2^n} \otimes L_H) \Phi_n (I_{2^n} \otimes \Phi_n) x(t) y(t) \\
&= \Xi x(t) y(t).
\end{aligned} \tag{9.20}$$

假设存在一个正整数 κ 满足式 (9.20), 则对于任意时刻 $t \geqslant \kappa$ 有

$$\mathrm{Col}(\Xi^t) \subseteq \mathrm{Col}(\Xi^{t-1}) \subseteq \cdots \subseteq \mathrm{Col}(\Xi^\kappa) \subseteq \left\{ \delta_{2^{2n}}^i, i = (j-1)2^n + j \right\},$$

这表明当 $t \geqslant \kappa$ 时, $x(t) = y(t) = \delta_{2^n}^j$.

必要性: 假设当 $t \geqslant \kappa$ 时, 异步切换布尔网络 (9.13) 和受控布尔网络 (9.14) 实现同步, 不妨设 $x(\kappa) = y(\kappa) = \delta_{2^n}^j, 1 \leqslant j \leqslant 2^n$. 从而由式 (9.20) 可知

$$x(\kappa) \ltimes y(\kappa) = \Xi^\kappa x(0) \ltimes y(0) = \delta_{2^n}^j \ltimes \delta_{2^n}^j = \delta_{2^{2n}}^i.$$

由于列向量 $x(\kappa)$ 和 $y(\kappa)$ 的第 j 个元素都为 1 而其他元素都为 0, 经计算可知定理 9.5 中条件成立, 证明完毕.

类似地, 根据定理 9.5, 可以进一步得到关于异步切换布尔网络反同步的推论.

推论 9.3　在反馈控制器 (9.18) 的作用下, 当且仅当存在一个正整数 κ 使得

$$\mathrm{Col}(\Xi^\kappa) \subseteq \left\{ \delta_{2^{2n}}^i, i = 2^{2n} - j \times 2^n + j, 1 \leqslant j \leqslant 2^n \right\}$$

成立时, 异步切换布尔网络 (9.13) 和受控布尔网络 (9.14) 将实现反同步.

例 9.3 考虑具有两种模式的异步切换布尔网络

$$\delta_1: \begin{cases} C_1(t+1) = M_1(t) + X_1(t), \\ M_1(t+1) = C_1(t) \wedge X_1(t) \\ X_1(t+1) = C_1(t) + M_1(t), \end{cases}, \quad \delta_2: \begin{cases} C_1(t+1) = M_1(t) \wedge X_1(t), \\ M_1(t+1) = 1 + C_1(t), \\ X_1(t+1) = M_1(t) \end{cases}$$

$$(9.21)$$

和受控布尔网络

$$\begin{cases} C_2(t+1) = (1 + X_2(t)) \leftrightarrow U_1(t), \\ M_2(t+1) = C_2(t) \leftrightarrow U_2(t), \\ X_2(t+1) = M_2(t) \leftrightarrow U_3(t), \end{cases} \quad (9.22)$$

其中 C_1 和 C_2 表示细胞周期蛋白, M_1 和 M_2 表示周期蛋白依赖激酶, X_1 和 X_2 表示周期蛋白依赖激酶激活的泛素连接酶. 对于异步切换布尔网络 (9.21), 可根据系统模式和异步更新机制得到 16 种不同的线性表达式. 通过计算, 异步切换布尔网络的线性表达式如下:

$$L_f^1 = L_f^{\delta_{11}} = I_8,$$

$$L_f^2 = L_f^{\delta_{12}} = M_p \left(I_2 \otimes W_{[2]} \right) M_r \left(I_2 \otimes M_r \right) E_d = \delta_8 \left[5, 2, 3, 8, 5, 2, 3, 8 \right],$$

$$L_f^3 = L_f^{\delta_{13}} = \left(I_2 \otimes M_c \right) M_r \left(I_2 \otimes M_r \right) E_d W_{[2]} = \delta_8 \left[1, 4, 1, 4, 7, 8, 7, 8 \right],$$

$$L_f^4 = L_f^{\delta_{14}} = \left(I_4 \otimes M_p \right) \left(I_2 \otimes W_{[2]} \right) M_r \left(I_2 \otimes M_r \right) E_d W_{[4,2]}$$
$$= \delta_8 \left[2, 2, 3, 3, 5, 5, 8, 8 \right],$$

$$L_f^5 = L_f^{\delta_{15}} = M_p \left(I_4 \otimes M_c \right) W_{[2,4]} \left(I_4 \otimes M_r \right) \left(I_4 \otimes M_r \right) = \delta_8 \left[5, 4, 1, 8, 7, 4, 3, 8 \right],$$

$$L_f^6 = L_f^{\delta_{16}} = M_p \left(I_8 \otimes M_p \right) W_{[2,8]} \left(I_8 \otimes W_r \right) \left(I_4 \otimes W_{[2]} \right) \left(I_2 \otimes M_r \right)$$
$$= \delta_8 \left[6, 2, 3, 7, 5, 1, 4, 8 \right],$$

$$L_f^7 = L_f^{\delta_{17}} = \left(I_2 \otimes M_c \right) \left(I_8 \otimes M_p \right) M_r \left(I_2 \otimes W_{[2]} \right) M_r \left(I_2 \otimes W_{[2]} \right)$$
$$= \delta_8 \left[2, 4, 1, 3, 7, 7, 8, 8 \right],$$

$$L_f^8 = L_f^{\delta_{18}} = M_p \left(I_4 \otimes M_c \right) \left(I_{16} \otimes M_p \right) W_{[2,4]} \left(I_2 \otimes W_{[2,8]} \right)$$
$$\cdot M_r \left(I_4 \otimes M_r \right) \left(I_4 \otimes W_{[2]} \right) \left(I_2 \otimes M_r \right)$$
$$= \delta_8 \left[6, 4, 1, 7, 7, 3, 4, 8 \right],$$

$$\boldsymbol{L}_f^9 = \boldsymbol{L}_f^{\delta_{21}} = \boldsymbol{I}_8,$$

$$\boldsymbol{L}_f^{10} = \boldsymbol{L}_f^{\delta_{22}} = \boldsymbol{M}_c \left(\boldsymbol{I}_2 \otimes \boldsymbol{W}_{[2]}\right) \boldsymbol{M}_r \left(\boldsymbol{I}_2 \otimes \boldsymbol{M}_r\right) \boldsymbol{E}_d = \delta_8 \left[1, 6, 7, 8, 1, 6, 7, 8\right],$$

$$\boldsymbol{L}_f^{11} = \boldsymbol{L}_f^{\delta_{23}} = \left(\boldsymbol{I}_2 \otimes \boldsymbol{M}_n\right) \boldsymbol{M}_r \boldsymbol{E}_d \boldsymbol{W}_{[2]} = \delta_8 \left[3, 4, 3, 4, 5, 6, 5, 6\right],$$

$$\boldsymbol{L}_f^{12} = \boldsymbol{L}_f^{\delta_{24}} = \left(\boldsymbol{I}_2 \otimes \boldsymbol{M}_r\right) \boldsymbol{E}_d \boldsymbol{W}_{[4,2]} = \delta_8 \left[1, 1, 4, 4, 5, 5, 8, 8\right],$$

$$\boldsymbol{L}_f^{13} = \boldsymbol{L}_f^{\delta_{25}} = \boldsymbol{M}_c \left(\boldsymbol{I}_4 \otimes \boldsymbol{M}_n\right) \boldsymbol{W}_{[2,4]} \left(\boldsymbol{I}_4 \otimes \boldsymbol{M}_r\right) = \delta_8 \left[3, 8, 7, 8, 1, 6, 5, 6\right],$$

$$\boldsymbol{L}_f^{14} = \boldsymbol{L}_f^{\delta_{26}} = \boldsymbol{M}_c \left(\boldsymbol{I}_4 \otimes \boldsymbol{M}_r\right) \left(\boldsymbol{I}_2 \otimes \boldsymbol{W}_{[2]}\right) \boldsymbol{M}_r \boldsymbol{E}_d = \delta_8 \left[1, 5, 8, 8, 1, 5, 8, 8\right],$$

$$\boldsymbol{L}_f^{15} = \boldsymbol{L}_f^{\delta_{27}} = \left(\boldsymbol{I}_2 \otimes \boldsymbol{M}_n\right) \boldsymbol{M}_r \boldsymbol{E}_d \boldsymbol{W}_{[4,2]} = \delta_8 \left[3, 3, 4, 4, 5, 5, 6, 6\right],$$

$$\boldsymbol{L}_f^{16} = \boldsymbol{L}_f^{\delta_{28}} = \boldsymbol{M}_c \left(\boldsymbol{I}_4 \otimes \boldsymbol{M}_n\right) \boldsymbol{W}_{[2,4]} \left(\boldsymbol{I}_4 \otimes \boldsymbol{W}_{[2]}\right) \left(\boldsymbol{I}_2 \otimes \boldsymbol{M}_r\right) = \delta_8 \left[3, 7, 8, 8, 1, 5, 6, 6\right],$$

其中 $\boldsymbol{E}_d = \delta_2 \left[1, 2, 1, 2\right]$. 对于任意 $\sigma \in \Delta_2$, 有 $\boldsymbol{E}_d \sigma = \boldsymbol{I}_2$. 根据 $\boldsymbol{L}_F$ 的定义和以上线性表示, 可得 $\boldsymbol{L}_F = \{\boldsymbol{L}_f^1, \boldsymbol{L}_f^2, \cdots, \boldsymbol{L}_f^{16}\}$. 定义 $\boldsymbol{L}_R = \delta_{16} \left[15, 3, 10, 10, 8, 4, 6, 13\right]$, 可得

$$\boldsymbol{L} = \delta_8 \left[3, 4, 7, 8, 7, 5, 4, 6\right],$$

$$\boldsymbol{L}_G = \delta_8 [5, 1, 6, 2, 7, 3, 8, 4, 6, 2, 5, 1, 8, 4, 7, 3, 7, 3, 8, 4, 5, 1, 6, 2, 8, 4, 7, 3, 6, 2, 5, 1,$$
$$1, 5, 2, 6, 3, 7, 4, 8, 2, 6, 1, 5, 4, 8, 3, 7, 3, 7, 4, 8, 1, 5, 2, 6, 4, 8, 3, 7, 2, 6, 1, 5].$$

给定初值 $C_1(0) = \delta_2^1$, $M_1(0) = \delta_2^2$, $X_1(0) = \delta_2^1$, $C_2(0) = \delta_2^2$, $M_2(0) = \delta_2^1$, $X_2(0) = \delta_2^1$ 和 $r = 21$, 通过计算可知定理 9.5 中条件成立. 考虑 $\kappa = 2$ 时的情况, 根据定义有 $\tilde{\boldsymbol{L}}_\Theta(2) = [\tilde{\boldsymbol{L}}_{\Theta 1}(2), \tilde{\boldsymbol{L}}_{\Theta 2}(2), \cdots, \tilde{\boldsymbol{L}}_{\Theta 64}(2)]$, 其中

$$\tilde{\boldsymbol{L}}_{\Theta 2}(2)$$
$$= \delta_8 [51, 49, 55, 53, 52, 50, 56, 54, 59, 57, 63, 61, 60, 58, 64, 62, 27, 25, 31, 29, 28,$$
$$26, 32, 30, 43, 41, 47, 45, 44, 42, 48, 46, 27, 25, 31, 29, 28, 26, 32, 30, 51, 49, 55,$$
$$53, 52, 50, 56, 54, 59, 57, 63, 61, 60, 58, 64, 62, 35, 33, 39, 37, 36, 34, 40, 38].$$

可以看到 $\tilde{\boldsymbol{L}}_{\Theta 2}(2)$ 中的第 21 个元素为 28, 即

$$\mathrm{Col}_{21}(\tilde{\boldsymbol{L}}_{\Theta 2}(2)) = 28 \in \{1, 10, 19, 28, 37, 46, 55, 64\},$$

即定理 9.5 中条件 (1) 在控制器

$$u_1(1) = \delta_2^1, \quad u_2(1) = \delta_2^1, \quad u_3(1) = \delta_2^1, \quad u_1(0) = \delta_2^1, \quad u_2(0) = \delta_2^1, \quad u_3(0) = \delta_2^2$$

的作用下成立. 进一步通过计算可得

$$\mathrm{Col}_1(\mathrm{Blk}_7(\boldsymbol{\Theta})) = 19, \quad \mathrm{Col}_{10}(\mathrm{Blk}_4(\boldsymbol{\Theta})) = 28, \quad \mathrm{Col}_{19}(\mathrm{Blk}_4(\boldsymbol{\Theta})) = 55,$$

$$\text{Col}_{28}(\text{Blk}_7(\boldsymbol{\Theta})) = 64, \quad \text{Col}_{37}(\text{Blk}_1(\boldsymbol{\Theta})) = 55, \quad \text{Col}_{46}(\text{Blk}_7(\boldsymbol{\Theta})) = 37,$$

$$\text{Col}_{55}(\text{Blk}_5(\boldsymbol{\Theta})) = 28, \quad \text{Col}_{64}(\text{Blk}_7(\boldsymbol{\Theta})) = 46,$$

即定理 9.5 中条件 (2) 成立, 布尔网络将实现同步.

由于异步切换布尔网络 (9.21) 在迭代一段时间后落入了一个极限环内. 故而根据推论 9.3, 在经过暂态时间后, 可设计周期控制器为

$$\boldsymbol{u}(0) = \delta_8^2, \quad \boldsymbol{u}(1) = \delta_8^1, \quad \boldsymbol{u}(2) = \delta_8^7, \quad \boldsymbol{u}(3) = \delta_8^7, \quad \boldsymbol{u}(4) = \delta_8^7,$$

$$\boldsymbol{u}(5) = \delta_8^1, \quad \boldsymbol{u}(6) = \delta_8^5, \quad \boldsymbol{u}(7) = \delta_8^7, \quad \boldsymbol{u}(8) = \delta_8^7, \quad \cdots.$$

在控制器的作用下, 异步切换布尔网络 (9.21) 和布尔网络 (9.22) 实现了同步, 同步曲线如图 9.3 所示.

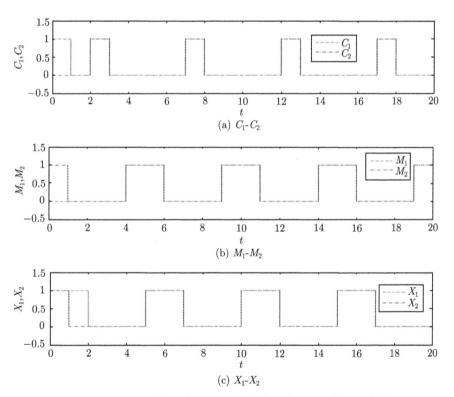

图 9.3 异步切换布尔网络 (9.21) 和布尔网络 (9.22) 的同步曲线

例 9.4 考虑带有三种模式的异步切换布尔网络

$$\delta_1 : \begin{cases} x_1(t+1) = x_1(t) \vee x_2(t), \\ x_2(t+1) = x_1(t) \rightarrow x_2(t), \end{cases} \quad \delta_2 : \begin{cases} x_1(t+1) = x_1(t) \rightarrow x_2(t), \\ x_2(t+1) = \neg\, x_1(t), \end{cases}$$

$$\delta_3 : \begin{cases} x_1(t+1) = x_2(t), \\ x_2(t+1) = x_1(t) \wedge x_2(t), \end{cases} \tag{9.23}$$

相应的受控布尔网络为

$$\begin{cases} y_1(t+1) = y_2(t) \vee u_1(t), \\ y_2(t+1) = \neg\,(y_1(t) \wedge u_2(t)). \end{cases} \tag{9.24}$$

通过计算可得异步切换布尔网络 (9.23) 的线性表达式为

$$\boldsymbol{L}_f^1 = \boldsymbol{L}_f^{\delta_{11}} = \boldsymbol{I}_4,$$

$$\boldsymbol{L}_f^2 = \boldsymbol{L}_f^{\delta_{12}} = \boldsymbol{M}_d\,(\boldsymbol{I}_2 \otimes \boldsymbol{M}_r) = \delta_4\,[1, 2, 1, 4]\,,$$

$$\boldsymbol{L}_f^3 = \boldsymbol{L}_f^{\delta_{13}} = (\boldsymbol{I}_2 \otimes \boldsymbol{M}_i)\,\boldsymbol{M}_r = \delta_4\,[1, 2, 3, 3]\,,$$

$$\boldsymbol{L}_f^4 = \boldsymbol{L}_f^{\delta_{14}} = \boldsymbol{M}_d\,(\boldsymbol{I}_4 \otimes \boldsymbol{M}_i)\,(\boldsymbol{I}_2 \otimes \boldsymbol{W}_{[2]})\,\boldsymbol{M}_r\,(\boldsymbol{I}_2 \otimes \boldsymbol{M}_r) = \delta_4\,[1, 2, 1, 3]\,,$$

$$\boldsymbol{L}_f^5 = \boldsymbol{L}_f^{\delta_{21}} = \boldsymbol{I}_4,$$

$$\boldsymbol{L}_f^6 = \boldsymbol{L}_f^{\delta_{22}} = \boldsymbol{M}_i\,(\boldsymbol{I}_2 \otimes \boldsymbol{M}_r) = \delta_4\,[1, 4, 1, 2]\,,$$

$$\boldsymbol{L}_f^7 = \boldsymbol{L}_f^{\delta_{23}} = (\boldsymbol{I}_2 \otimes \boldsymbol{M}_n)\,\boldsymbol{M}_r\boldsymbol{E}_d\boldsymbol{W}_{[2]} = \delta_4\,[2, 2, 3, 3]\,,$$

$$\boldsymbol{L}_f^8 = \boldsymbol{L}_f^{\delta_{24}} = \boldsymbol{M}_i\,(\boldsymbol{I}_4 \otimes \boldsymbol{M}_n)\,(\boldsymbol{I}_2 \otimes \boldsymbol{W}_{[2]})\,\boldsymbol{M}_r = \delta_4\,[2, 4, 1, 1]\,,$$

$$\boldsymbol{L}_f^9 = \boldsymbol{L}_f^{\delta_{31}} = \boldsymbol{I}_4,$$

$$\boldsymbol{L}_f^{10} = \boldsymbol{L}_f^{\delta_{32}} = \boldsymbol{M}_r\boldsymbol{E}_d = \delta_4\,[1, 4, 1, 4]\,,$$

$$\boldsymbol{L}_f^{11} = \boldsymbol{L}_f^{\delta_{33}} = (\boldsymbol{I}_2 \otimes \boldsymbol{M}_c)\,\boldsymbol{M}_r = \delta_4\,[1, 2, 4, 4]\,,$$

$$\boldsymbol{L}_f^{12} = \boldsymbol{L}_f^{\delta_{34}} = (\boldsymbol{I}_2 \otimes \boldsymbol{M}_c)\,\boldsymbol{W}_{[2]}\,(\boldsymbol{I}_2 \otimes \boldsymbol{M}_r) = \delta_4\,[1, 4, 2, 4]\,,$$

根据 $\boldsymbol{L}_F$ 的定义和如上线性表达, 有 $\boldsymbol{L}_F = \left\{\boldsymbol{L}_f^1, \boldsymbol{L}_f^2, \cdots, \boldsymbol{L}_f^{12}\right\}$. 定义 $\boldsymbol{L}_R = \delta_{12}\,[8, 6, 4, 7]$, 可得

$$\boldsymbol{L} = \delta_4\,[1, 2, 1, 4]\,,$$

$$\boldsymbol{L}_G = \delta_4\,[2, 2, 1, 1, 1, 1, 1, 1, 2, 4, 1, 3, 2, 3, 1, 3]\,.$$

进一步设计反馈控制器为 $u_1\,(t) = x_2\,(t)$, $u_2\,(t) = x_1\,(t)$, 可得 $\boldsymbol{u}\,(t) = \boldsymbol{W}_{[2]}\boldsymbol{x}\,(t)$. 从而定理 9.5 中的 $\boldsymbol{\varXi}$ 为

$$\boldsymbol{\varXi} = \delta_{16}\,[6, 6, 5, 5, 14, 16, 13, 15, 1, 1, 1, 1, 9, 11, 9, 11]\,,$$

当 $\kappa = 3$ 时, 可得

$$\boldsymbol{\Xi}^3 = \delta_{16}\,[11, 11, 11, 11, 1, 1, 1, 1, 16, 16, 16, 16, 6, 6, 6, 6],$$

表明 $\mathrm{Col}(\boldsymbol{\Xi}^3) \subseteq \{\delta_{16}^1, \delta_{16}^6, \delta_{16}^{11}, \delta_{16}^{16}\}$. 根据定理 9.5 可知, 异步切换布尔网络 (9.23) 和受控布尔网络 (9.24) 将在反馈控制器的作用下实现同步, 设网络初值为 $\boldsymbol{x}(0) = \delta_4^3$ 和 $\boldsymbol{y}(0) = \delta_4^2$, 同步曲线如图 9.4 所示.

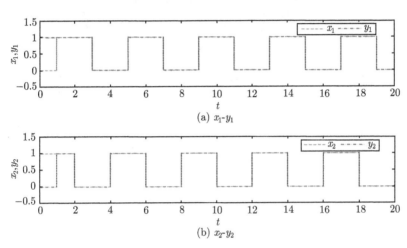

图 9.4 异步切换布尔网络 (9.23) 和受控布尔网络 (9.24) 的同步曲线

9.5 异步布尔网络概率同步

对于布尔网络的状态转换, 可能受到不同因素的影响而概率性地发生转变[11]. 考虑一组异步更新的布尔网络, 其动力学方程为

$$z_i(t+1) = h_i(z_1(t), \cdots, z_n(t)), \quad i = 1, 2, \cdots, n, \tag{9.25}$$

其中 $h_i : D^n \to D, i = 1, 2, \cdots, n$ 是概率转变的布尔函数, z_i 为第 i 个网络节点的状态. 采用半张量积工具, 定义 $x(t) = \ltimes_{i=1}^n x_i(t)$. 为了方便起见, 采用如下概率布尔网络定义和表示[12].

(1) 对于 l_i 个可能的选项 $\{h_i^1, h_i^2, \cdots, h_i^{l_i}\}$, 定义 h_i 成为 h_i^j 的概率为 p_i^j, 其中 $\Pr\{h_i = h_i^j\} = p_i^j$ 及 $\displaystyle\sum_{j=1}^{l_i} p_i^j = 1$, $i = 1, 2, \cdots, n$, $j = 1, 2, \cdots, l_i$.

(2) 如果布尔网络逻辑函数 $h_i, i = 1, 2, \cdots, n$ 是独立的, 则

$$\Pr\{h_i = h_i^j, h_k = h_k^m\} = \Pr\{h_i = h_i^j\} \cdot \Pr\{h_k = h_k^m\}.$$

(3) 定义概率模型索引矩阵为

$$
\boldsymbol{K} =
\begin{bmatrix}
1 & 1 & \cdots & 1 & 1 \\
1 & 1 & \cdots & 1 & 2 \\
\vdots & \vdots & \ddots & \vdots & \vdots \\
1 & 1 & \cdots & 1 & l_n \\
1 & 1 & \cdots & 2 & 1 \\
\vdots & \vdots & \ddots & \vdots & \vdots \\
1 & 1 & \cdots & 2 & l_n \\
\vdots & \vdots & \ddots & \vdots & \vdots \\
l_1 & l_2 & \cdots & l_{n-1} & l_n
\end{bmatrix},
$$

其中 K 是一个 $n \times N$ 维的矩阵, $N = \prod\limits_{j=1}^{n} l_i$. 矩阵 K 包含了所有可能的网络, 其中第 i 个网络的概率可以表示为 $p_i = \prod\limits_{j=1}^{n} p_i^{K_{ij}}$.

基于以上概念, 可以得到异步布尔网络的内部同步和外部同步. 对于异步更新的二进制布尔网络, 布尔状态 $z_i(t+1)$ 的两种更新规则可以定义为

$$
z_i(t+1) =
\begin{cases}
h_i(z_1(t), \cdots, z_n(t)), & \text{更新,} \\
z_i(t), & \text{不更新.}
\end{cases}
\tag{9.26}
$$

因此, 异步更新布尔网络 (9.26) 对应的概率模型索引矩阵可以转化为

$$
\boldsymbol{K} =
\begin{bmatrix}
1 & 1 & \cdots & 1 & 1 \\
1 & 1 & \cdots & 1 & 2 \\
1 & 1 & \cdots & 2 & 1 \\
\vdots & \vdots & & \vdots & \vdots \\
2 & 2 & \cdots & 2 & 1 \\
2 & 2 & \cdots & 2 & 2
\end{bmatrix}.
$$

依据半张量积工具, 可以得到对应于异步更新布尔网络 (9.26) 的结构矩阵 $\boldsymbol{L}_i^{K_{ij}}$, 且概率布尔网络 (9.25) 的线性代数表达为

$$
z_i(t+1) = \boldsymbol{L}_i^{K_{ij}} z(t),
\tag{9.27}
$$

将 (9.27) 中逐项相乘, 可以得到

$$
z(t+1) = \boldsymbol{L}_i z(t), \quad i = 1, 2, \cdots, 2n,
\tag{9.28}
$$

其中 $\boldsymbol{L}_i = \boldsymbol{L}_1^{K_{i1}}(\boldsymbol{I}_{2^n} \otimes \boldsymbol{L}_2^{K_{i2}})\boldsymbol{\Phi}_n \cdots (\boldsymbol{I}_{2^n} \otimes \boldsymbol{L}_n^{K_{in}})\boldsymbol{\Phi}_n$ 及 $\boldsymbol{\Phi}_n = \prod_{i=1}^{n} \boldsymbol{I}_{2^{i-1}} \otimes [(\boldsymbol{I}_2 \otimes \boldsymbol{W}_{[2,2^{n-i}]})\,\boldsymbol{M}_r]$. 因此, 全局布尔网络 $z(t+1)$ 的期望值可以表示为

$$Ez(t+1) = \sum_{i=1}^{2n} p_i \boldsymbol{L}_i z(t) \stackrel{\triangle}{=} \boldsymbol{L}Ez(t). \tag{9.29}$$

实际上, 以上的定义和结果可以扩展到多值布尔网络模型, 对应的索引矩阵可以表示为

$$\boldsymbol{K} = \begin{bmatrix} 1 & 1 & \cdots & 1 & 1 \\ 1 & 1 & \cdots & 1 & 2 \\ \vdots & \vdots & \ddots & \vdots & \vdots \\ 1 & 1 & \cdots & 1 & l \\ 1 & 1 & \cdots & 2 & 1 \\ 1 & 1 & \cdots & 2 & 2 \\ \vdots & \vdots & \ddots & \vdots & \vdots \\ l & l & \cdots & l & l \end{bmatrix},$$

且 $N = l^n$, 而多值布尔网络对应的推论具有相似的结果.

在概率布尔网络的研究中, 同步条件受到了限制且同步目标并不固定. 实际上, 找到布尔网络同步的概率而不是控制布尔网络实现同步才是概率布尔网络同步研究的主要目的.

在之前的研究中, 介绍了内部同步的概念. 在以下部分, 关于概率值为 1 和概率值小于 1 时布尔网络的内部同步将被分别介绍. 首先, 概率布尔网络的内部同步可以定义如下.

定义 9.2 布尔网络 (9.25) 将实现概率为 1 的内部同步当且仅当对于任意初值为 $z_i(0) \in \Delta$, $i = 1, 2, \cdots, n$ 的布尔网络 (9.25), 存在正整数 k 使得

$$\Pr\{z_1(t) = z_2(t) = \cdots = z_n(t)\} = 1$$

在 $t \geqslant k$ 时成立.

定义 9.3 布尔网络 (9.25) 将实现基于概率的内部同步当且仅当对于任意初值为 $z_i(0) \in \Delta$, $i = 1, 2, \cdots, n$ 的布尔网络 (9.25), 存在正整数 k 使得

$$0 < \Pr\{z_1(t) = z_2(t) = \cdots = z_n(t)\} < 1$$

在 $t \geqslant k$ 时成立.

基于内部同步的概念, 为了使得布尔网络 (9.25) 实现内部同步, 则有以下定理成立.

定理 9.6 异步概率布尔网络将实现概率为 1 的内部同步当且仅当存在一个正整数 k_0 使得

$$\mathrm{Col}(L^k) \subseteq \left\{ \delta_{2^n}^1, \delta_{2^n}^{2^n} \right\} \tag{9.30}$$

在 $k \geqslant k_0$ 时成立, 其中线性表达 L 定义如 (9.29) 所示.

证明 必要性: 假设布尔网络 (9.25) 从 k_0 时刻实现了概率为 1 的内部同步, 则当 $t \geqslant k_0$ 时, 满足 $\Pr\{z_1(t) = z_2(t) = \cdots = z_n(t)\} = 1$. 这表示

$$z_1(t) = z_2(t) = \cdots = z_n(t) = \delta_2^1 \quad \text{或} \quad z_1(t) = z_2(t) = \cdots = z_n(t) = \delta_2^2.$$

因而, $z(k) = L^k \ltimes_{i=1}^n z_i(0) = \delta_{2^n}^1$ (或 $z(k) = L^k \ltimes_{i=1}^n z_i(0) = \delta_{2^n}^{2^n}$). 由于布尔网络初值是任意选择的, 则可得条件 (9.30).

充分性: 如果条件 (9.30) 成立, 对于任意初值可得

$$z(k) = L^k \ltimes_{i=1}^n z_i(0) = \delta_{2^n}^1 \quad (\text{或} \; z(k) = L^k \ltimes_{i=1}^n z_i(0) = \delta_{2^n}^{2^n}),$$

这相当于

$$\Pr\{z_1(k_0) = z_2(k_0) = \cdots = z_n(k_0)\} = 1,$$
$$\cdots\cdots$$
$$\Pr\{z_1(k) = z_2(k) = \cdots = z_n(k)\} = 1,$$
$$\cdots\cdots$$

换句话说, 布尔网络实现了内部同步, 证明完毕.

对于同步布尔网络, 更新机制简单且索引矩阵固定为 $\boldsymbol{K} = [\, 1, \, 1, \, \cdots, \, 1, \, 1 \,]$. 因而内部同步定理相比于异步更新布尔网络更为简单. 在以下部分, 异步更新布尔网络的概率同步将被进一步介绍. 类似于定理 9.6, 可得以下概率布尔网络推论.

推论 9.4 基于概率条件下的异步更新布尔网络 (9.25) 将实现内部同步当且仅当存在一个正整数 k_0 使得

$$\mathrm{Col}(\boldsymbol{\Gamma}_k) \subseteq \left\{ \alpha * \delta_{2^n}^1, \beta * \delta_{2^n}^{2^n} \right\} \tag{9.31}$$

在 $k \geqslant k_0$ 时成立. 其中, 矩阵 $\boldsymbol{\Gamma}_k$ 是通过移除矩阵每一行中索引值不为 1 或 2^n 的非线性项所得的, $\alpha \in (0,1)$ 和 $\beta \in (0,1)$ 为正整数.

证明 必要性: 假设布尔网络 (9.25) 从 k_0 时刻实现了基于概率的内部同步, 则当 $t \geqslant k_0$ 时, 满足 $0 < \Pr\{z_1(t) = z_2(t) = \cdots = z_n(t)\} < 1$. 这表示 $0 < \Pr\{z(t) \in \Theta\} < 1$, 其中 $\Theta = \left\{ \delta_{2^n}^1, \delta_{2^n}^{2^n} \right\}$. 另一方面, 由于 $Ez(k) = L^k z(0)$, 当

$k \geqslant k_0$ 时, 矩阵 $\boldsymbol{L}^k$ 的每一列中都存在索引值为 $r \in \{1 \text{ 或 } 2^n\}$ 的正整数项. 这表明当 $k \geqslant k_0$ 时, 式 (9.31) 成立.

充分性: 作为从矩阵 $\boldsymbol{L}^k$ 分离得到的部分, 如果 $\varGamma_k$ 满足条件 (9.31), 可得当 $k \geqslant k_0$, 矩阵 $\boldsymbol{L}^k$ 的每一列中都存在索引值为 $r \in \{1 \text{ 或 } 2^n\}$ 的正整数项. 这表明 $0 < \Pr\{z_1(t) = z_2(t) = \cdots = z_n(t)\} < 1$. 换句话说, 异步更新布尔网络 (9.25) 实现了基于概率的内部同步.

接下来, 类似于布尔网络内部同步, 基于不同布尔网络的外部同步将被研究. 考虑如下主从概率布尔网络:

$$\begin{cases} x_i(t+1) = f_i(x_1(t), \cdots, x_n(t)), \\ y_i(t+1) = g_i(x_1(t), \cdots, x_n(t), y_1(t), \cdots, y_n(t)), \end{cases} \quad i = 1, 2, \cdots, n. \quad (9.32)$$

为了简便起见, 假设主布尔网络采用同步更新机制, 从布尔网络采用异步更新机制, 则布尔网络 (9.32) 的线性代数表示为

$$\begin{cases} x_i(t+1) = \boldsymbol{F}_i x(t), \\ y_i(t+1) = \boldsymbol{G}_i^{K_{ij}} x(t) y(t), \end{cases} \quad (9.33)$$

其中 $\boldsymbol{F}_i$ 是逻辑函数 f_i 的结构矩阵, $\boldsymbol{G}_i^{K_{ij}}$ 是逻辑函数 g_i 的结构矩阵. 索引矩阵 $\boldsymbol{K}$ 定义如式 (9.26) 所示. 将 (9.33) 中逐项相乘, 可得

$$\begin{cases} x(t+1) = \boldsymbol{F} x(t), \\ y(t+1) = \boldsymbol{G}_i x(t) y(t), \end{cases} \quad i = 1, 2, \cdots, 2n, \quad (9.34)$$

其中 $\boldsymbol{F} = \boldsymbol{F}_1 (\boldsymbol{I}_{2^n} \otimes \boldsymbol{F}_2) \boldsymbol{\varPhi}_n \cdots (\boldsymbol{I}_{2^n} \otimes \boldsymbol{F}_n) \boldsymbol{\varPhi}_n$ 且 $\boldsymbol{G}_i = \boldsymbol{G}_1^{K_{i1}} (\boldsymbol{I}_{2^{2n}} \otimes \boldsymbol{G}_2^{K_{i2}}) \boldsymbol{\varPhi}_{2n} \cdots (\boldsymbol{I}_{2^{2n}} \otimes \boldsymbol{G}_n^{K_{in}}) \boldsymbol{\varPhi}_{2n}$. 定义 $w(t) = x(t) \ltimes y(t)$ 为主从系统状态, 可得如下等式

$$w(t+1) = \boldsymbol{F} (\boldsymbol{I}_{2^n} \otimes \boldsymbol{G}_i) \boldsymbol{\varPhi}_n x(t) y(t) = \boldsymbol{M}_i w(t), \quad i = 1, 2, \cdots, 2n. \quad (9.35)$$

因此, 全局布尔网络 $z(t+1)$ 的期望值可以表达为

$$Ew(t+1) = \sum_{i=1}^{2n} p_i \boldsymbol{M}_i w(t) \triangleq M Ew(t). \quad (9.36)$$

类似于内部同步定义, 概率布尔网络外部同步可以表示为如下定义.

定义 9.4 布尔网络 (9.32) 将实现概率为 1 的内部同步当且仅当对于任意初值为 $x_i(0) \in \Delta$ 和 $y_i(0) \in \Delta$, $i = 1, 2, \cdots, n$ 的布尔网络 (9.32), 存在正整数 k 使得

$$\Pr\{x_i(t) = y_i(t) \,|\, i = 1, 2, \cdots, n\} = 1$$

在 $t \geqslant k$ 时成立.

定义 9.5 布尔网络 (9.32) 将实现基于概率的内部同步当且仅当对于任意初值为 $x_i(0) \in \Delta$ 和 $y_i(0) \in \Delta, i = 1, 2, \cdots, n$ 的布尔网络 (9.32), 存在正整数 k 使得

$$0 < \Pr\{x_i(t) = y_i(t) \mid i = 1, 2, \cdots, n\} < 1$$

在 $t \geqslant k$ 时成立.

基于同步的概念, 为了使得布尔网络 (9.32) 实现外部同步, 则有以下定理成立.

定理 9.7 异步概率布尔网络 (9.32) 将实现概率为 1 的外部同步当且仅当存在一个正整数 k_0 使得

(1) 对于 $k \in [k_0, k_0 + T]$, 有

$$\mathrm{Col}(M^k) \subseteq \left\{ \delta_{4n^2}^{2(i-1)n+i}, i = 1, 2, \cdots, 2n \right\}; \tag{9.37}$$

(2) 线性表达 M 满足

$$M^{k_0} = M^{k_0+T}. \tag{9.38}$$

证明 由参考文献 [13] 可知, 根据定理 9.7 可以很容易地得到定理证明.

类似地, 根据主布尔网络的周期特性和文献 [13], 可以很容易地得到外部同步推论.

推论 9.5 基于概率条件下的异步更新布尔网络 (9.32) 将实现内部同步当且仅当存在一个正整数 k 使得

(1) 对于 $k \in [k_0, k_0 + T]$, 有

$$\mathrm{Col}(\boldsymbol{\Phi}_k) \subseteq \left\{ \alpha * \delta_{4n^2}^{2(i-1)n+i}, i = 1, 2, \cdots, 2n \right\}, \tag{9.39}$$

其中, 矩阵 $\boldsymbol{\Phi}_k$ 是通过移除矩阵 L^k 每一行中索引值不为 $2(i-1)n+i, i = 1, 2, \cdots, 2n$ 的非线性项所得的, α 为满足 $\alpha \in (0,1)$ 的正整数.

(2) 线性表达 $\boldsymbol{\Phi}_{k_0,T} = \boldsymbol{\Phi}_{k_0} + \boldsymbol{\Phi}_{k_0+T}$ 满足

$$M^{k_0} = M^{k_0+T}. \tag{9.40}$$

接下来, 将继续探讨概率多值异步更新布尔网络及其同步. 多值布尔网络是传统布尔网络的扩展和延伸, 其同步定理和推论表示如下.

定理 9.8 异步概率多值布尔网络 (9.32) 将实现概率为 1 的外部同步当且仅当存在一个正整数 k 使得

(1) 对于 $k \in [k_0, k_0 + T]$, 有

$$\text{Col}(\boldsymbol{M}^k) \subseteq \left\{ \delta_{(mn)^2}^{(i-1)mn+i}, i = 1, 2, \cdots, mn \right\}; \tag{9.41}$$

(2) 线性表达 $\boldsymbol{M}$ 满足

$$\boldsymbol{M}^{k_0} = \boldsymbol{M}^{k_0+T}. \tag{9.42}$$

推论 9.6 基于概率条件下的异步概率多值布尔网络 (9.32) 将实现外部同步当且仅当存在一个正整数 k 使得

(1) 对于 $k \in [k_0, k_0 + T]$, 有

$$\text{Col}(\boldsymbol{\Phi}_k) \subseteq \left\{ \alpha * \delta_{(mn)^2}^{(i-1)mn+i}, i = 1, 2, \cdots, mn \right\}, \tag{9.43}$$

其中, 矩阵 $\boldsymbol{\Phi}_k$ 是通过移除矩阵 $\boldsymbol{L}^k$ 每一行中索引值不为 $m(i-1)n+i$, $i = 1, 2, \cdots, mn$ 的非线性项所得的, α 为满足 $\alpha \in (0,1)$ 的正整数.

(2) 线性表达 $\boldsymbol{\Phi}_{k_0,T} = \boldsymbol{\Phi}_{k_0} + \boldsymbol{\Phi}_{k_0+T}$ 满足

$$\boldsymbol{M}^{k_0} = \boldsymbol{M}^{k_0+T}. \tag{9.44}$$

例 9.5 考虑一类 Harvey 异步更新概率布尔网络

$$\begin{cases} z_1(t+1) = z_2(t), \\ z_2(t+1) = z_3(t), \\ z_3(t+1) = \ \text{真}, \end{cases} \tag{9.45}$$

且 Harvey 异步更新概率可以表示为 $z_3(t+1) = \begin{cases} \text{真}, \\ z_3(t), \end{cases}$ 其中异步更新概率为 $\Pr\{z_3(t+1) = \text{True}\} = 0.6$ 及 $\Pr\{z_3(t+1) = z_3(t)\} = 0.4$, 则概率索引矩阵可以表述为

$$\boldsymbol{K} = \begin{bmatrix} 1 & 1 & 1 \\ 1 & 1 & 2 \end{bmatrix},$$

定义 $z(t) = z_1(t) \ltimes z_2(t) \ltimes z_3(t)$, 则两个可能的异步更新线性表达为

$$\begin{cases} \boldsymbol{L}_1 = \delta_8[1,3,5,7,1,3,5,7], \\ \boldsymbol{L}_2 = \delta_8[1,4,5,8,1,4,5,8], \end{cases}$$

从而可得 $Ez(t+1) = (0.6 \times \boldsymbol{L}_1 + 0.4 \times \boldsymbol{L}_2) \triangleq LEz(t)$, 其中

$$\boldsymbol{L} = [\delta_8^1, 0.6*\delta_8^3 + 0.4*\delta_8^4, \delta_8^5, 0.6*\delta_8^7 + 0.4*\delta_8^8, \delta_8^1, 0.6*\delta_8^3 + 0.4*\delta_8^4, \delta_8^5, 0.6*\delta_8^7 + 0.4*\delta_8^8].$$

通过计算可得, 当 k 足够大时, $\boldsymbol{L}^k \cong \delta_8[1,1,1,1,1,1,1,1]$ 且定理 9.6 中条件得到满足. 此时, 状态转换图如图 9.5 所示.

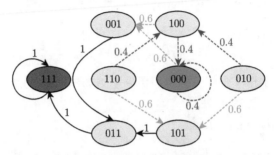

图 9.5 异步概率布尔网络 (9.45) 状态转换图

在图 9.5 中, 实线表示确定转换, 虚线表示概率转换. 从图 9.5 可以看出, 图中包含了两个子图 (一个是黑色标记的实现部分, 另一个是紫色标记的虚线部分). 随着迭代次数的增加, 不稳定概率路径变得越来越小, 经由蓝色虚线路径逐步进入稳定路径. 此外, 哪怕是小概率事件发生, 布尔网络也将同步到不稳定状态 $0,0,0$ 处进而等待最终进入稳定路径. 最终, 布尔网络将实现内部同步并稳定到状态 $1,1,1$ 处, 这也证明了之前的分析.

例 9.6 考虑主从异步更新概率布尔网络

$$\begin{cases} x_1(t+1) = x_1(t) \to x_2(t), \\ x_2(t+1) = x_1(t) \vee x_2(t), \\ y_1(t+1) = y_1(t) \vee y_2(t), \\ y_2(t+1) = \text{真}, \end{cases} \tag{9.46}$$

且异步更新率可以分别表示为 $y_1(t+1) = \begin{cases} y_1(t) \vee y_2(t), \\ y_1(t) \end{cases}$ 和 $y_2(t+1) = \begin{cases} \text{真}, \\ y_2(t), \end{cases}$ 异步更新概率为

$$\Pr\{y_1(t+1) = y_1(t) \vee y_2(t)\} = 0.4, \quad \Pr\{y_1(t+1) = y_1(t)\} = 0.6,$$

$$\Pr\{y_2(t+1) = \text{True}\} = 0.3 \quad \text{及} \quad \Pr\{y_2(t+1) = y_2(t)\} = 0.7.$$

因而概率索引矩阵可以表示为

$$\boldsymbol{K} = \begin{bmatrix} 1 & 1 \\ 1 & 2 \\ 2 & 1 \\ 2 & 2 \end{bmatrix}.$$

定义 $x(t) = x_1(t)x_2(t)$ 和 $y(t) = y_1(t)y_2(t)$, 则布尔网络线性表达式为

$$\begin{cases} \boldsymbol{F} = \delta_4[1, 3, 1, 2], \\ \boldsymbol{G}_1 = \delta_4[1, 1, 1, 3, 1, 1, 1, 3, 1, 1, 1, 3, 1, 1, 1, 3], \\ \boldsymbol{G}_2 = \delta_4[1, 2, 1, 4, 1, 2, 1, 4, 1, 2, 1, 4, 1, 2, 1, 4], \\ \boldsymbol{G}_3 = \delta_4[1, 1, 3, 3, 1, 1, 3, 3, 1, 1, 3, 3, 1, 1, 3, 3], \\ \boldsymbol{G}_4 = \delta_4[1, 2, 3, 4, 1, 2, 3, 4, 1, 2, 3, 4, 1, 2, 3, 4], \end{cases}$$

则可得

$$\begin{cases} \boldsymbol{M}_1 = \delta_{16}[1, 1, 1, 3, 9, 9, 9, 11, 1, 1, 1, 3, 5, 5, 5, 7], \\ \boldsymbol{M}_2 = \delta_{16}[1, 2, 1, 4, 9, 10, 9, 12, 1, 2, 1, 4, 5, 6, 5, 8], \\ \boldsymbol{M}_3 = \delta_{16}[1, 1, 3, 3, 9, 9, 11, 11, 1, 1, 3, 3, 5, 5, 7, 7], \\ \boldsymbol{M}_4 = \delta_{16}[1, 2, 3, 4, 9, 10, 11, 12, 1, 2, 3, 4, 5, 6, 7, 8], \end{cases}$$

且 $Ew(t+1) = (0.12 \times \boldsymbol{M}_1 + 0.28 \times \boldsymbol{M}_2 + 0.18 \times \boldsymbol{M}_3 + 0.42 \times \boldsymbol{M}_4) \stackrel{\triangle}{=} \boldsymbol{L}Ew(t)$, 其中

$$\boldsymbol{L} = \begin{bmatrix}
1 & 0.3 & 0.4 & 0 & 0 & 0 & 0 & 0 & 1 & 0.3 & 0.4 & 0 & 0 & 0 & 0 & 0 \\
0 & 0.7 & 0 & 0 & 0 & 0 & 0 & 0 & 0 & 0.7 & 0 & 0 & 0 & 0 & 0 & 0 \\
0 & 0 & 0.6 & 0.3 & 0 & 0 & 0 & 0 & 0 & 0 & 0.6 & 0.3 & 0 & 0 & 0 & 0 \\
0 & 0 & 0 & 0.7 & 0 & 0 & 0 & 0 & 0 & 0 & 0 & 0.7 & 0 & 0 & 0 & 0 \\
0 & 0 & 0 & 0 & 0 & 0 & 0 & 0 & 0 & 0 & 0 & 0 & 1 & 0.3 & 0.4 & 0 \\
0 & 0 & 0 & 0 & 0 & 0 & 0 & 0 & 0 & 0 & 0 & 0 & 0 & 0.7 & 0 & 0 \\
0 & 0 & 0 & 0 & 0 & 0 & 0 & 0 & 0 & 0 & 0 & 0 & 0 & 0 & 0.6 & 0.3 \\
0 & 0 & 0 & 0 & 0 & 0 & 0 & 0 & 0 & 0 & 0 & 0 & 0 & 0 & 0 & 0.7 \\
0 & 0 & 0 & 0 & 1 & 0.3 & 0.4 & 0 & 0 & 0 & 0 & 0 & 0 & 0 & 0 & 0 \\
0 & 0 & 0 & 0 & 0 & 0.7 & 0 & 0 & 0 & 0 & 0 & 0 & 0 & 0 & 0 & 0 \\
0 & 0 & 0 & 0 & 0 & 0 & 0.6 & 0.3 & 0 & 0 & 0 & 0 & 0 & 0 & 0 & 0 \\
0 & 0 & 0 & 0 & 0 & 0 & 0 & 0.7 & 0 & 0 & 0 & 0 & 0 & 0 & 0 & 0 \\
0 & 0 & 0 & 0 & 0 & 0 & 0 & 0 & 0 & 0 & 0 & 0 & 0 & 0 & 0 & 0 \\
0 & 0 & 0 & 0 & 0 & 0 & 0 & 0 & 0 & 0 & 0 & 0 & 0 & 0 & 0 & 0 \\
0 & 0 & 0 & 0 & 0 & 0 & 0 & 0 & 0 & 0 & 0 & 0 & 0 & 0 & 0 & 0 \\
0 & 0 & 0 & 0 & 0 & 0 & 0 & 0 & 0 & 0 & 0 & 0 & 0 & 0 & 0 & 0
\end{bmatrix}.$$

通过计算, 可得当 k 足够大时, $\boldsymbol{L}^k \cong \delta_{16}[1, 1, 1, 1, 1, 1, 1, 1, 1, 1, 1, 1, 1, 1, 1, 1]$ 且定理 9.7 中条件得到满足. 此时, 状态转换图如图 9.6 所示.

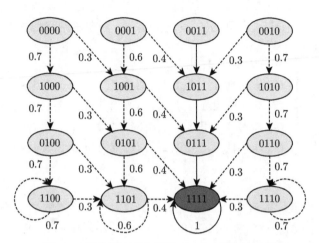

图 9.6　异步概率布尔网络 (9.46) 状态转换图

从图 9.6 可以看出, 从任意初值和暂态开始, 异步主从概率布尔网络 (9.46) 都有一条可行路径通向同步状态 $1, 1, 1, 1$, 从而实现网络同步.

9.6　本 章 小 结

本章基于 STP 工具, 对布尔网络进行了线性化表示, 在布尔网络内部同步、外部同步和反同步等同步概念的基础上, 进一步探讨了异步概率布尔网络的同步问题. 首先, 采用自由布尔序列控制和状态反馈控制, 设计了异步切换布尔网络同步控制器, 得到了异步布尔网络的内部同步、外部同步和聚类同步判据. 其次, 定义了异步切换布尔网络模型, 设计了异步切换布尔网络的同步判据. 最后, 针对二值和多值异步布尔网络模型, 设计了在概率为 1 和概率不固定时的同步判据, 实现了异步概率布尔网络同步.

参 考 文 献

[1]　Kupper Z, Hoffmann H. Logical Attractors: A Boolean Approach to the Dynamics of Psychosis [M]. New York: World Scientific, 1996.

[2]　Heidel J, Maloney J, Farrow C. Finding cycles in synchronous Boolean networks with applications to biochemical systems [J]. International Journal of Bifurcation and Chaos, 2003, 13(3): 535-552.

[3]　de Jong H. Modeling and simulation of genetic regulatory systems: A literature review [J]. Journal of Computational Biology, 2002, 9(1): 67-103.

[4]　Farrow C, Heidel J, Maloney J. Scalar equations for synchronous Boolean networks with biological applications[J]. IEEE Transactions on Neural Networks, 2004, 15(2): 348-354.

[5] Akutsu T, Melkman A A, Tamura T, et al. Determining a singleton attractor of a Boolean network with nested canalyzing functions [J]. Journal of Computational Biology, 2011, 18(10): 1275-1290.

[6] Wang R S, Saadatpour A, Albert R. Boolean modeling in systems biology: An overview of methodology and applications [J]. Physical Biology, 2012, 9(5): 055001.

[7] Li H T, Wang Y Z, Liu Z B. On the observability of free Boolean networks via the semi-tensor product method [J]. Journal of Systems Science & Complexity, 2014, 27(4): 666-678.

[8] Kuhlman C J, Mortveit H S. Attractor stability in nonuniform Boolean networks[J]. Theoretical Computer Science, 2014, 559: 20-33.

[9] Luo C, Wang X Y. Algebraic representation of asynchronous multiple-valued networks and its dynamics [J]. IEEE/ACM Transactions on Computational Biology and Bioinformatics, 2013, 10(4): 927-938.

[10] Zhang H, Wang X, Lin X. Synchronization of asynchronous switched Boolean network[J]. IEEE/ACM Trans Comput Biol Bioinform, 2015, 12(6): 1449-1456.

[11] Zhang H, Wang X, Li R. Synchronization of asynchronous probabilistic Boolean network[J]. Chinese Journal of Physics, 2018, 56(5): 2146-2154.

[12] Li H T, Wang Y, Guo P. Output reachability analysis and output regulation control design of Boolean control networks[J]. Science China (Information Sciences), 2017(2): 1-12.

[13] Liu Y, Chen H, Lu J, et al. Controllability of probabilistic Boolean control networks based on transition probability matrices[J]. Automatica, 2015, 52: 340-345.

第 10 章 结　语

　　通过对近几年来相关工作的总结和近半年的整理, 本书的撰写和整理工作即将告一段落. 回想起在论文撰写和整理书稿成书的日日夜夜, 笔者感慨万千, 我们深知复杂性世界的宏伟与博大及我们相应的工作之渺小. 但我们相信, 随着复杂性科学领域科研工作者前赴后继的努力与耕耘, 复杂世界的神秘面纱终将揭开, 人们对未知世界的认知会逐步全面. 也许在数年之后, 我们的工作会像前人一样逐步落伍, 但如果其能成为人们探索复杂世界成功坦途上的一块垫脚石, 便是笔者所愿.

　　作为立志在复杂性科学领域笔耕不辍, 施展抱负的普通科研工作者, 本书的成果和结论只是我们从个人角度初窥复杂世界的一扇窗口. 在接下来的日子里, 我们坚信在该领域仍大有可为, 也将协同我们自己、同行及课题组研究生之力, 继续在本领域踏实研究, 力争能取得更好的科研成果. 最后, 借用坎贝尔的话来讲: 生活是复杂的, 这才令人感到兴味无穷, 我们需要一种能把握它的复杂性的思维方式, 以便让我们根据生活的复杂性相应地确定我们的目标.